#응용력키우기
#서술형·문제해결력

응용
해결의 법칙

Chunjae
Makes
Chunjae

▼

[응용 해결의 법칙] 초등 수학 1-1

기획총괄 김안나
편집개발 김정희, 김혜민, 최수정, 최경환
디자인총괄 김희정
표지디자인 윤순미, 여화경
내지디자인 박희춘, 정해림
제작 황성진, 조규영

발행일 2023년 10월 15일 개정초판 2023년 10월 15일 1쇄
발행인 (주)천재교육
주소 서울시 금천구 가산로9길 54
신고번호 제2001-000018호
고객센터 1577-0902

모든 응용을 다 푸는 해결의 법칙

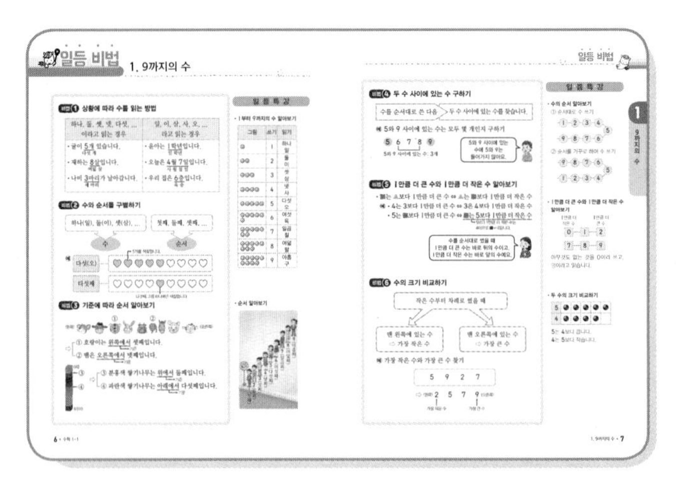

일등 비법

일등 비법에서 한 단계 더 나아간 심화 개념 설명을 익히고 일등 특강으로 기본 개념을 확인할 수 있어요.

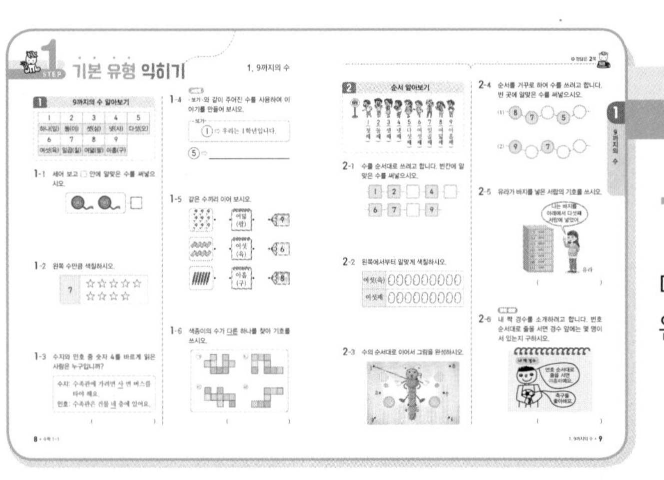

1 STEP 기본 유형 익히기

다양한 유형의 문제를 풀면서 개념을 완전히 내 것으로 만들어 보세요.

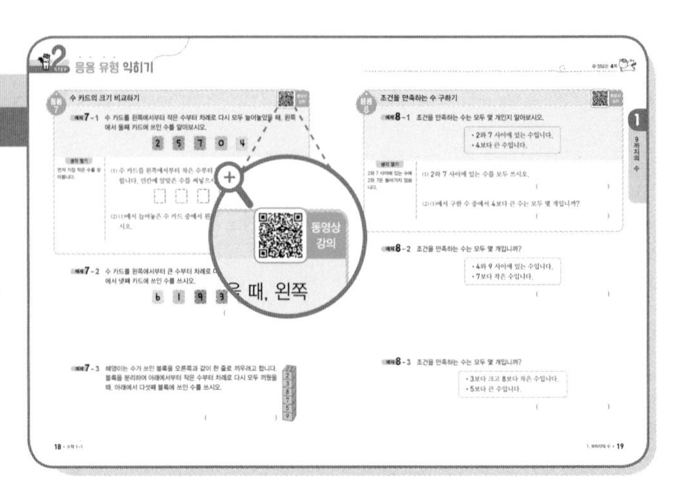

2 STEP 응용 유형 익히기

응용 유형 문제를 단계별로 푸는 연습을 통해 어려운 문제도 스스로 풀 수 있는 힘을 길러 줍니다.

동영상 강의 제공

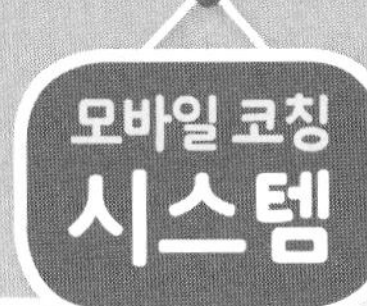

3 STEP

응용 유형 뛰어넘기

한 단계 더 나아간 심화 유형 문제를
풀면서 수학 실력을 다져 보세요.

동영상 강의 제공

쌍둥이 문제 제공

3 STEP 응용 유형 뛰어넘기 1. 9까지의 수

1 오른쪽 타일의 수를 두 가지 방법으로 읽어 보시오.

( ), ( )

2 딸기, 바나나, 수박, 파인애플이 섞여 있습니다. 바나나보다 하나 더 적은 것은 무엇입니까?

( )

3 지호는 문제집을 어제는 4쪽 풀었고, 오늘은 6쪽 풀었습니다. 어제와 오늘 중 지호가 문제집을 더 많이 푼 날은 언제입니까?

( )

쌍둥이 표시된 문제의 쌍
동영상 표시된 문제의 동

9까지의 수 알아보기
글에 나오는 낱

4 글에 나오는 낱말 '나무'의 수만큼 나무 그림을 묶었을 때, 묶지 않은 나무 그림의 수를 쓰시오.

( )

6 과일 7개를 기준에 따라 한 줄로 놓았습니다. 포도가 셋째에 있다면 참외는 몇째에 있는지 풀이 과정을 쓰고 답을 구하시오.

멜론 참외 사과 귤 포도 배 앵두

( )

풀이

20 • 수학 1-1 | 1. 9까지의 수 • 21

실력 평가

실력 평가를 풀면서 앞에서 공부한 내용을 정리해 보세요. 학교 시험에 잘 나오는 유형과 좀 더 난이도가 높은 문제까지 수록하여 확실하게 유형을 정복할 수 있어요.

실력 평가 1. 9까지의 수

1 무당벌레의 수를 쓰시오.

( )

2 왼쪽 수만큼 물고기를 묶어 보시오.

6

3 수가 다른 하나에 △표 하시오.

아홉 육 9 구

4 왼쪽에서부터 알맞게 색칠하시오.

여덟(팔)

여덟째

5 다음 중 밑줄 친 숫자 7을 '일곱'으로 읽어야 하는 것을 고르시오. ( )

① 소아과는 7층에 있습니다.
② 현아의 생일은 5월 7일입니다.
③ 재호의 동생은 7살입니다.
④ 민규는 지하철 7호선을 탔습니다.
⑤ 영지는 1학년 7반입니다.

6 그림을 보고 알맞은 수를 사용하여 이야기를 만들어 보시오.

7 개구리는 봄에 볼 수 있는 대표적인 동물입니다. 개구리의 다리 수보다 1만큼 더 작은 수를 쓰시오.

난 겨울잠을 자고 봄에 다시 나와.

( )

8 수의 순서대로 이어서 그림을 완성하시오.

9 순서를 거꾸로 하여 수를 쓰려고 합니다. 빈 곳에 알맞은 수를 써넣으시오.

9 7 5 3 1

10 더 큰 수에 ○표, 더 작은 수에 △표 하시오.

7 5

26 • 수학 1-1 | 1. 9까지의 수 • 27

창의 사고력

창의 사고력 문제를 풀어 보면서 실력을
높여 보세요.

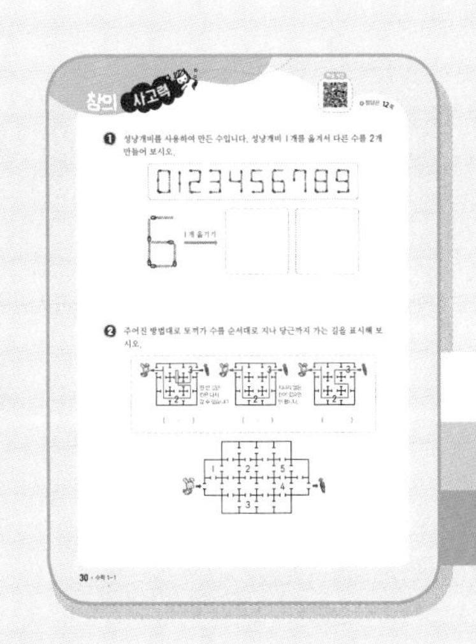

동영상 강의 제공

선생님의 더 자세한 설명을 듣고 싶거나 혼자 해결하기 어려운 문제는 교재 내 QR 코드를 통해 동영상 강의를 무료로 제공하고 있어요.

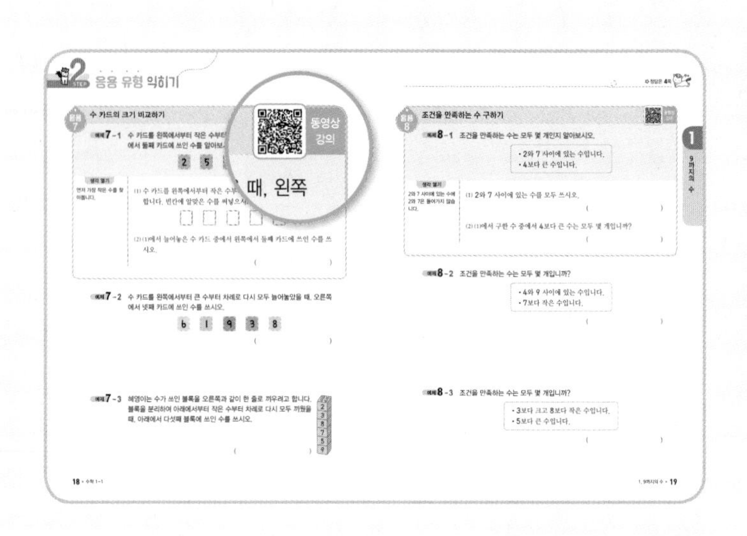

쌍둥이 문제 제공

3단계에서 비슷한 유형의 문제를 더 풀어 보고 싶다면 QR 코드를 찍어 보세요. 추가로 제공되는 쌍둥이 문제를 풀면서 앞에서 공부한 내용을 정리할 수 있어요.

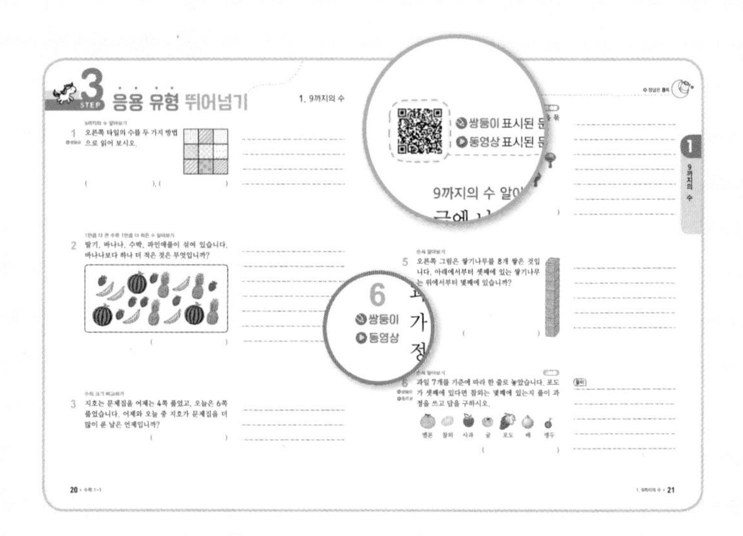

학습 게임 제공

단원 끝에 있는 QR 코드를 찍어 보세요. 게임을 하면서 단원을 마무리할 수 있어요.

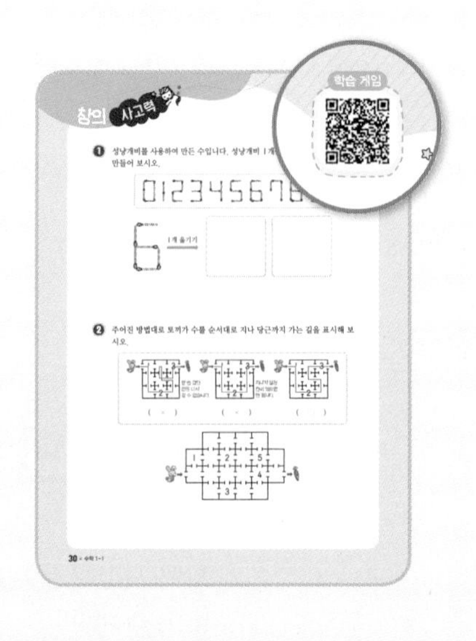

1

9까지의 수

● 학습계획표

계획표대로 공부했으면 ○표, 못했으면 △표 하세요.

내용	쪽수	날짜	확인
일등 비법	6~7쪽	월 일	
STEP 1 기본 유형 익히기	8~11쪽	월 일	
STEP 2 응용 유형 익히기	12~15쪽	월 일	
	16~19쪽	월 일	
STEP 3 응용 유형 뛰어넘기	20~25쪽	월 일	
실력 평가	26~29쪽	월 일	
창의 사고력	30쪽	월 일	

1. 9까지의 수

비법 1 상황에 따라 수를 읽는 방법

하나, 둘, 셋, 넷, 다섯, ... 이라고 읽는 경우	일, 이, 삼, 사, 오, ... 라고 읽는 경우
• 귤이 5개(다섯 개) 있습니다. • 재하는 8살(여덟 살)입니다. • 나비 3마리(세 마리)가 날아갑니다.	• 윤아는 1학년(일 학년)입니다. • 오늘은 4월 7일(사 월 칠 일)입니다. • 우리 집은 6층(육 층)입니다.

비법 2 수와 순서를 구별하기

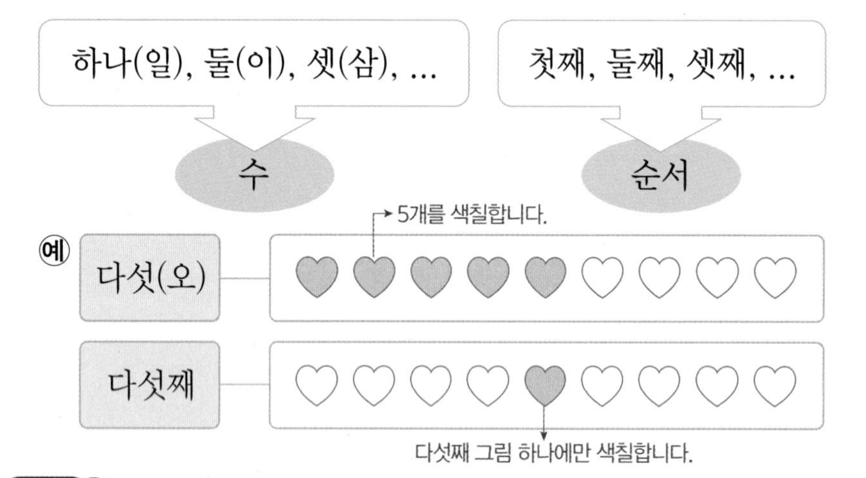

비법 3 기준에 따라 순서 알아보기

⇨ ① 호랑이는 왼쪽에서(기준) 셋째입니다.
② 뱀은 오른쪽에서(기준) 넷째입니다.

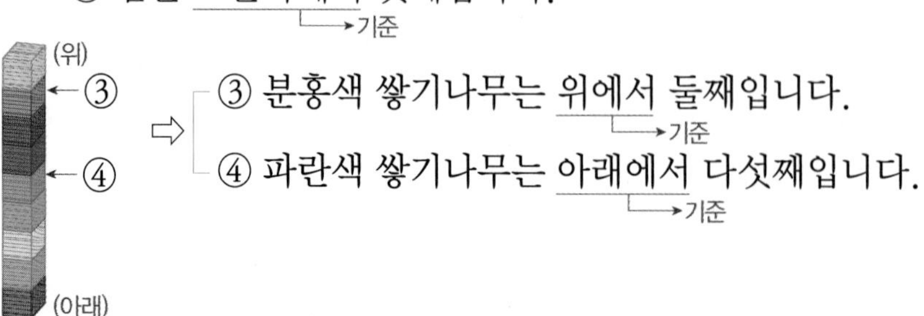

⇨ ③ 분홍색 쌓기나무는 위에서(기준) 둘째입니다.
④ 파란색 쌓기나무는 아래에서(기준) 다섯째입니다.

일·등·특·강

• 1부터 9까지의 수 알아보기

그림	쓰기	읽기
●	1	하나 일
●●	2	둘 이
●●●	3	셋 삼
●●●●	4	넷 사
●●●●●	5	다섯 오
●●●●●●	6	여섯 육
●●●●●●●	7	일곱 칠
●●●●●●●●	8	여덟 팔
●●●●●●●●●	9	아홉 구

• 순서 알아보기

비법 4 두 수 사이에 있는 수 구하기

수를 순서대로 쓴 다음 → 두 수 사이에 있는 수를 찾습니다.

예 5와 9 사이에 있는 수는 모두 몇 개인지 구하기

5 6 7 8 9

5와 9 사이에 있는 수: 3개

5와 9 사이에 있는 수에 5와 9는 들어가지 않아요.

비법 5 1만큼 더 큰 수와 1만큼 더 작은 수 알아보기

- ■는 ▲보다 1만큼 더 큰 수 ⇔ ▲는 ■보다 1만큼 더 작은 수

예 • 4는 3보다 1만큼 더 큰 수 ⇔ 3은 4보다 1만큼 더 작은 수
- 5는 ■보다 1만큼 더 큰 수 ⇔ ■는 5보다 1만큼 더 작은 수
  - → 5보다 1만큼 더 작은 수는 4이므로 ■=4입니다.

수를 순서대로 썼을 때 1만큼 더 큰 수는 바로 뒤의 수이고, 1만큼 더 작은 수는 바로 앞의 수예요.

비법 6 수의 크기 비교하기

작은 수부터 차례로 썼을 때

맨 왼쪽에 있는 수 ⇨ 가장 작은 수

맨 오른쪽에 있는 수 ⇨ 가장 큰 수

예 가장 작은 수와 가장 큰 수 찾기

5 9 2 7

⇨ (왼쪽) 2 5 7 9 (오른쪽)

가장 작은 수 (2), 가장 큰 수 (9)

일·등·특·강

- 수의 순서 알아보기

① 순서대로 수 쓰기

1 - 2 - 3 - 4 - 5 - 6 - 7 - 8 - 9

② 순서를 거꾸로 하여 수 쓰기

9 - 8 - 7 - 6 - 5 - 4 - 3 - 2 - 1

- 1만큼 더 큰 수와 1만큼 더 작은 수 알아보기

1만큼 더 작은 수 / 1만큼 더 큰 수

0 — 1 — 2

7 — 8 — 9

아무것도 없는 것을 0이라 쓰고, 영이라고 읽습니다.

- 두 수의 크기 비교하기

5	●	●	●	●	●
4	●	●	●	●	

5는 4보다 큽니다.
4는 5보다 작습니다.

기본 유형 익히기

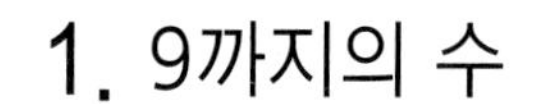

1 9까지의 수 알아보기

1	2	3	4	5
하나(일)	둘(이)	셋(삼)	넷(사)	다섯(오)
6	7	8	9	
여섯(육)	일곱(칠)	여덟(팔)	아홉(구)	

1-1 세어 보고 □ 안에 알맞은 수를 써넣으시오.

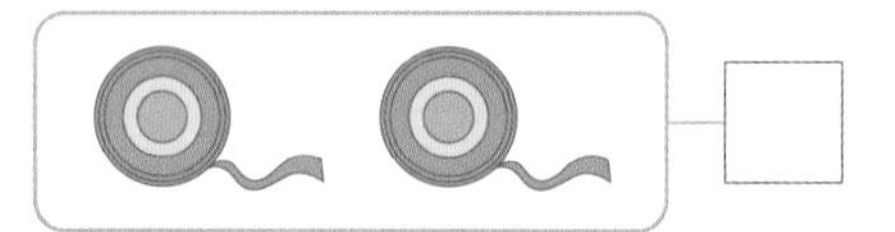

1-2 왼쪽 수만큼 색칠하시오.

7	☆ ☆ ☆ ☆ ☆ ☆ ☆ ☆ ☆

1-3 수지와 민호 중 숫자 4를 바르게 읽은 사람은 누구입니까?

수지: 수족관에 가려면 사 번 버스를 타야 해요.
민호: 수족관은 건물 네 층에 있어요.

( )

서술형

1-4 보기 와 같이 주어진 수를 사용하여 이야기를 만들어 보시오.

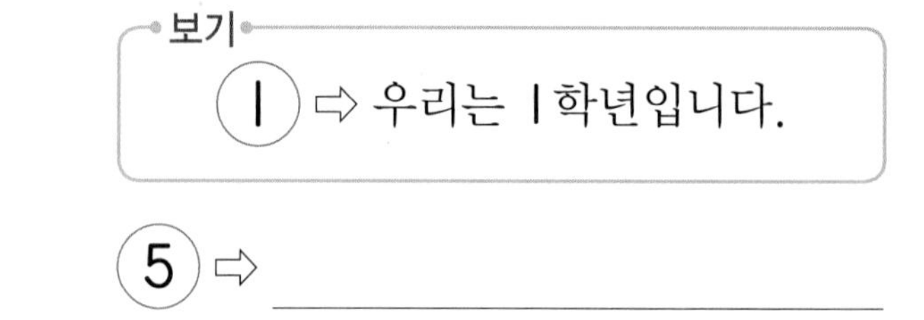

1-5 같은 수끼리 이어 보시오.

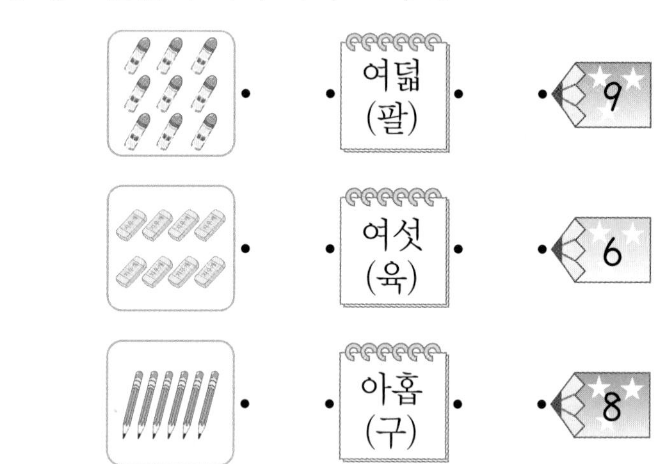

1-6 색종이의 수가 다른 하나를 찾아 기호를 쓰시오.

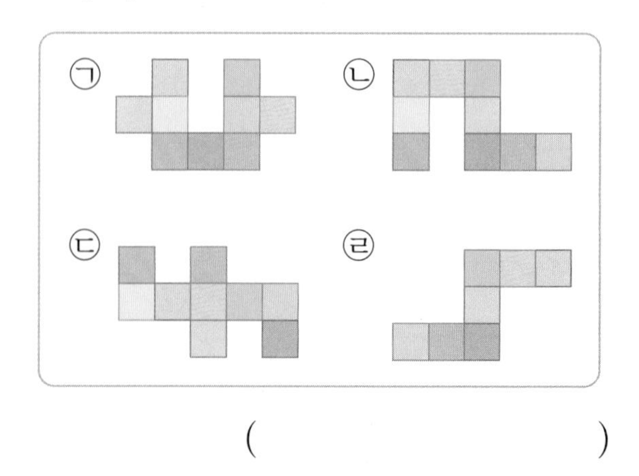

( )

2 순서 알아보기

2-1 수를 순서대로 쓰려고 합니다. 빈칸에 알맞은 수를 써넣으시오.

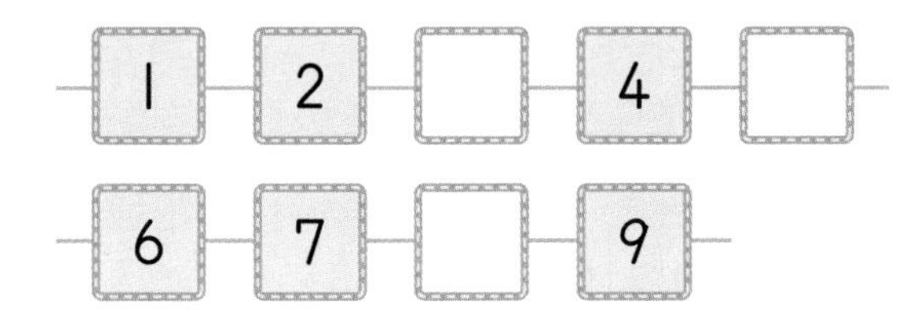

2-2 왼쪽에서부터 알맞게 색칠하시오.

여섯(육)	
여섯째	

2-3 수의 순서대로 이어서 그림을 완성하시오.

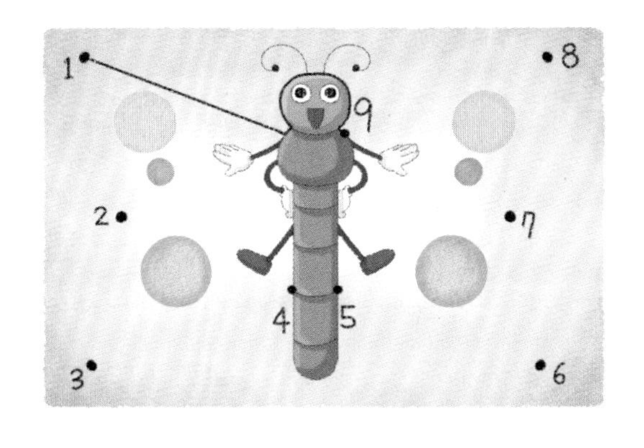

2-4 순서를 거꾸로 하여 수를 쓰려고 합니다. 빈 곳에 알맞은 수를 써넣으시오.

(1) 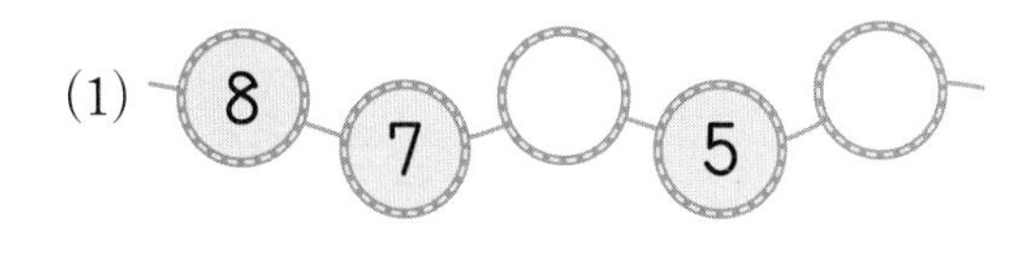

(2) 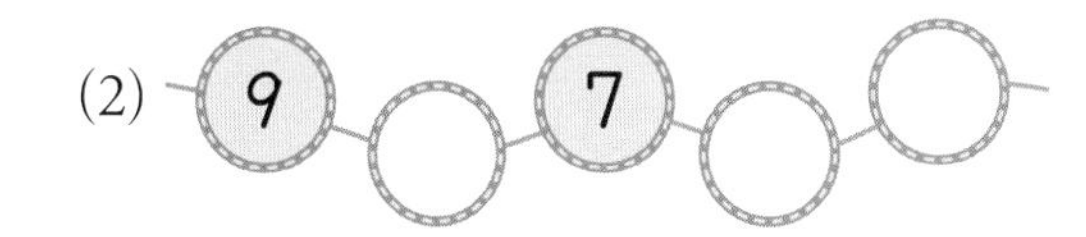

2-5 유라가 바지를 넣은 서랍의 기호를 쓰시오.

(　　　　　　　　)

창의·융합

2-6 내 짝 경수를 소개하려고 합니다. 번호 순서대로 줄을 서면 경수 앞에는 몇 명이 서 있는지 구하시오.

(　　　　　　　　)

STEP 1 기본 유형 익히기

3 1만큼 더 큰 수와 1만큼 더 작은 수 알아보기

수를 순서대로 썼을 때 바로 뒤의 수가 1만큼 더 큰 수, 바로 앞의 수가 1만큼 더 작은 수입니다.

1만큼 더 작은 수 　　　 1만큼 더 큰 수

3 — 4 — 5

3-1 3보다 1만큼 더 큰 수를 나타내는 것에 ○표 하시오.

(　　) (　　) (　　)

3-2 □ 안에 알맞은 수를 써넣으시오.

(1) 1만큼 더 작은 수 　　　 1만큼 더 큰 수

□ — 5 — □

(2) 1만큼 더 작은 수 　　　 1만큼 더 큰 수

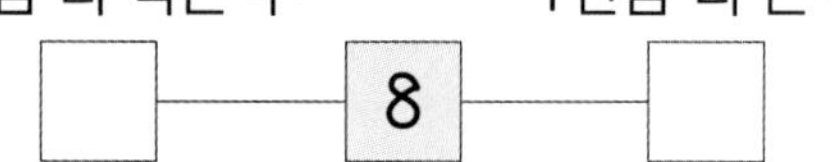

□ — 8 — □

3-3 그림의 수보다 1만큼 더 작은 수를 쓰시오.

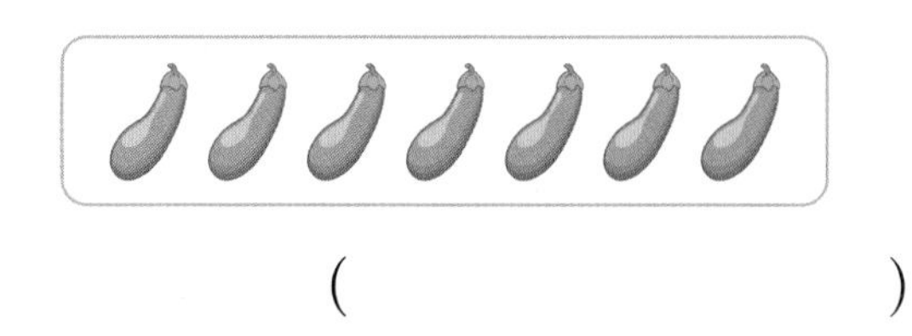

(　　　　)

3-4 왼쪽 수보다 1만큼 더 큰 수만큼 그림을 묶어 보시오.

4	🫑🫑🫑🫑🫑🫑🫑🫑🫑

서술형

3-5 선영이가 들고 있는 카드의 수보다 1만큼 더 작은 수가 적힌 카드를 들고 있는 사람은 누구인지 풀이 과정을 쓰고 답을 구하시오.

풀이 ____________________

____

____

답 ____________________

창의·융합

3-6 다음 악보에서 찾을 수 있는 ♪의 수보다 1만큼 더 큰 수를 쓰시오.

(　　　　)

4 수의 크기 비교하기

수를 순서대로 썼을 때 오른쪽으로 갈수록 더 큰 수이고, 왼쪽으로 갈수록 더 작은 수입니다.

(큰 수)
1 2 3 4 5 6 7 8 9
(작은 수)

4-1 더 큰 수에 ○표 하시오.

3	6

4-2 더 작은 수에 △표 하시오.

8	4

4-3 그림의 수를 세어 □ 안에 알맞은 수를 써넣으시오.

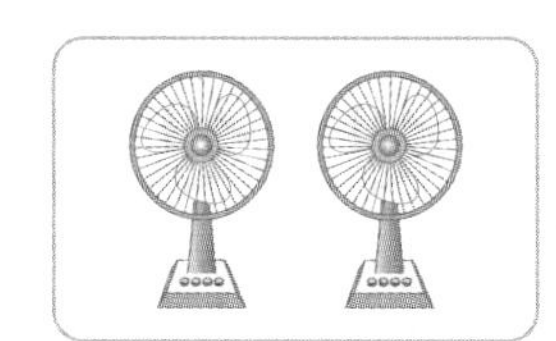

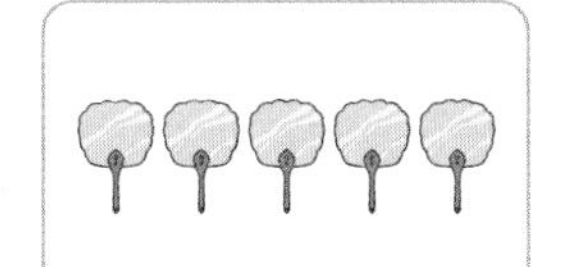

□는 □보다 큽니다.

4-4 가장 큰 수에 ○표, 가장 작은 수에 △표 하시오.

9 5 3

서술형

4-5 6보다 큰 수에 색칠하려고 합니다. 색칠해야 하는 수는 모두 몇 개인지 풀이 과정을 쓰고 답을 구하시오.

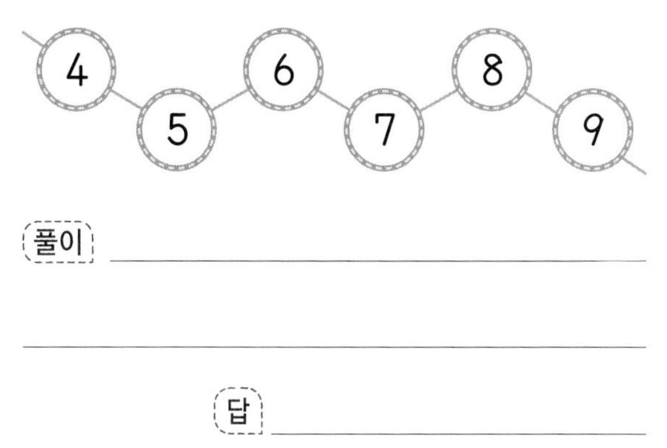

풀이 ______________________

____

답 ______________

4-6 초콜릿을 지현이는 7개, 유성이는 9개 먹었습니다. 누가 초콜릿을 더 많이 먹었습니까?

( )

4-7 그림을 보고 □ 안에 알맞은 수를 써넣으시오.

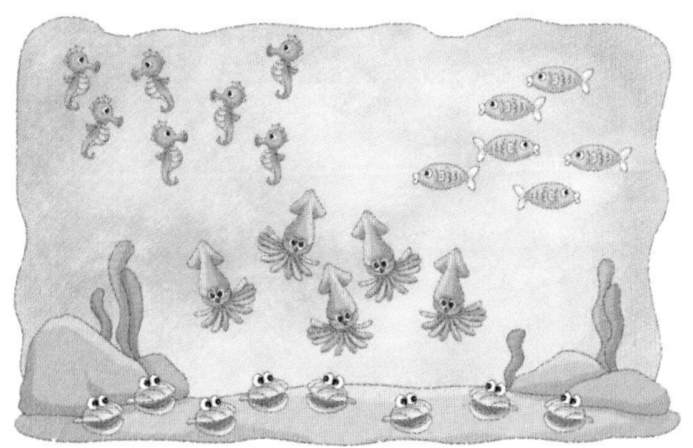

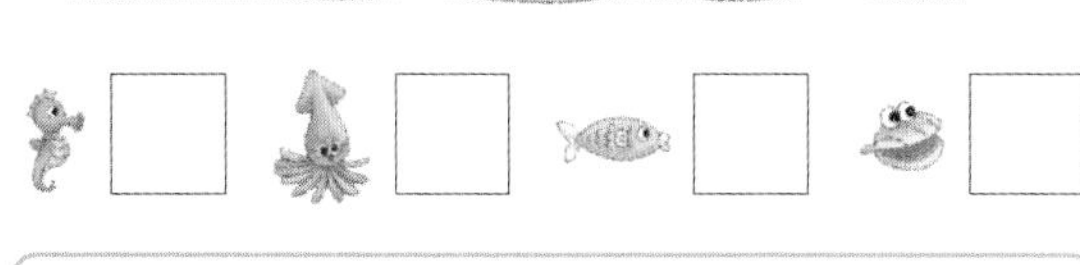

가장 큰 수는 □이고, 가장 작은 수는 □입니다.

1 9까지의 수

응용 유형 익히기

응용 1 수 세기

예제 1-1 과일의 수를 각각 세어 수가 6인 과일은 무엇인지 알아보시오.

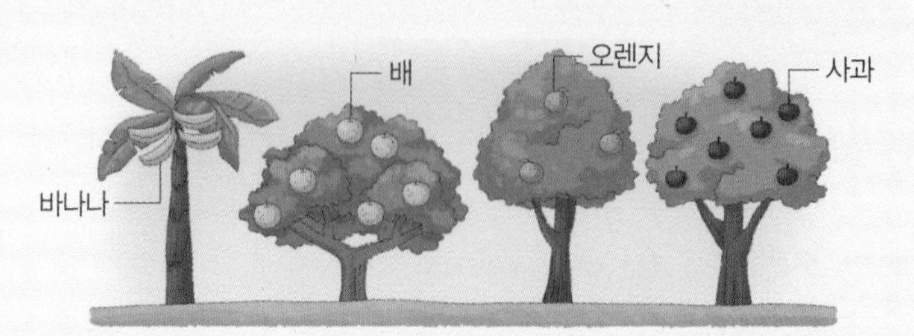

생각 열기

과일의 수를 각각 세어 수가 6인 과일을 찾아봅니다.

(1) 바나나, 배, 오렌지, 사과는 각각 몇 개인지 쓰시오.

바나나 (　　　), 배 (　　　), 오렌지 (　　　), 사과 (　　　)

(2) 수가 6인 과일은 무엇입니까? (　　　　　)

예제 1-2 새, 사슴, 다람쥐, 사자, 토끼가 모였습니다. 수가 8인 동물은 무엇입니까?

(　　　　　)

예제 1-3 세계 여러 나라의 국기입니다. 별의 수가 같은 두 나라를 찾아 쓰시오.

뉴질랜드　시리아　온두라스　베트남　싱가포르

(　　　　　), (　　　　　)

응용 2 수 쓰고 읽기

예제 2-1 왼쪽 수만큼 그림을 묶고, 묶지 않은 그림의 수를 세어 두 가지 방법으로 읽어 보시오.

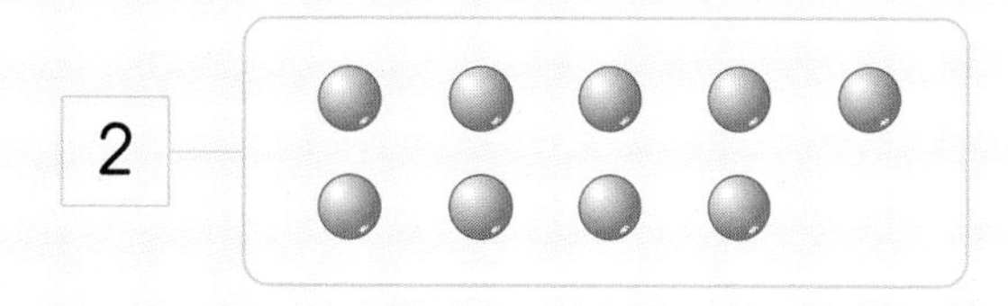

생각 열기
그림을 2만큼 묶고, 묶지 않은 그림의 수를 세어 봅니다.

(1) 그림을 2만큼 묶어 보시오.

(2) 묶지 않은 그림의 수를 쓰시오. (　　　　)

(3) (2)의 수를 두 가지 방법으로 읽어 보시오.

(　　　　), (　　　　)

예제 2-2 6칸을 색칠하고, 색칠하지 않은 칸의 수를 세어 두 가지 방법으로 읽어 보시오.

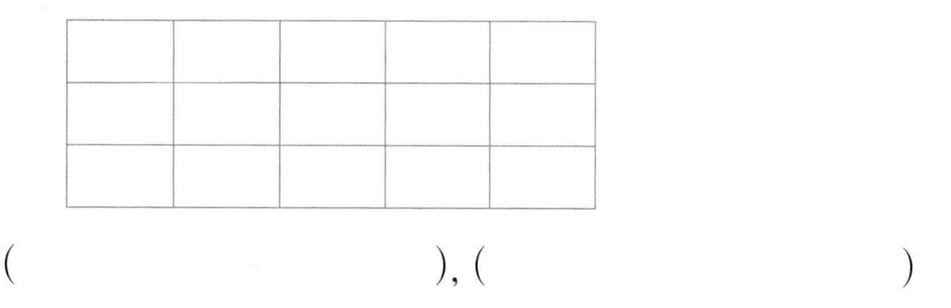

(　　　　), (　　　　)

예제 2-3 혜진이가 물건의 이름을 쓴 것입니다. 이름에 있는 자음자의 수를 세어 두 가지 방법으로 읽어 보시오.

ㄱ, ㄴ, ㄷ, ㄹ, ㅁ, ㅂ, ㅅ, ㅇ, ㅈ, ㅊ, ㅋ, ㅌ, ㅍ, ㅎ

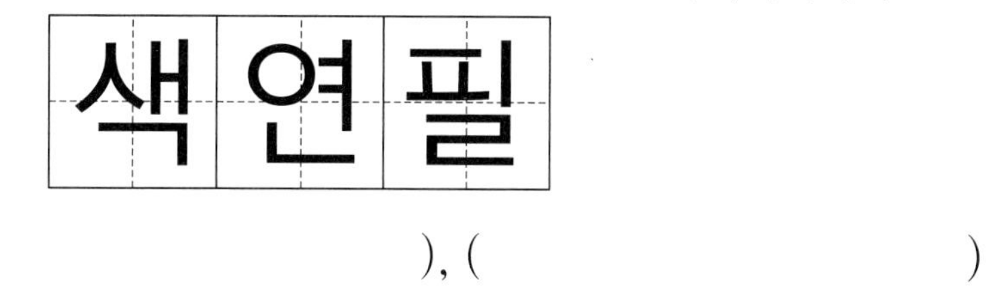

(　　　　), (　　　　)

1 9까지의 수

응용 유형 익히기

응용 3 몇째 알아보기

예제 3-1 오른쪽에서 넷째에 있는 나비는 왼쪽에서 몇째에 있는지 알아보시오.

생각 열기

먼저 오른쪽에서 넷째에 있는 나비를 찾아봅니다.

(1) 오른쪽에서 넷째에 있는 나비에 ○표 하시오.

(2) (1)에서 ○표 한 나비는 왼쪽에서 몇째에 있습니까?

( )

예제 3-2 왼쪽에서 다섯째에 있는 꽃은 오른쪽에서 몇째에 있습니까?

벚꽃

제비꽃

진달래

개나리

장미

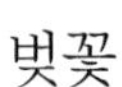

( )

예제 3-3 학생 8명이 지금 달리고 있는 순서대로 결승점에 들어온다면 맨 뒤에서 둘째로 달리는 학생은 몇 등입니까?

( )

응용 4 그림을 그려서 순서 알아보기

동영상 강의

예제 4-1 민우는 모둠 학생 7명 중 셋째로 몸무게가 가볍습니다. 민우네 모둠 학생 중 민우보다 몸무게가 무거운 학생은 몇 명인지 알아보시오.

생각 열기
그림을 그려서 생각해 봅니다.

(1) 몸무게가 가벼운 학생부터 차례로 ○로 나타냈습니다. 민우를 나타내는 ○에 색칠하시오.

(2) 민우네 모둠 학생 중 민우보다 몸무게가 무거운 학생은 몇 명입니까?

( )

예제 4-2 새롬이네 모둠은 9명입니다. 그중에서 새롬이는 여섯째로 키가 작습니다. 새롬이네 모둠 학생 중 새롬이보다 키가 큰 학생은 몇 명입니까?

( )

예제 4-3 정윤이는 아래에서 둘째, 위에서 다섯째인 층에 살고 있습니다. 정윤이가 살고 있는 건물은 몇 층까지 있습니까?

( )

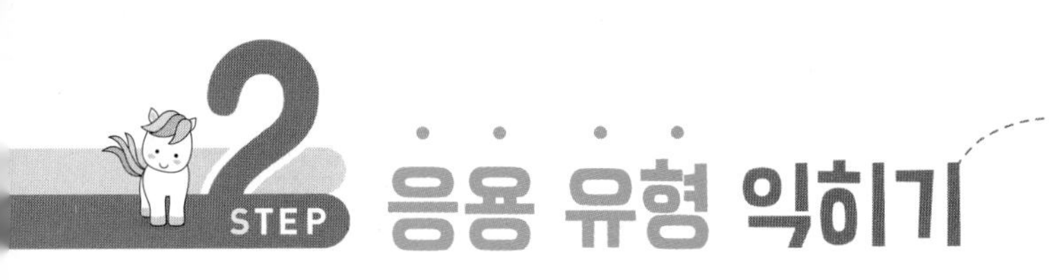

응용 유형 익히기

응용 5 | 만큼 더 큰 수와 | 만큼 더 작은 수 알아보기

예제 5-1 영진이와 승준이는 밭에서 호박을 땄습니다. 호박을 영진이는 3보다 | 만큼 더 큰 수만큼 땄고, 승준이는 영진이보다 | 만큼 더 큰 수만큼 땄습니다. 승준이가 딴 호박의 수를 알아보시오.

생각 열기
1만큼 더 큰 수는 바로 뒤의 수입니다.

(1) 영진이가 딴 호박의 수를 쓰시오.

( )

(2) 승준이가 딴 호박의 수를 쓰시오.

( )

예제 5-2 근희는 아버지와 낚시를 했습니다. 물고기를 아버지는 8보다 | 만큼 더 작은 수만큼 잡았고, 근희는 아버지보다 | 만큼 더 작은 수만큼 잡았습니다. 근희가 잡은 물고기의 수를 쓰시오.

( )

예제 5-3 동화책을 진수는 민재보다 | 권 더 많이 읽었고, 경표는 민재보다 | 권 더 적게 읽었습니다. 진수가 읽은 동화책이 3권일 때, 민재와 경표가 읽은 동화책은 각각 몇 권입니까?

민재 ( ), 경표 ( )

응용 6

수의 크기 비교하기

예제 6-1 수아와 민희가 고리를 각각 8개씩 던졌습니다. 고리가 더 많이 걸린 사람이 이길 때, 누가 이겼는지 알아보시오.

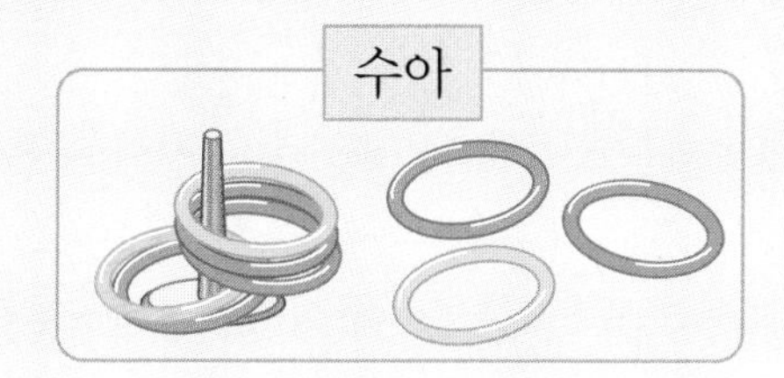

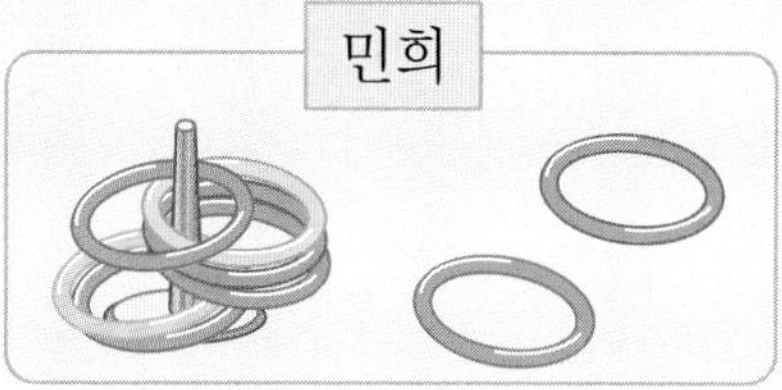

생각 열기
수아와 민희가 건 고리의 수를 각각 세어 봅니다.

(1) 수아와 민희가 건 고리는 각각 몇 개입니까?

수아 (　　　　　　　　), 민희 (　　　　　　　　)

(2) 누가 이겼습니까? (　　　　　　　　)

예제 6-2 서형이와 예진이는 색종이를 각각 9장씩 가지고 종이배를 접었습니다. 누가 종이배를 더 많이 접었습니까?

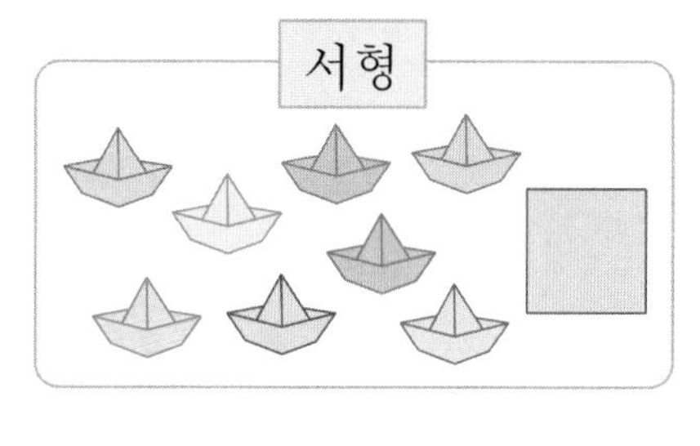

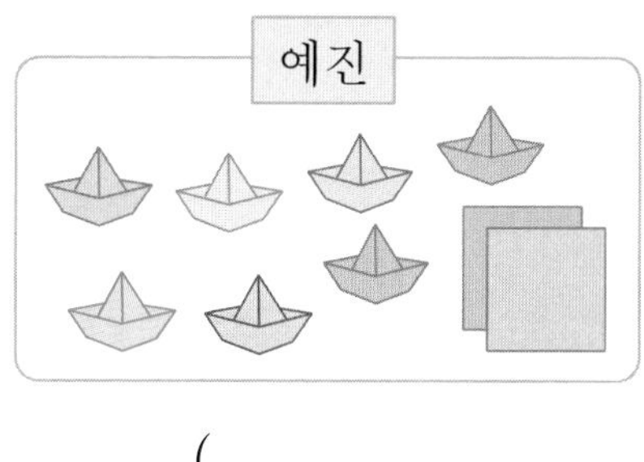

(　　　　　　　　)

예제 6-3 축구공은 4개, 농구공은 2개 있고 야구공은 축구공보다 1개 더 적게 있습니다. 가장 적게 있는 공은 무엇입니까?

(　　　　　　　　)

STEP 2 응용 유형 익히기

응용 7 수 카드의 크기 비교하기

예제 7-1 수 카드를 왼쪽에서부터 작은 수부터 차례로 다시 모두 늘어놓았을 때, 왼쪽에서 둘째 카드에 쓰인 수를 알아보시오.

2 5 7 0 4

생각 열기
먼저 가장 작은 수를 찾아봅니다.

(1) 수 카드를 왼쪽에서부터 작은 수부터 차례로 다시 모두 늘어놓으려고 합니다. 빈칸에 알맞은 수를 써넣으시오.

(2) (1)에서 늘어놓은 수 카드 중에서 왼쪽에서 둘째 카드에 쓰인 수를 쓰시오.

(　　　　　)

예제 7-2 수 카드를 왼쪽에서부터 큰 수부터 차례로 다시 모두 늘어놓았을 때, 오른쪽에서 넷째 카드에 쓰인 수를 쓰시오.

6 1 9 3 8

(　　　　　)

예제 7-3 혜영이는 수가 쓰인 블록을 오른쪽과 같이 한 줄로 끼우려고 합니다. 블록을 분리하여 아래에서부터 작은 수부터 차례로 다시 모두 끼웠을 때, 아래에서 다섯째 블록에 쓰인 수를 쓰시오.

2
3
8
7
5
9

(　　　　　)

응용 8 조건을 만족하는 수 구하기

동영상 강의

예제 8-1 조건을 만족하는 수는 모두 몇 개인지 알아보시오.

- 2와 7 사이에 있는 수입니다.
- 4보다 큰 수입니다.

생각 열기
2와 7 사이에 있는 수에 2와 7은 들어가지 않습니다.

(1) 2와 7 사이에 있는 수를 모두 쓰시오.

( )

(2) (1)에서 구한 수 중에서 4보다 큰 수는 모두 몇 개입니까?

( )

예제 8-2 조건을 만족하는 수는 모두 몇 개입니까?

- 4와 9 사이에 있는 수입니다.
- 7보다 작은 수입니다.

( )

예제 8-3 조건을 만족하는 수는 모두 몇 개입니까?

- 3보다 크고 8보다 작은 수입니다.
- 5보다 큰 수입니다.

( )

9까지의 수 알아보기

1 쌍둥이 오른쪽 타일의 수를 두 가지 방법으로 읽어 보시오.

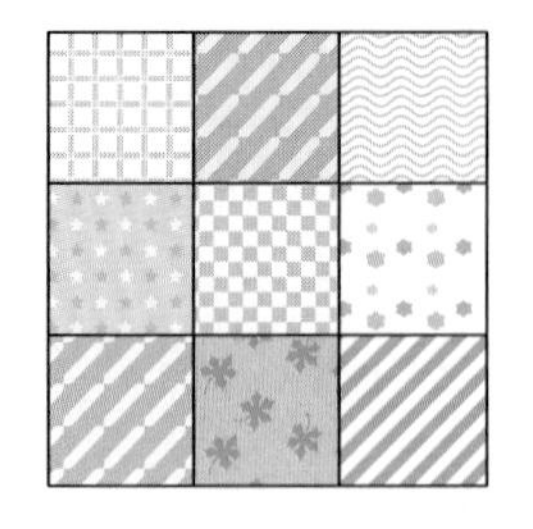

( ), ( )

1만큼 더 큰 수와 1만큼 더 작은 수 알아보기

2 딸기, 바나나, 수박, 파인애플이 섞여 있습니다. 바나나보다 하나 더 적은 것은 무엇입니까?

( )

수의 크기 비교하기

3 지호는 문제집을 어제는 4쪽 풀었고, 오늘은 6쪽 풀었습니다. 어제와 오늘 중 지호가 문제집을 더 많이 푼 날은 언제입니까?

( )

9까지의 수 알아보기 창의·융합

4 쌍둥이 글에 나오는 낱말 '나무'의 수만큼 나무 그림을 묶었을 때, 묶지 않은 나무 그림의 수를 쓰시오.

(　　　　　　　)

순서 알아보기

5 오른쪽 그림은 쌓기나무를 8개 쌓은 것입니다. 아래에서부터 셋째에 있는 쌓기나무는 위에서부터 몇째에 있습니까?

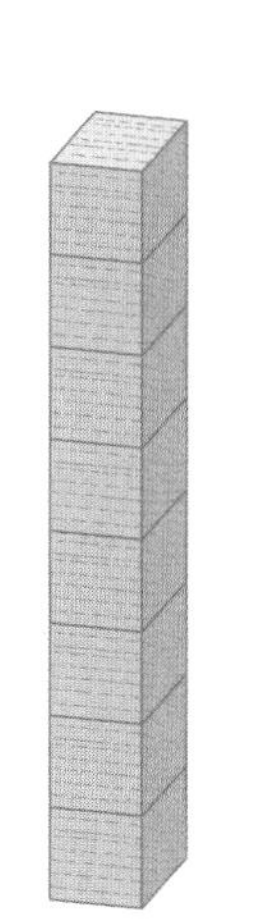

(　　　　　　　)

순서 알아보기 서술형

6 쌍둥이 동영상 과일 7개를 기준에 따라 한 줄로 놓았습니다. 포도가 셋째에 있다면 참외는 몇째에 있는지 풀이 과정을 쓰고 답을 구하시오.

멜론　참외　사과　귤　포도　배　앵두

(　　　　　　　)

풀이

9까지의 수 알아보기

7 사탕을 어떤 수만큼 묶었을 때, 묶이지 않은 사탕의 수가 4입니다. 어떤 수는 얼마입니까?

(   )

수의 크기 비교하기

8 0부터 9까지의 수 중에서 □ 안에 들어갈 수 있는 수는 모두 몇 개입니까?

6은 □보다 작습니다.

(   )

순서 알아보기

9 영아네 집은 4층이고, 지혜네 집은 같은 건물 9층입니다. 영아네 집에서 몇 층을 올라가면 지혜네 집입니까?

쌍둥이 동영상

(   )

순서 알아보기, 수의 크기 비교하기 창의·융합

10 도경이 어머니와 아버지의 휴대 전화번호입니다. 뒤에서 셋째에 있는 숫자가 더 큰 사람을 쓰시오.
쌍둥이

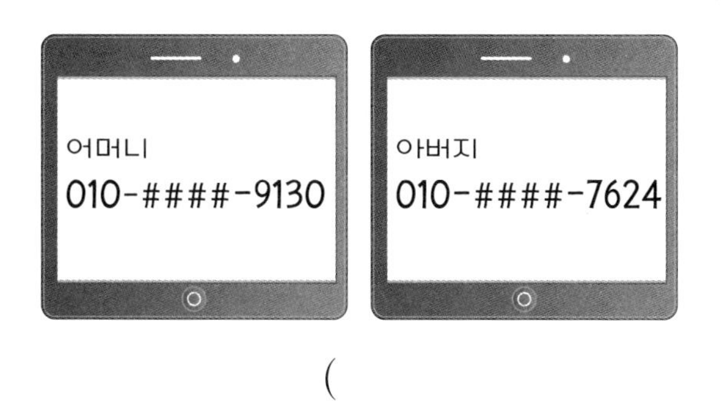

( )

수의 크기 비교하기 서술형

11 다음 수 카드의 수 중 4보다 크고 8보다 작은 수는 모두 몇 개인지 풀이 과정을 쓰고 답을 구하시오.
쌍둥이

6 9 0 3 4 7

( )

풀이

수의 크기 비교하기

12 투호 놀이를 해서 투호에 화살을 지석이는 4개, 은호는 7개, 세희는 5개 넣었습니다. 희주는 세희보다 많이 넣었지만 은호보다 적게 넣었습니다. 희주는 투호에 화살을 몇 개 넣었습니까?

( )

수의 크기 비교하기

13 조건을 만족하는 수를 모두 구하시오.

쌍둥이

- 3과 9 사이에 있는 수입니다.
- 4보다 큰 수입니다.
- 8보다 작은 수입니다.

( )

순서 알아보기, 수의 크기 비교하기 서술형

14 주어진 수를 왼쪽에서부터 작은 수부터 차례로 다시 모두 썼을 때, 오른쪽에서 여섯째에 있는 수는 무엇인지 풀이 과정을 쓰고 답을 구하시오.

쌍둥이

0 8 7 1 4 3 9 5

( )

풀이

순서 알아보기, 수의 크기 비교하기

15 학생 8명이 달리기를 하고 있습니다. 민성이는 4등으로 달리고 있습니다. 민성이의 앞에서 달리는 학생과 민성이의 뒤에서 달리는 학생 중 어느 쪽 학생이 더 많습니까?

쌍둥이 동영상

( )

1만큼 더 큰 수와 1만큼 더 작은 수 알아보기 창의·융합

16 쌍둥이 동영상

동수와 보라의 대화를 읽고 보라가 모은 콩 주머니는 몇 개인지 구하시오.

( )

수의 크기 비교하기

17 쌍둥이 동영상

연필을 승기는 5자루, 현민이는 9자루 가지고 있습니다. 두 사람이 가지고 있는 연필의 수가 같아지려면 승기와 현민이 중 누가 연필 몇 자루를 주어야 합니까?

( ), ( )

9까지의 수 알아보기

18 쌍둥이 동영상

성현이는 빨간 구슬을 3개, 파란 구슬을 5개 가지고 있습니다. 빨간 구슬 1개는 파란 구슬 2개로 바꿀 수 있습니다. 성현이가 빨간 구슬 2개를 파란 구슬로 바꾸면 파란 구슬은 모두 몇 개가 됩니까?

( )

1. 9까지의 수

1 무당벌레의 수를 쓰시오.

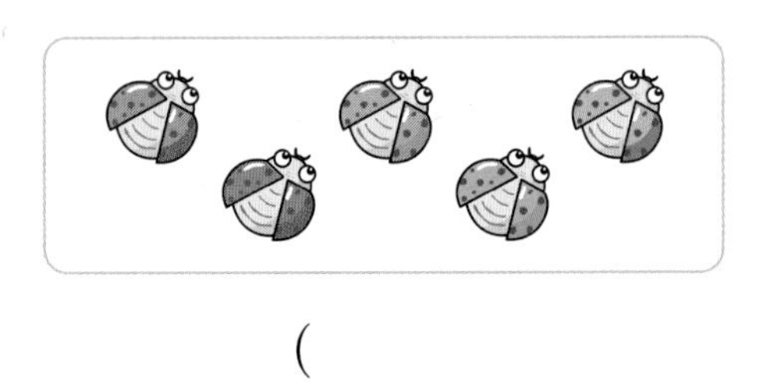

(　　　　　　　　　)

2 왼쪽 수만큼 물고기를 묶어 보시오.

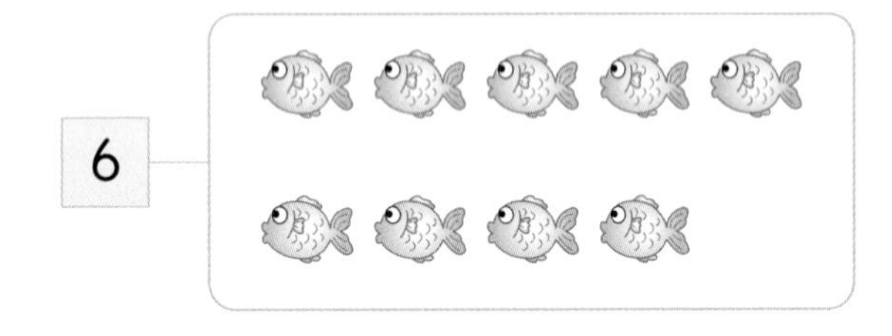

3 수가 다른 하나에 △표 하시오.

아홉　　육　　9　　구

4 왼쪽에서부터 알맞게 색칠하시오.

여덟(팔)	○○○○○○○○○
여덟째	○○○○○○○○○

5 다음 중 밑줄 친 숫자 7을 '일곱'으로 읽어야 하는 것을 고르시오. ……………… (　　　)

① 소아과는 7층에 있습니다.
② 현아의 생일은 5월 7일입니다.
③ 재호의 동생은 7살입니다.
④ 민규는 지하철 7호선을 탔습니다.
⑤ 영지는 1학년 7반입니다.

서술형

6 그림을 보고 알맞은 수를 사용하여 이야기를 만들어 보시오.

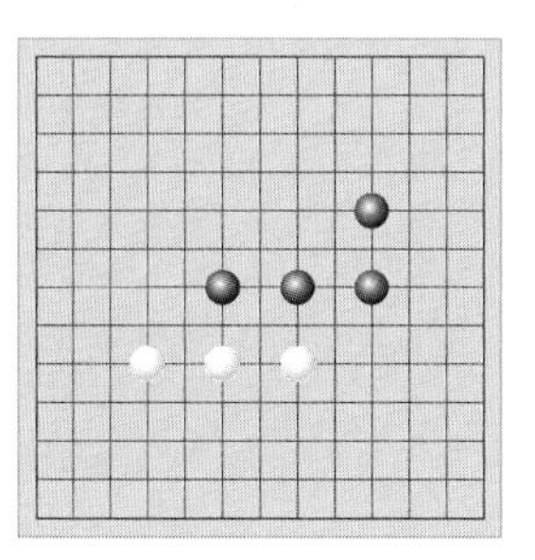

7 창의·융합

개구리는 봄에 볼 수 있는 대표적인 동물입니다. 개구리의 다리 수보다 1만큼 더 작은 수를 쓰시오.

(　　　　　　　　)

8 수의 순서대로 이어서 그림을 완성하시오.

9 순서를 거꾸로 하여 수를 쓰려고 합니다. 빈 곳에 알맞은 수를 써넣으시오.

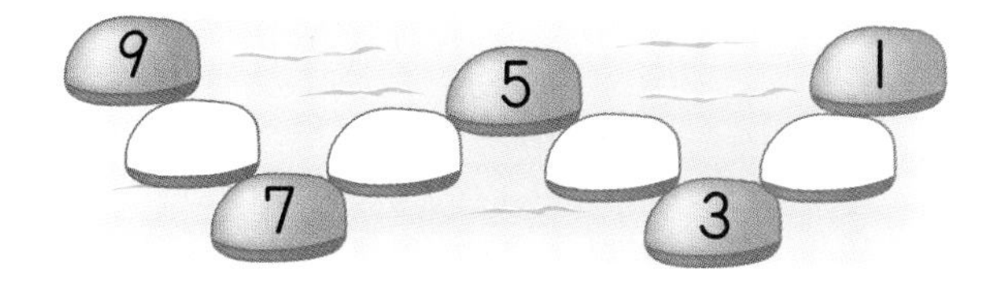

10 더 큰 수에 ○표, 더 작은 수에 △표 하시오.

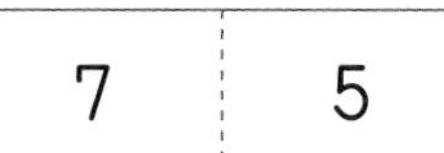

11 □ 안에 알맞은 수를 써넣으시오.

(1) 4는 □보다 1만큼 더 큰 수입니다.

(2) 6은 □보다 1만큼 더 작은 수입니다.

12 왼쪽에서 넷째에 있는 수를 두 가지 방법으로 읽어 보시오.

(　　　　　　　), (　　　　　　　)

창의·융합

13 세 사람의 대화를 읽고 딱지를 가장 많이 딴 사람은 누구인지 구하시오.

채팅

상규: 난 딱지를 6장 땄어.

민건: 좋겠다~
나는 3장밖에 못 땄는데…….

혁재: 난 8장 땄지.

(　　　　　　　)

14 어떤 건물의 8층에 소아과가 있고 소아과의 2층 아래에 치과가 있습니다. 치과는 몇 층에 있습니까?

(　　　　　　　)

서술형

15 다음 중 2보다 크고 8보다 작은 수는 모두 몇 개인지 풀이 과정을 쓰고 답을 구하시오.

4	2	9	5	7	8

풀이 ____________________

____

____

____

답 ____________________

16 들판에 나비, 벌, 잠자리, 메뚜기가 있습니다. 수가 가장 많은 곤충은 무엇입니까?

( )

17 수 카드를 왼쪽에서부터 작은 수부터 차례로 다시 모두 늘어놓았을 때, 왼쪽에서 셋째 카드에 쓰인 수를 쓰시오.

7 1 9 2 6

( )

18 조건을 만족하는 수는 모두 몇 개입니까?

- 1과 6 사이에 있는 수입니다.
- 2보다 큰 수입니다.

( )

서술형

19 주희는 연필을 7자루 가지고 있습니다. 연필을 민기는 주희보다 1자루 더 많이 가지고 있고, 경서는 민기보다 1자루 더 많이 가지고 있습니다. 경서가 가지고 있는 연필은 몇 자루인지 풀이 과정을 쓰고 답을 구하시오.

풀이 ______

답 ______

20 원준이는 앞에서 여섯째, 뒤에서 셋째에 서 있습니다. 줄을 선 사람은 모두 몇 명입니까?

( )

정답은 12쪽

1 성냥개비를 사용하여 만든 수입니다. 성냥개비 1개를 옮겨서 다른 수를 2개 만들어 보시오.

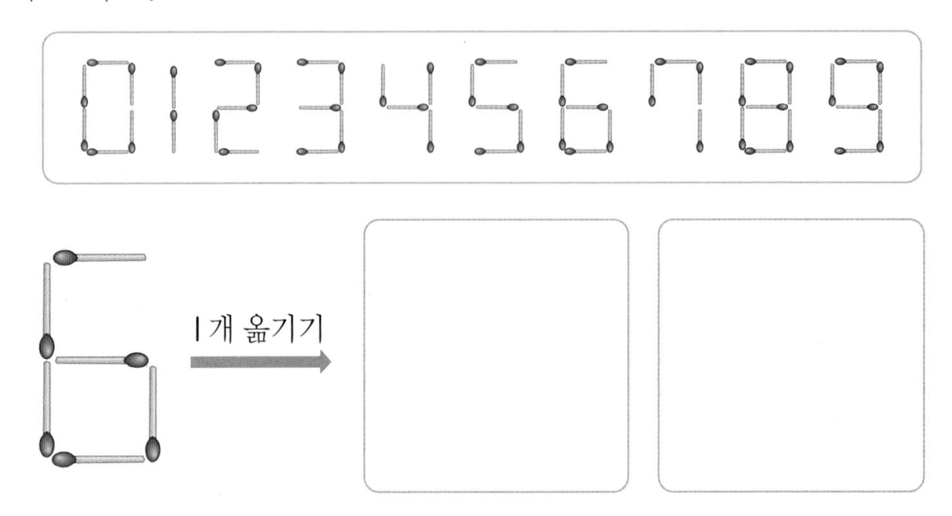

2 주어진 방법대로 토끼가 수를 순서대로 지나 당근까지 가는 길을 표시해 보시오.

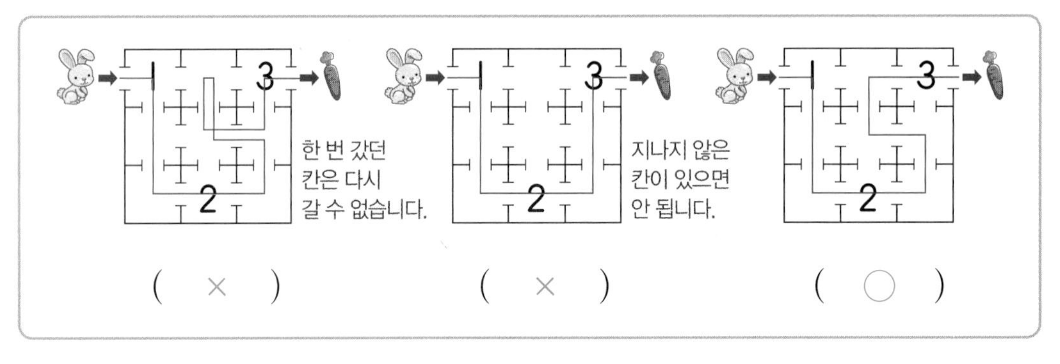

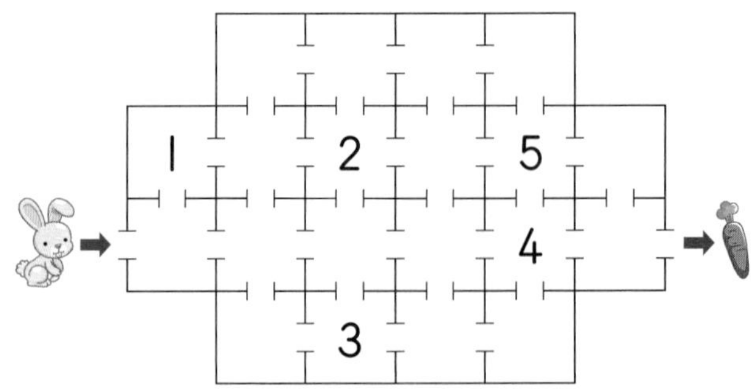

2
여러 가지 모양

● 학습계획표
계획표대로 공부했으면 ○표, 못했으면 △표 하세요.

내용	쪽수	날짜	확인
일등 비법	32~33쪽	월 일	
STEP 1 기본 유형 익히기	34~37쪽	월 일	
STEP 2 응용 유형 익히기	38~41쪽	월 일	
	42~45쪽	월 일	
STEP 3 응용 유형 뛰어넘기	46~51쪽	월 일	
실력 평가	52~55쪽	월 일	
창의 사고력	56쪽	월 일	

2. 여러 가지 모양

비법 1 여러 가지 모양 찾아보기

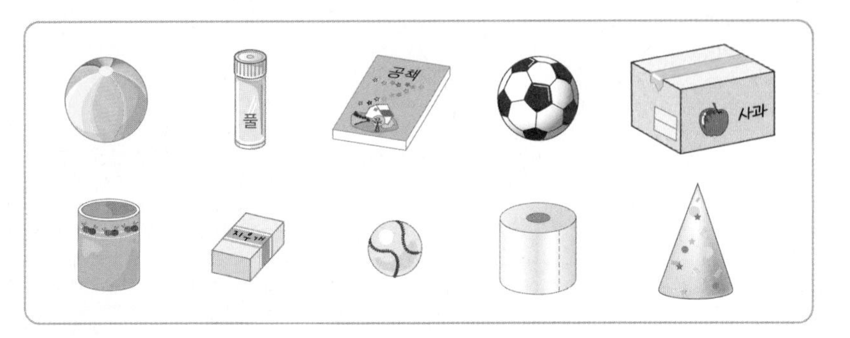

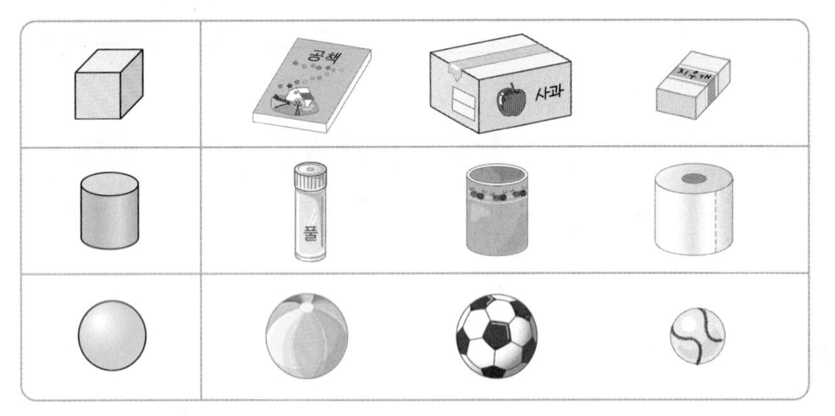

비법 2 여러 가지 모양 알아보기

모양	특징
(상자 모양)	• 평평한 부분으로만 되어 있음. • 뾰족한 부분이 있음. • 잘 쌓을 수 있음. • 굴러가지 않음.
(둥근 기둥 모양)	• 평평한 부분과 둥근 부분이 있음. • 세우면 잘 쌓을 수 있으나 눕히면 쌓을 수 없음. • 눕히면 잘 굴러감.
(공 모양)	• 둥근 부분으로만 되어 있음. • 평평한 부분과 뾰족한 부분이 없음. • 쌓을 수 없음. • 잘 굴러감.

일·등·특·강

• (상자), (둥근 기둥), (공) 모양의 이름 정하기

(상자 모양)	상자 모양, 주사위 모양이라고 부를 수 있습니다.
(둥근 기둥 모양)	둥근 기둥 모양, 풀 모양이라고 부를 수 있습니다.
(공 모양)	공 모양, 구슬 모양이라고 부를 수 있습니다.

• (둥근 기둥) 모양을 찾을 때 (원뿔)와 같은 물건은 포함하지 않습니다.

• 상자 안의 물건을 보고 알맞은 모양 알아보기

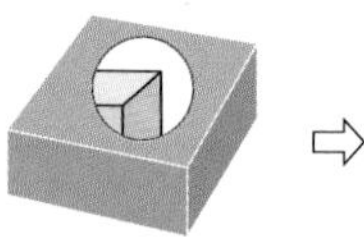 ⇨ 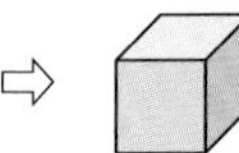

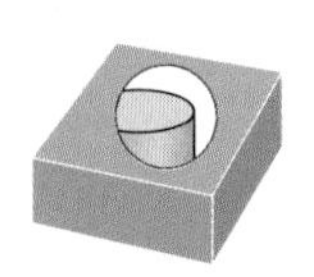 ⇨ 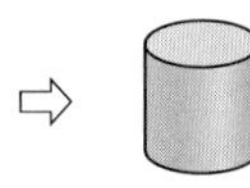

 ⇨ 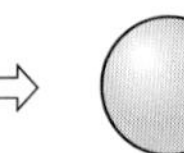

비법 3 여러 가지 모양 비교하기

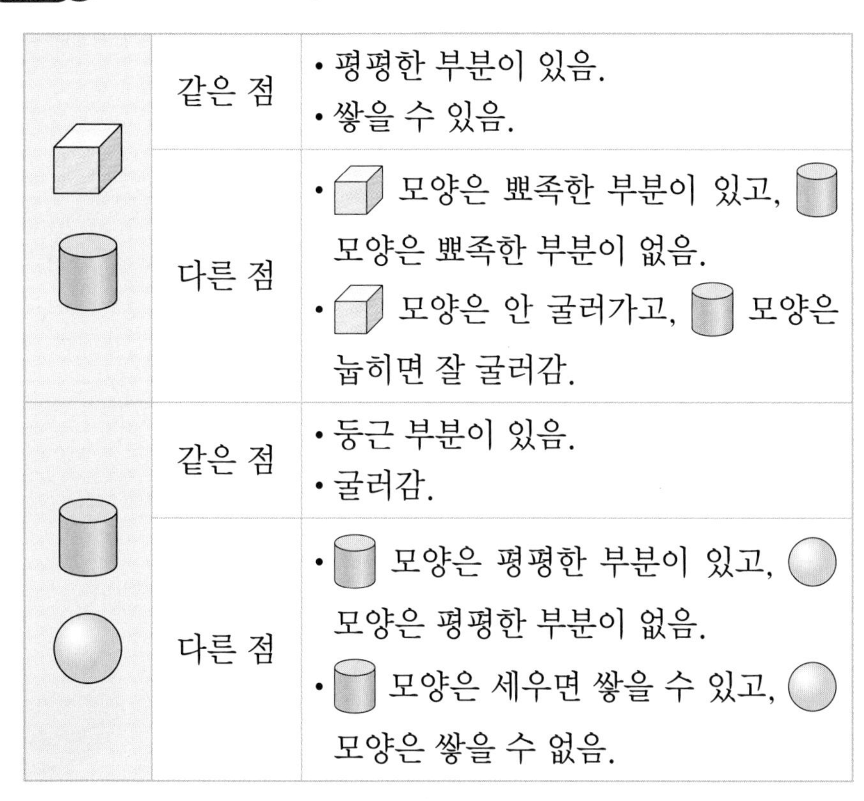

	같은 점	• 평평한 부분이 있음. • 쌓을 수 있음.
	다른 점	• 모양은 뾰족한 부분이 있고, 모양은 뾰족한 부분이 없음. • 모양은 안 굴러가고, 모양은 눕히면 잘 굴러감.
	같은 점	• 둥근 부분이 있음. • 굴러감.
	다른 점	• 모양은 평평한 부분이 있고, 모양은 평평한 부분이 없음. • 모양은 세우면 쌓을 수 있고, 모양은 쌓을 수 없음.

비법 4 여러 가지 모양으로 만들기

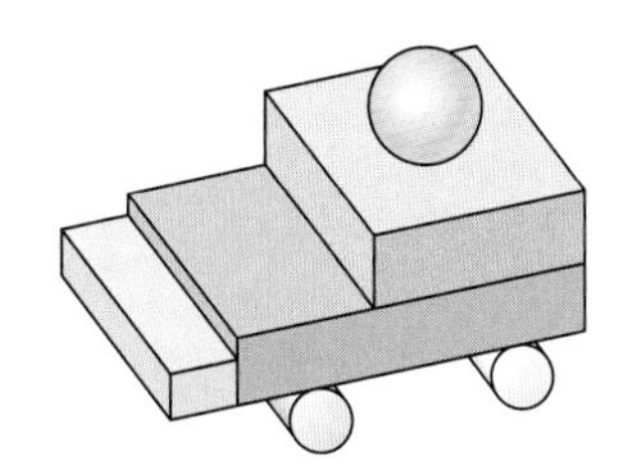

모양: 3개

모양: 2개

모양: 1개

비법 5 순서에 맞게 빈 곳에 들어갈 물건의 모양 알아보기

 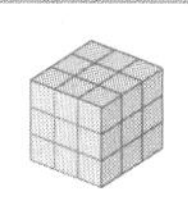  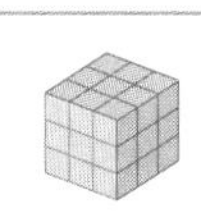  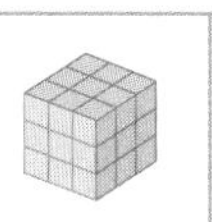

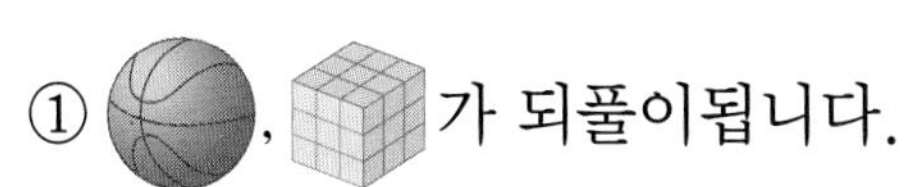

① , 가 되풀이됩니다.

② 빈 곳에 들어갈 물건은 입니다.

③ 빈 곳에 들어갈 물건은 모양입니다.

일·등·특·강

• 여러 가지 모양 분류하기

평평한 부분이 있는 것	평평한 부분이 없는 것
,	

뾰족한 부분이 있는 것	뾰족한 부분이 없는 것
	,

쌓을 수 있는 것	쌓을 수 없는 것
,	

굴러가는 것	굴러가지 않는 것
,	

• , , 모양의 수를 셀 때에는 모양별로 / 표시나 ∨ 표시를 하면서 하나씩 세어 봅니다.

• 먼저 물건이 놓여진 순서를 보고 빈 곳에 들어갈 물건을 알아봅니다.

STEP 1 기본 유형 익히기

1 여러 가지 모양 찾아보기

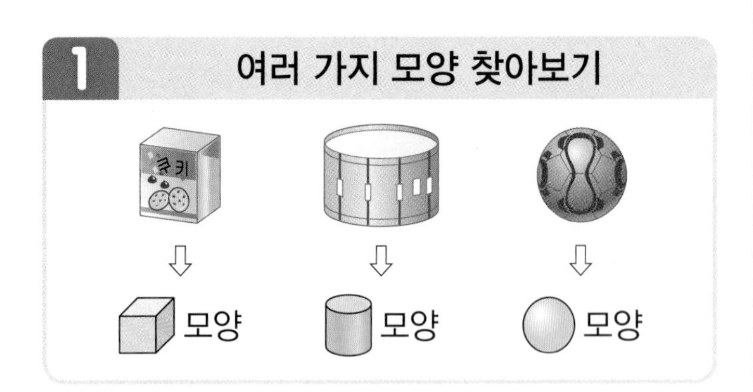

1-1 모양에 ○표 하시오.

( ) ( ) ( )

1-2 그림을 보고 물음에 답하시오.

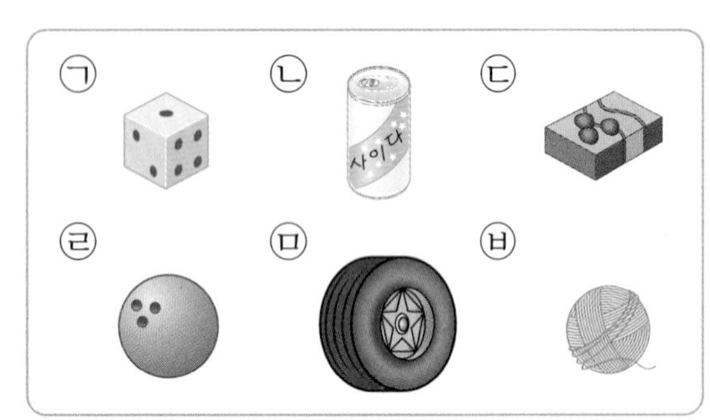

(1) 모양의 물건을 모두 찾아 기호를 쓰시오.

( )

(2) 모양의 물건을 모두 찾아 기호를 쓰시오.

( )

서술형

1-3 모양의 물건을 주변에서 2개만 찾아 쓰시오.

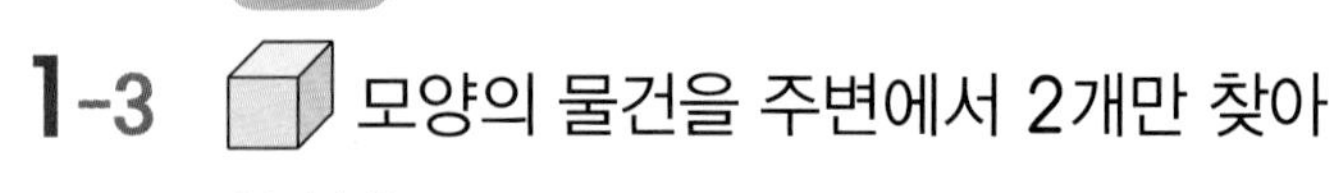

1-4 모양이 같은 것끼리 이어 보시오.

1-5 모양의 물건이 아닌 것을 모두 고르시오. ( )

① ② ③ ④ ⑤

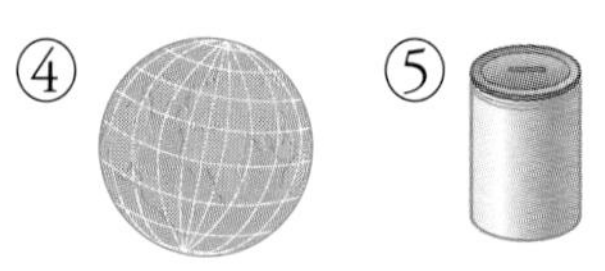

1-6 문구점에 있는 여러 가지 물건들을 보고 물음에 답하시오.

(1) [상자], [원기둥], [공] 모양은 각각 몇 개인지 세어 빈칸에 써넣으시오.

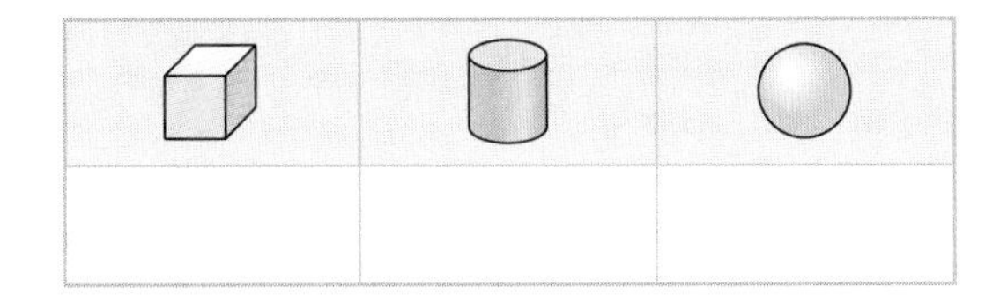

[상자]	[원기둥]	[공]

(2) 가장 많은 모양에 ○표 하시오.

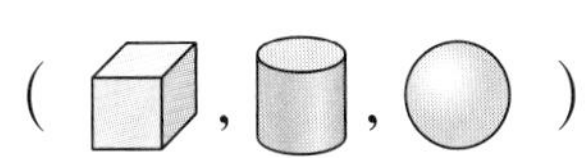

1-7 그림에서 찾을 수 있는 모양을 모두 찾아 [상자] 모양은 □표, [원기둥] 모양은 △표, [공] 모양은 ○표 하시오.

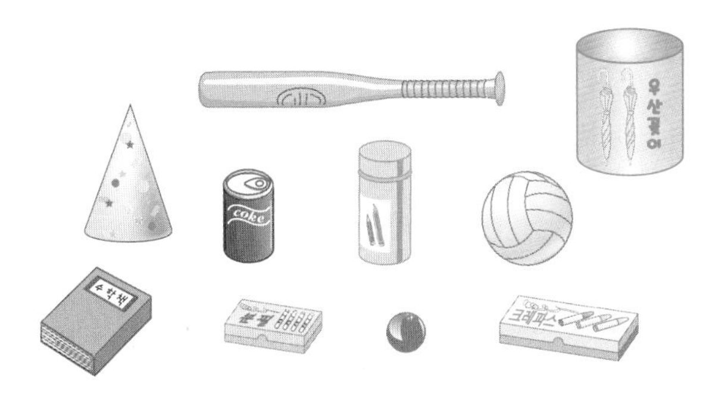

1-8 영주와 근희 중 같은 모양의 물건만 모은 사람은 누구입니까?

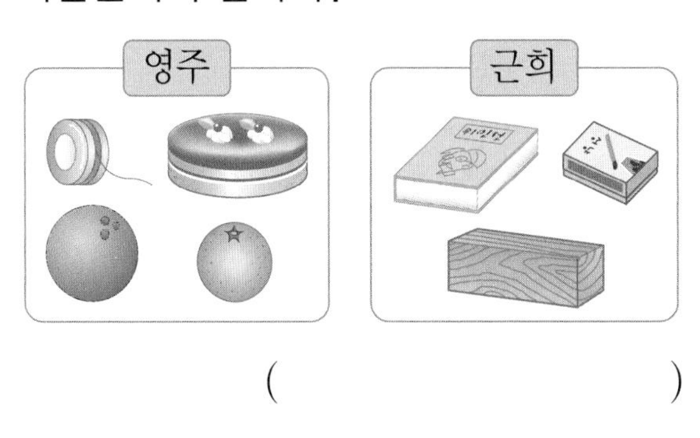

(　　　　　　　)

2 여러 가지 모양 알아보기

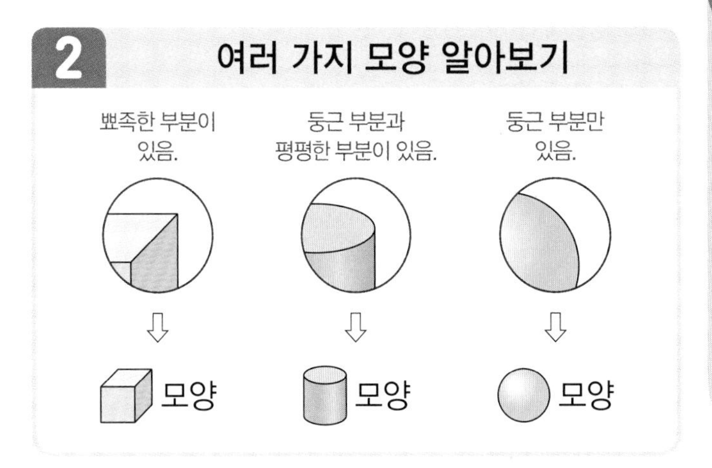

2-1 상자 안의 물건을 보고 알맞은 모양에 ○표 하시오.

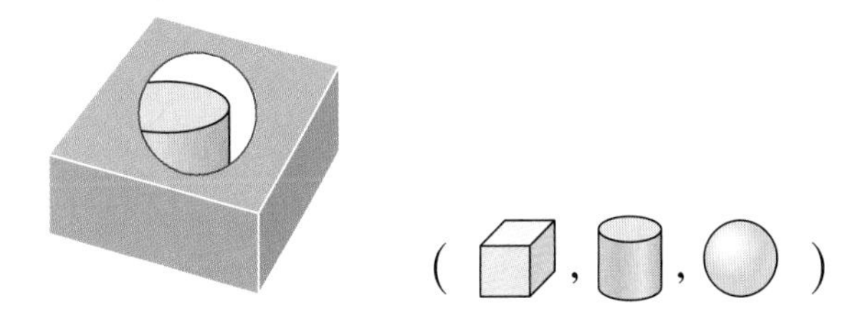

([상자], [원기둥], [공])

2-2 진호가 설명하는 모양에 ○표 하시오.

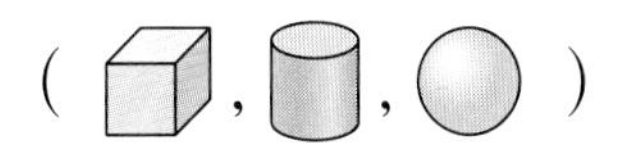

2-3 둥근 부분으로만 되어 있는 모양의 물건은 어느 것입니까? ······················· (　　　)

① 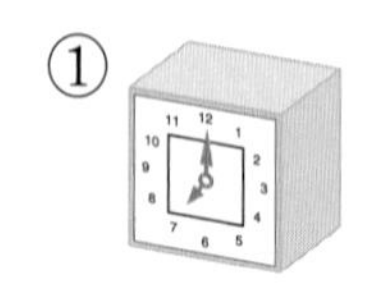
② 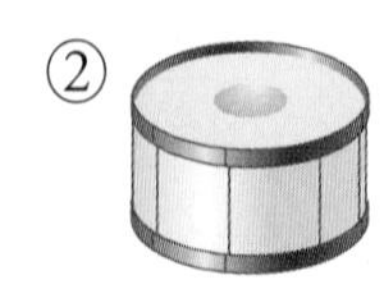
③ 
④ 
⑤ 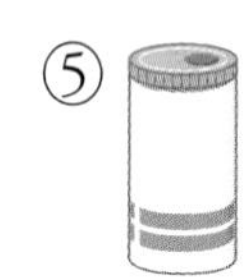

2-4 모양에 대하여 잘못 설명한 것을 찾아 기호를 쓰시오.

㉠ 평평한 부분이 있습니다.
㉡ 쉽게 쌓을 수 있습니다.
㉢ 잘 굴러갑니다.

(　　　　　　　　)

서술형

2-5 두 모양의 다른 점을 설명해 보시오.

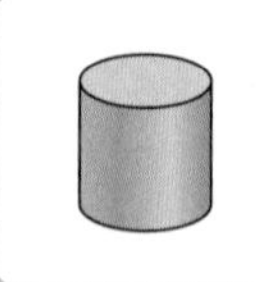 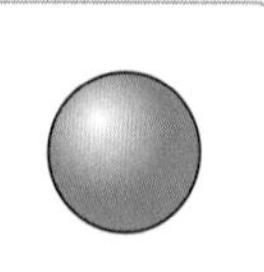

____

____

____

3 여러 가지 모양 만들기

3-1 , , 모양으로 트로피를 만들었습니다. 물음에 답하시오.

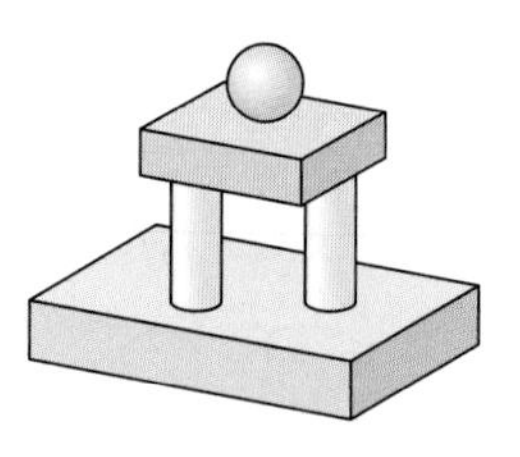

(1) 모양은 몇 개 사용했습니까?

(　　　　　　　　)

(2) 모양은 몇 개 사용했습니까?

(　　　　　　　　)

(3) 모양은 몇 개 사용했습니까?

(　　　　　　　　)

창의·융합

3-2 통합 교과 시간에 만든 애벌레입니다. 어떤 모양만을 사용하여 만들었는지 ○표 하시오.

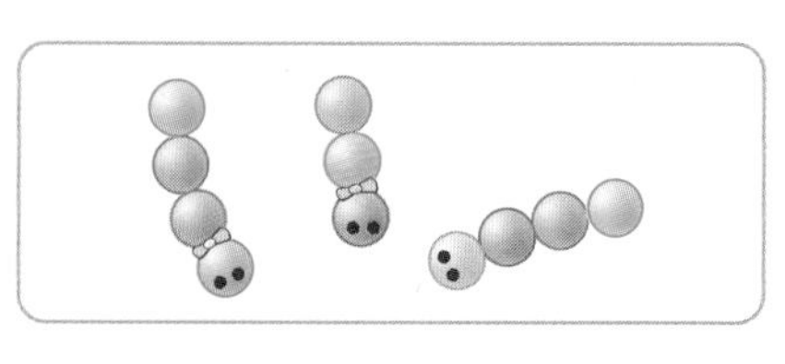

(, ,)

3-3 모양만 사용하여 만든 모양에 ○표 하시오.

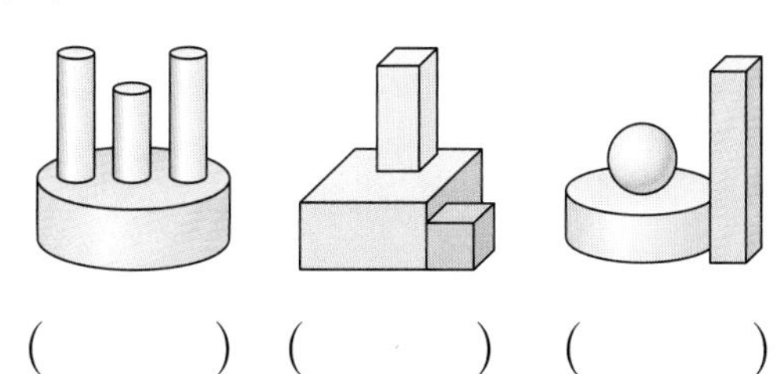

( ) ( ) ( )

3-4 모양을 만드는 데 사용하지 않은 모양에 △표 하시오.

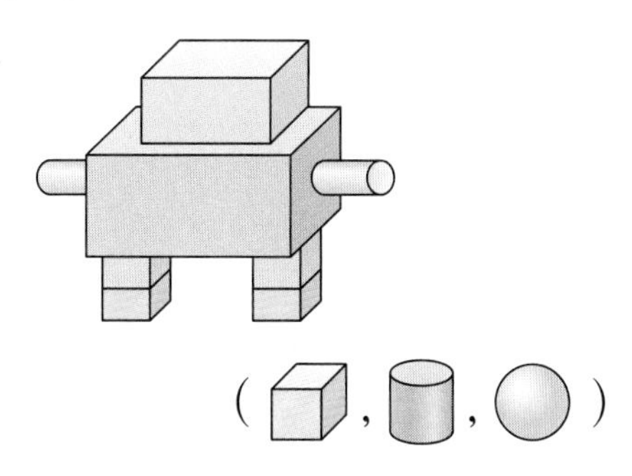

(, ,)

참의·융합

3-5 나의 꿈 소개서에 있는 우주선을 만드는 데 모양은 몇 개 사용했습니까?

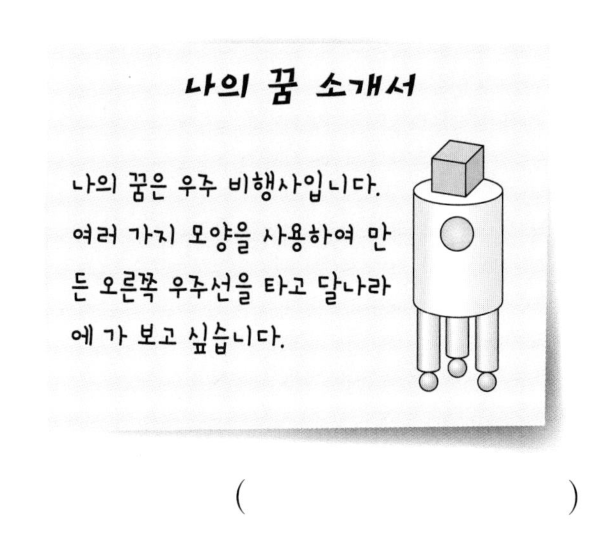

( )

3-6 오른쪽은 수호가 만든 모양입니다. 물음에 답하시오.

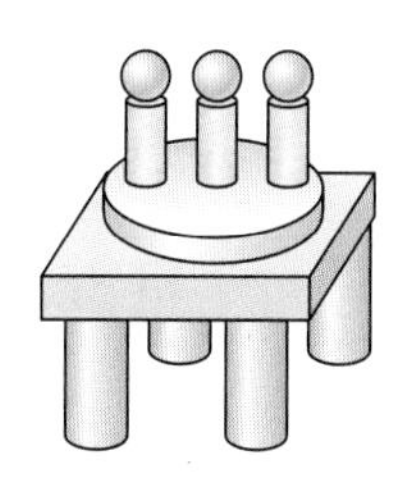

(1) , , 모양은 각각 몇 개 사용했는지 세어 빈칸에 써넣으시오.

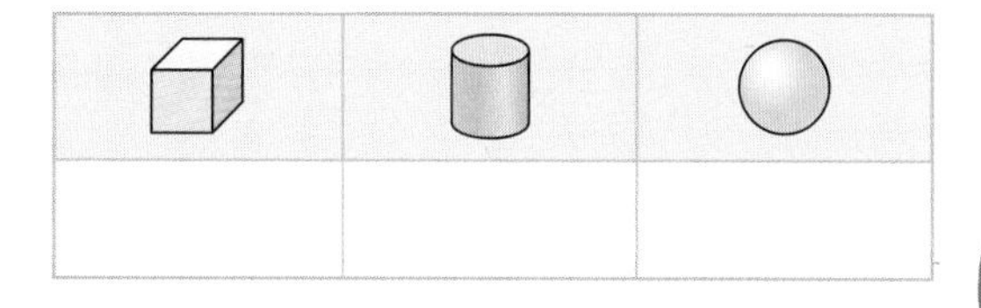

(2) 가장 많이 사용한 모양에 ○표 하시오.

(, ,)

서술형

3-7 모양을 더 적게 사용하여 만든 모양의 기호를 쓰려고 합니다. 풀이 과정을 쓰고 답을 구하시오.

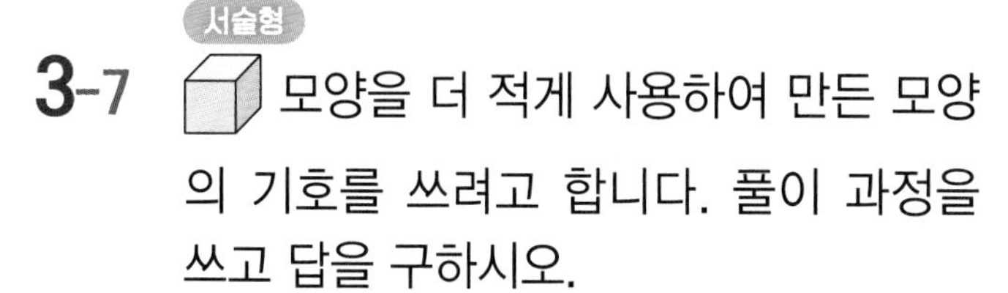

풀이

답

응용 유형 익히기

응용 1 모양의 일부분을 보고 같은 모양의 물건 찾아보기

예제 1-1 모양의 일부분이 왼쪽과 같은 모양의 물건은 모두 몇 개인지 알아보시오.

생각 열기
모양의 일부분을 보고 , , 모양 중 어떤 모양인지 알아봅니다.

(1) 왼쪽 그림은 어떤 모양의 일부분인지 알맞은 모양에 ○표 하시오.

(, ,)

(2) (1)과 같은 모양의 물건은 모두 몇 개입니까?

( )

예제 1-2 모양의 일부분이 왼쪽과 같은 모양의 물건은 모두 몇 개입니까?

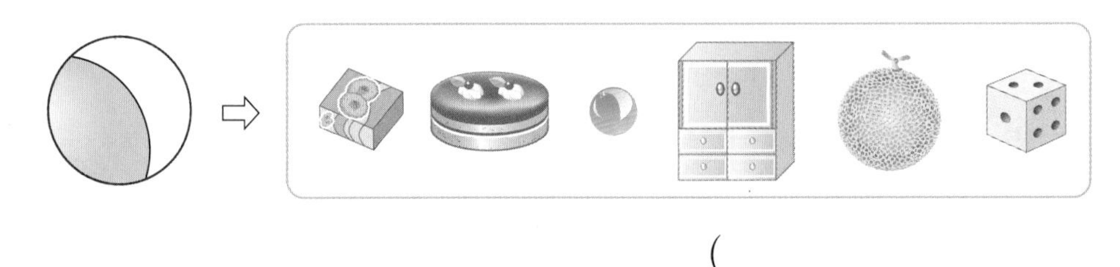

( )

예제 1-3 모양의 일부분이 왼쪽과 같은 모양의 물건은 모두 몇 개입니까?

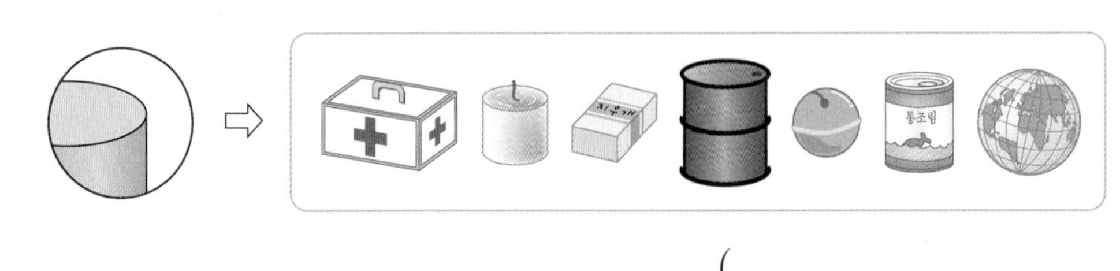

( )

두 사람이 모두 가지고 있는 모양 알아보기

예제 2-1 소희와 성하가 가지고 있는 물건입니다. , , 모양 중 두 사람이 모두 가지고 있는 모양을 알아보시오.

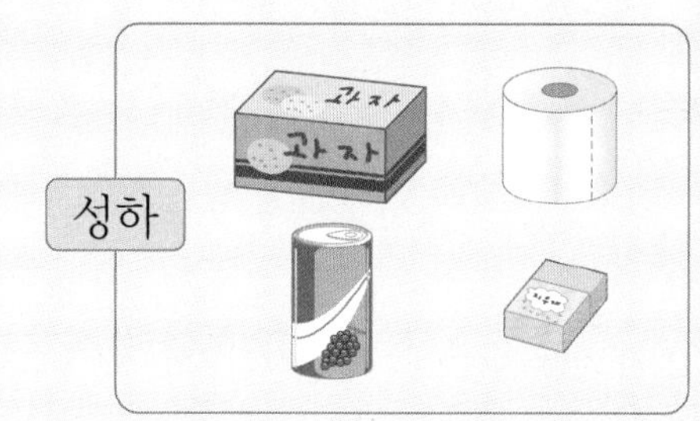

생각 열기
소희와 성하가 가지고 있는 물건의 모양을 각각 알아봅니다.

(1) 소희가 가지고 있는 모양에 모두 ○표 하시오.

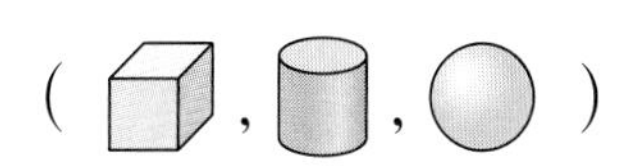

(2) 성하가 가지고 있는 모양에 모두 ○표 하시오.

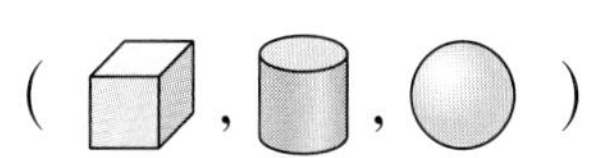

(3) 두 사람이 모두 가지고 있는 모양에 ○표 하시오.

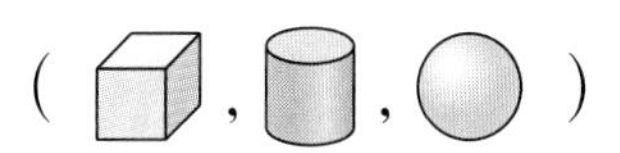

예제 2-2 재희와 윤주가 가지고 있는 물건입니다. , , 모양 중 두 사람이 모두 가지고 있는 모양에 ○표 하시오.

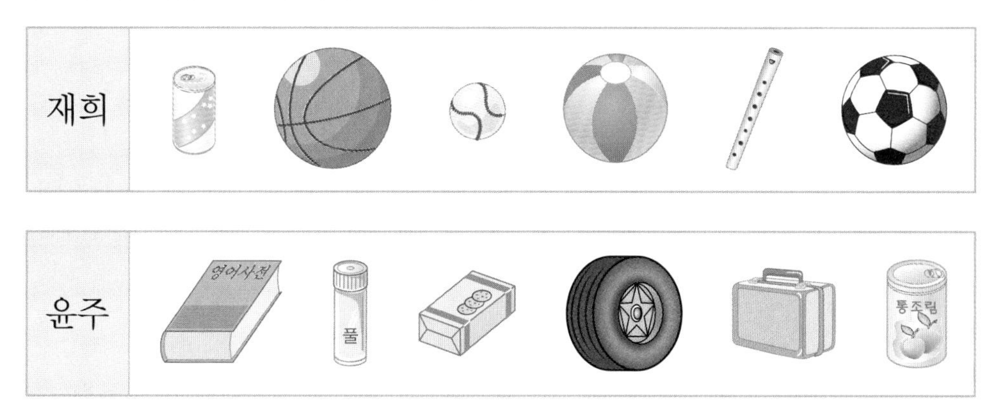

(, ,)

응용 3 설명하는 모양의 물건 찾아보기

예제 3-1 ▢, ▢, ◯ 모양 중 다음에서 설명하는 모양의 물건을 2개 알아보시오.

- 평평한 부분과 둥근 부분이 있습니다.
- 눕혀서 굴리면 잘 굴러갑니다.

생각 열기

▢, ▢, ◯ 모양의 특징을 알아봅니다.

(1) 위에서 설명하는 모양에 ◯표 하시오.

(▢, ▢, ◯)

(2) (1)과 같은 모양의 물건을 2개 쓰시오.

( )

예제 3-2 ▢, ▢, ◯ 모양 중 다음에서 설명하는 모양의 물건을 2개 쓰시오.

- 뾰족한 부분이 있습니다.
- 쉽게 쌓을 수 있습니다.

( )

예제 3-3 조건을 만족하는 모양의 물건을 3개 쓰시오.

- ▢, ▢, ◯ 모양 중 하나입니다.
- 둥근 부분으로만 되어 있습니다.
- 모든 방향으로 잘 굴러갑니다.

( )

정답은 15쪽

사용한 모양의 개수 비교하기

예제 4-1 오른쪽 그림과 같이 ⬜, ⬜, ⚪ 모양으로 로봇을 만들었습니다. 가장 많이 사용한 모양은 무엇인지 알아보시오.

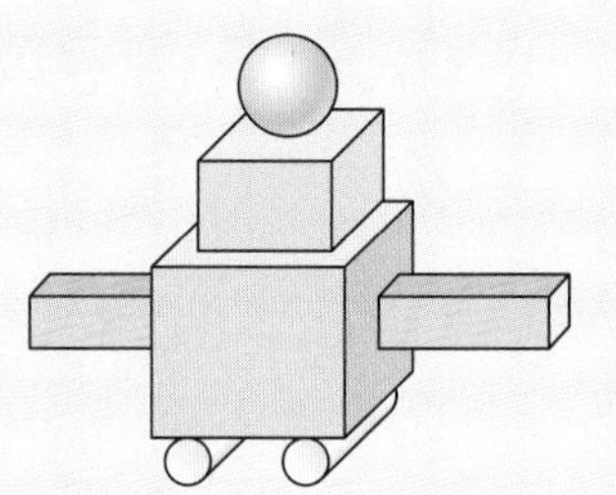

생각 열기

⬜, ⬜, ⚪ 모양의 수를 각각 세어 봅니다.

(1) ⬜, ⬜, ⚪ 모양은 각각 몇 개 사용했습니까?

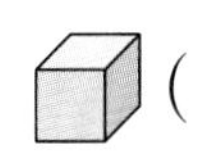 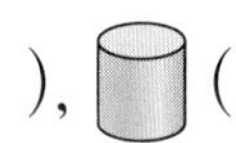 

⬜ ( ), ⬜ ( ), ⚪ ( )

(2) 가장 많이 사용한 모양에 ○표 하시오.

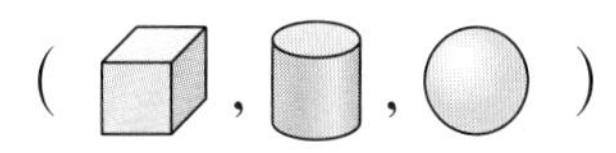

(⬜ , ⬜ , ⚪)

예제 4-2 ⬜, ⬜, ⚪ 모양으로 비행기를 만들었습니다. 가장 적게 사용한 모양에 △표 하시오.

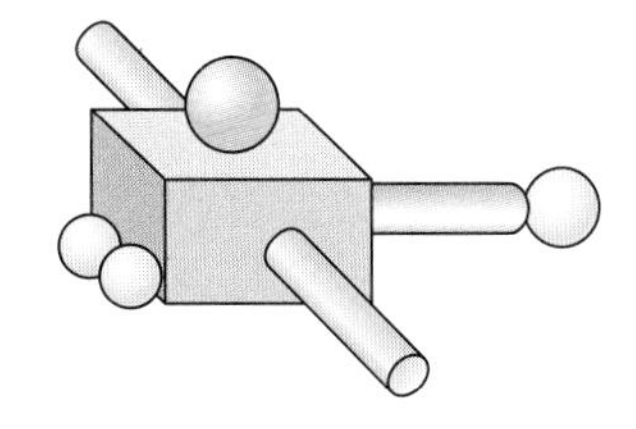

(⬜ , ⬜ , ⚪)

예제 4-3 ⬜, ⬜, ⚪ 모양으로 자동차를 만들었습니다. 2보다 1만큼 더 큰 수만큼 사용한 모양에 ○표 하시오.

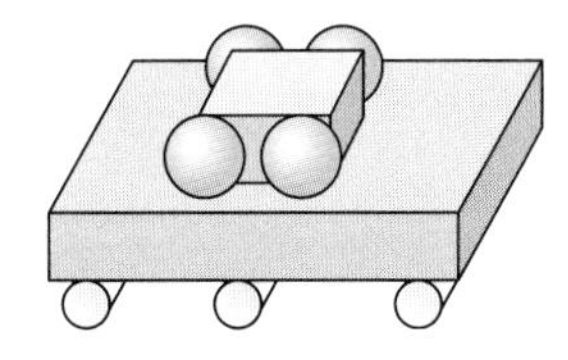

(⬜ , ⬜ , ⚪)

STEP 2 응용 유형 익히기

응용 5 필요한 모양의 개수 구하기

예제 5-1 오른쪽 모양을 2개 만들려면 , , 모양은 각각 몇 개 필요한지 알아보시오.

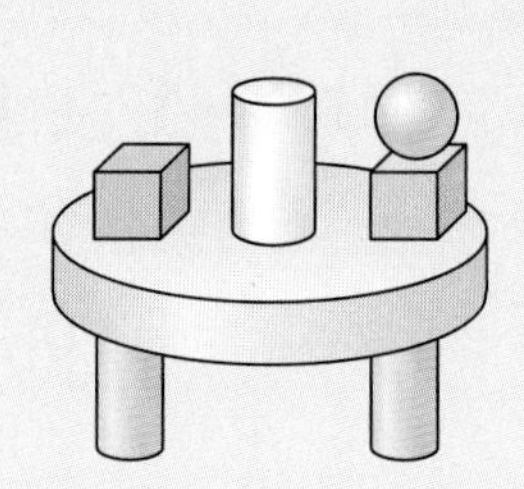

생각 열기
주어진 모양을 1개 만들려면 , , 모양은 각각 몇 개 필요한지 알아봅니다.

(1) 주어진 모양을 1개 만들려면 , , 모양은 각각 몇 개 필요합니까?

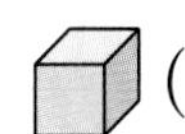 (　　　　　　), (　　　　　　), (　　　　　　)

(2) 주어진 모양을 2개 만들려면 , , 모양은 각각 몇 개 필요합니까?

(　　　　　　), (　　　　　　), (　　　　　　)

예제 5-2 오른쪽 모양을 2개 만들려면 , , 모양은 각각 몇 개 필요합니까?

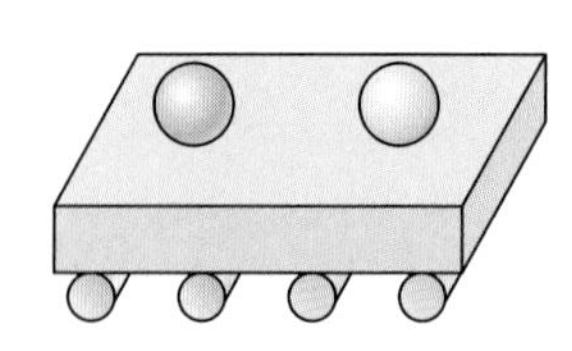

(　　　　　　), (　　　　　　), (　　　　　　)

예제 5-3 해주가 처음에 가지고 있던 , , 모양은 각각 몇 개입니까?

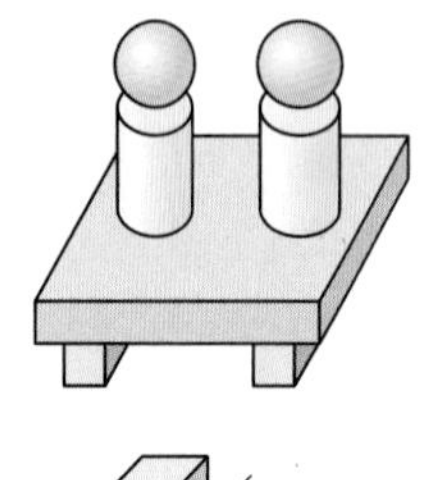

내가 왼쪽 모양을 만들었더니 모양만 1개 남았어.

해주

(　　　　　　), (　　　　　　), (　　　　　　)

두 모양을 만드는 데 모두 사용한 모양 알아보기

예제 6-1 ㉠과 ㉡ 모양을 만드는 데 모두 사용한 모양을 알아보시오.

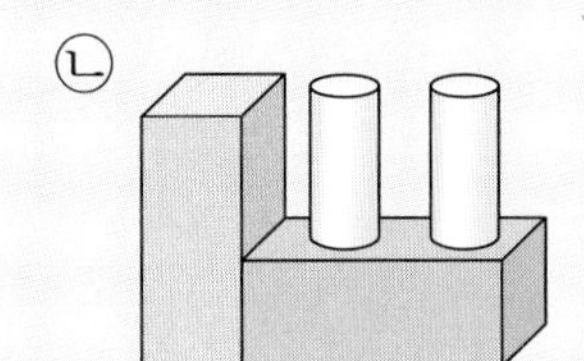

생각 열기

㉠과 ㉡ 모양을 만드는 데 사용한 모양을 각각 알아봅니다.

(1) ㉠ 모양을 만드는 데 사용한 모양에 모두 ○표 하시오.

(2) ㉡ 모양을 만드는 데 사용한 모양에 모두 ○표 하시오.

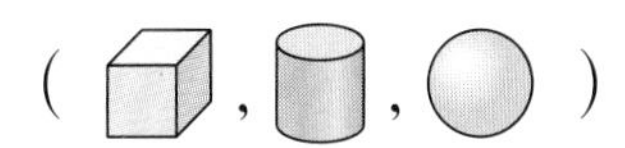

(3) ㉠과 ㉡ 모양을 만드는 데 모두 사용한 모양에 ○표 하시오.

예제 6-2 ㉠과 ㉡ 모양을 만드는 데 모두 사용한 모양에 ○표 하시오.

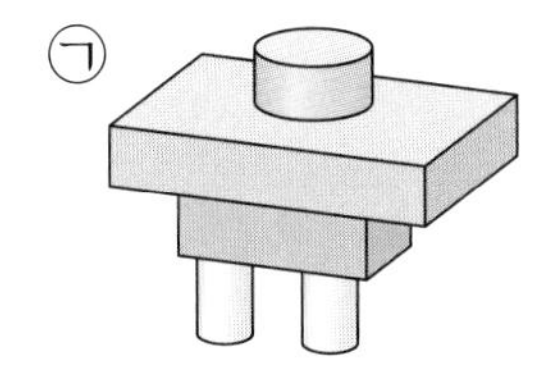

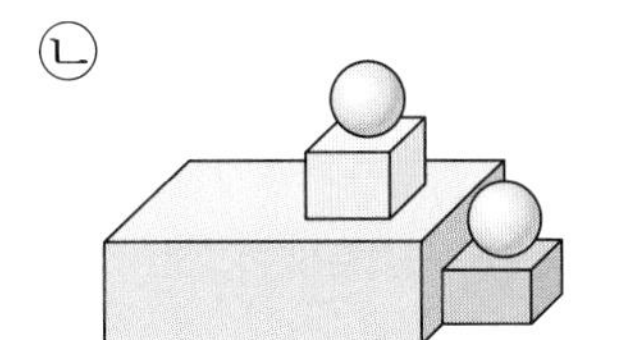

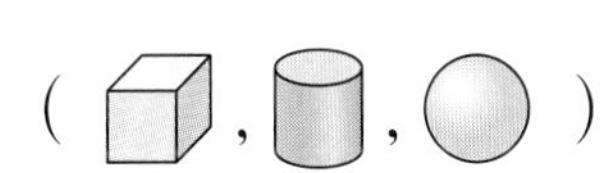

예제 6-3 ㉠과 ㉡ 모양을 만드는 데 모두 사용한 모양에 ○표 하고, 몇 개 사용했는지 쓰시오.

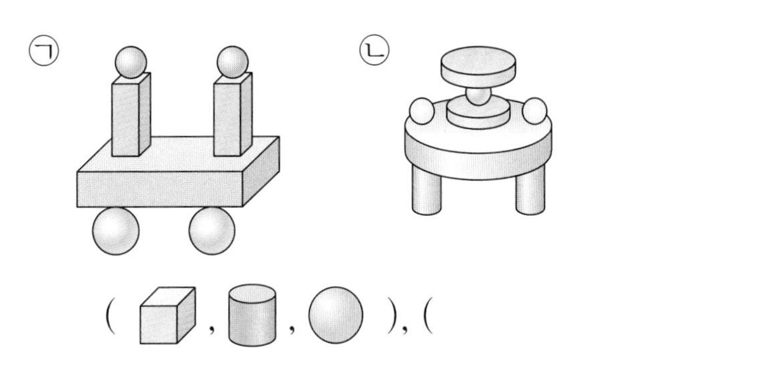

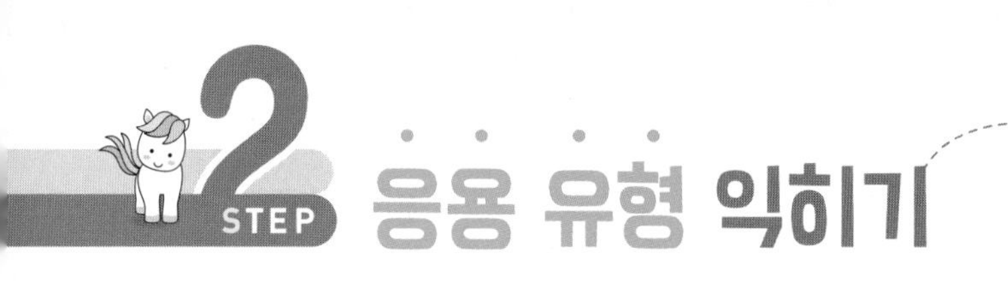

STEP 2 응용 유형 익히기

응용 7 주어진 모양으로 만들 수 있는 모양 찾아보기

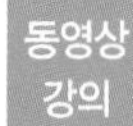
동영상 강의

예제 7-1 보기의 모양을 모두 사용하여 만들 수 있는 모양을 알아보시오.

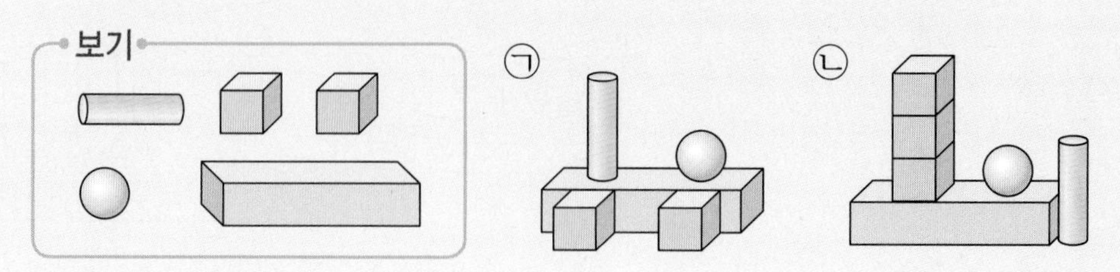

생각 열기

모양의 수가 같은 것을 찾아봅니다.

(1) □, □, ○ 모양은 각각 몇 개인지 세어 빈칸에 써넣으시오.

	□	□	○
보기			
㉠			
㉡			

(2) 보기의 모양을 모두 사용하여 만들 수 있는 모양의 기호를 쓰시오.

( )

예제 7-2 보기의 모양을 모두 사용하여 만들 수 있는 모양의 기호를 쓰시오.

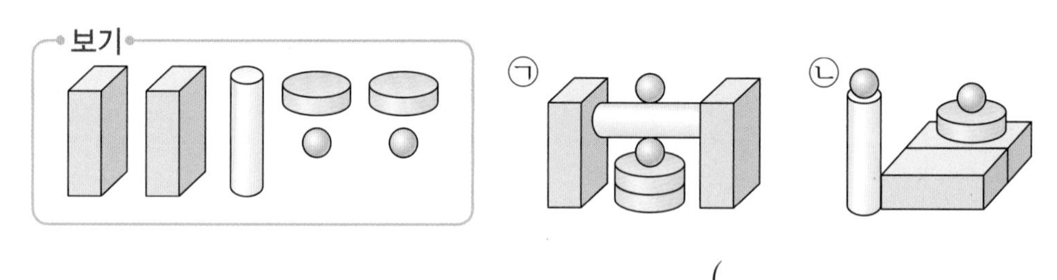

( )

예제 7-3 보기의 모양을 모두 사용하여 만들 수 있는 모양의 기호를 쓰시오.

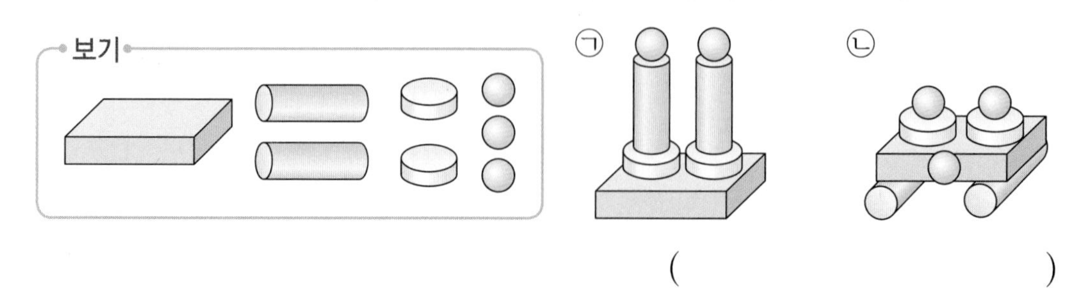

( )

응용 8

순서에 맞게 빈 곳에 들어갈 물건의 모양 알아보기

동영상 강의

예제 8-1 순서를 정해 물건을 늘어놓고 있습니다. 빈 곳에 들어갈 물건의 모양을 알아보시오.

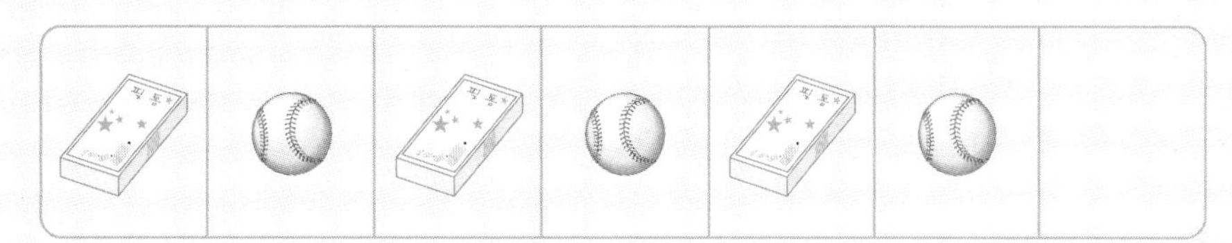

생각 열기

물건이 놓인 순서를 알아봅니다.

(1) 빈 곳에 들어갈 물건에 ○표 하시오.

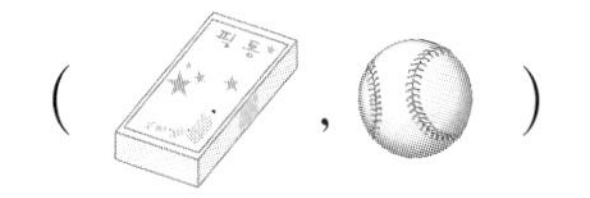

(2) 빈 곳에 들어갈 물건의 모양에 ○표 하시오.

예제 8-2 순서를 정해 물건을 늘어놓고 있습니다. 빈 곳에 들어갈 물건의 모양을 찾아 ○표 하시오.

예제 8-3 순서를 정해 물건을 늘어놓고 있습니다. 물건이 잘못 놓인 곳을 찾아 ×표 하고, 그곳에 들어갈 물건의 모양에 ○표 하시오.

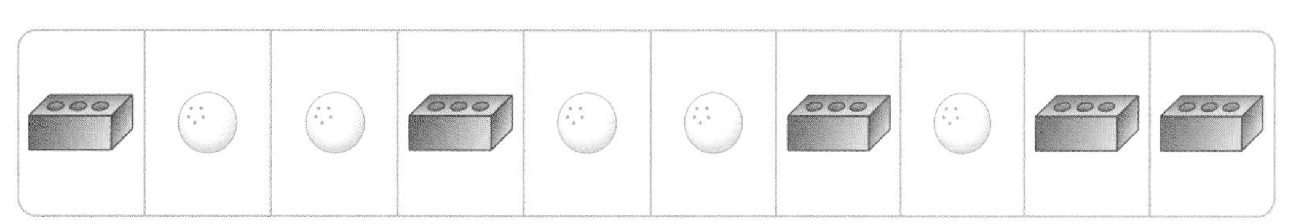

2 여러 가지 모양

3 STEP 응용 유형 뛰어넘기

여러 가지 모양 알아보기

1 쌍둥이 진주가 어둠상자 속에 들어 있는 물건을 만져 보고 설명한 것입니다. 이 물건의 모양에 ○표 하시오.

(□, □, ○)

여러 가지 모양 알아보기

2 쌍둥이 동영상 뾰족한 부분이 있는 모양의 물건과 뾰족한 부분이 없는 모양의 물건을 각각 모두 찾아 기호를 쓰시오.

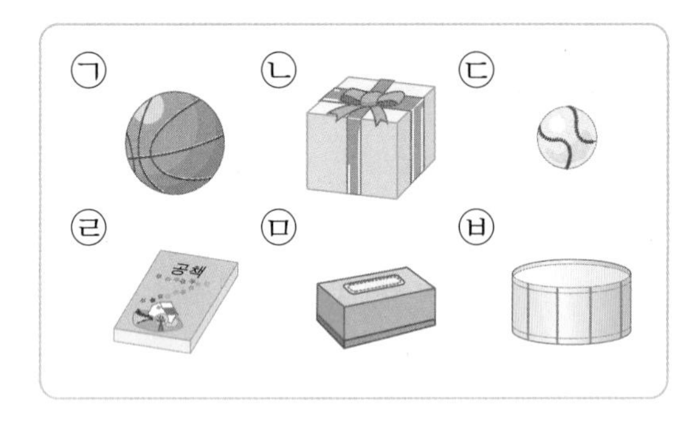

뾰족한 부분이 있는 모양 (　　　　　　　　)

뾰족한 부분이 없는 모양 (　　　　　　　　)

여러 가지 모양 알아보기

3 쌍둥이 서술형 오른쪽은 □, □, ○ 모양 중 어떤 모양의 일부분입니다. 이 모양의 특징을 1가지 쓰시오.

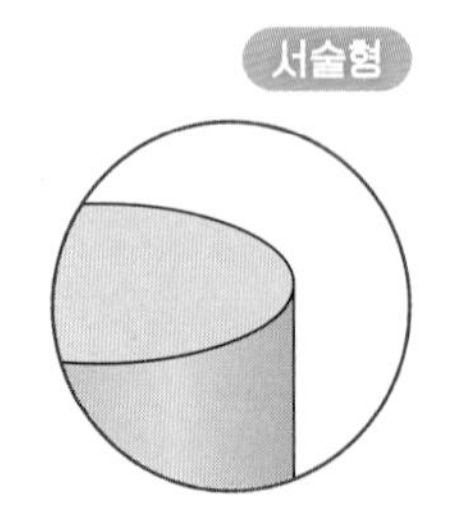

특징

여러 가지 모양 알아보기 창의·융합

4 쌍둥이 동영상

윤서와 태희가 다섯 고개 놀이를 하고 있습니다. 윤서가 대답해야 하는 모양에 ○표 하시오.

고개	윤서	태희
1	평평한 부분이 있습니까?	예.
2	쌓을 수 있습니까?	예.
3	굴러갑니까?	아니요.
4	뾰족한 부분이 있습니까?	예.
5	둥근 부분이 있습니까?	아니요.

(□, ▯, ○)

여러 가지 모양 만들기

5 쌍둥이

왼쪽 모양을 모두 사용하여 만들 수 있는 모양을 찾아 이어 보시오.

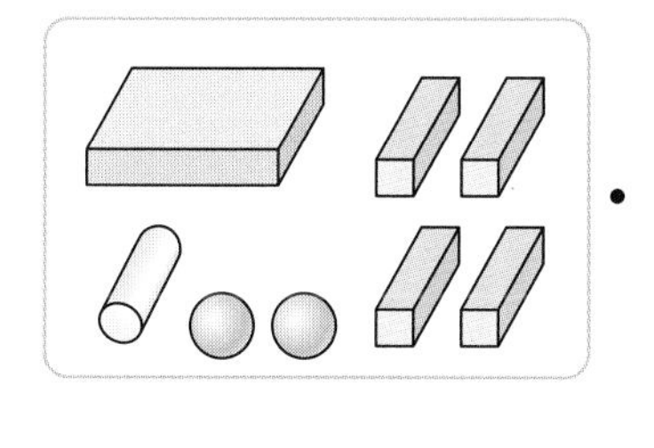

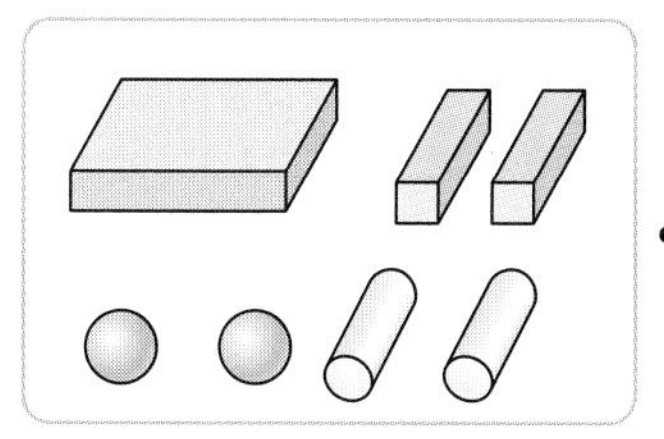

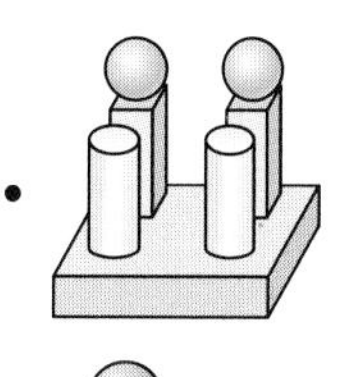

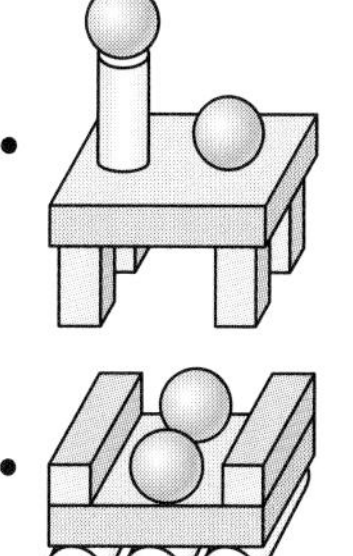

여러 가지 모양 찾아보기

6 수가 4개인 모양에 ○표 하시오.

쌍둥이
동영상

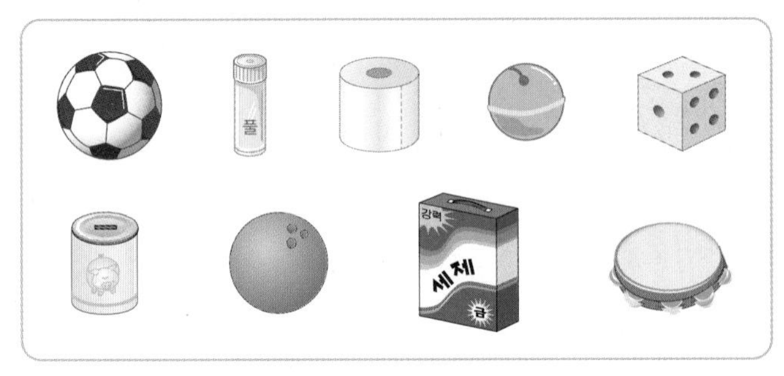

(□, □, ○)

여러 가지 모양 찾아보기

7 □ 모양의 물건은 □ 모양의 물건보다 몇 개 더 많습니까?

( )

여러 가지 모양 만들기 서술형

8 다음 모양을 만드는 데 □, □, ○ 모양 중 사용한 모양의 수가 다른 하나는 어느 것인지 풀이 과정을 쓰고 답을 구하시오.

쌍둥이

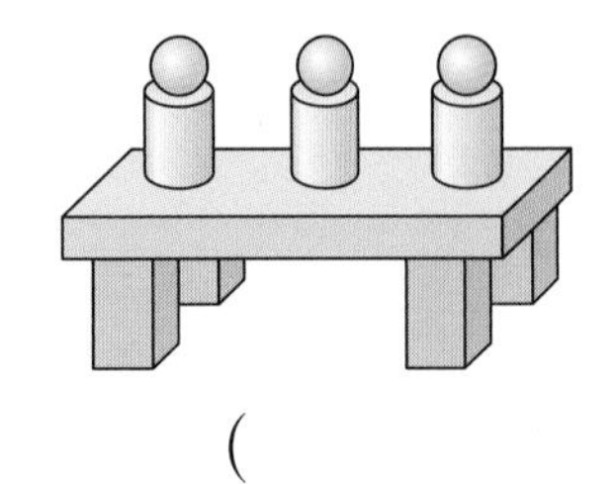

( )

풀이

여러 가지 모양 만들기

9 쌍둥이

□ 모양 3개, □ 모양 4개, ○ 모양 2개를 모두 사용하여 만든 모양의 기호를 쓰시오.

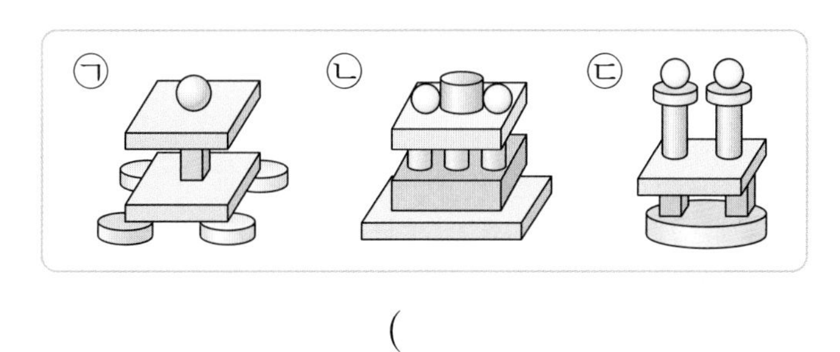

( )

여러 가지 모양 만들기

10 쌍둥이 동영상

다음 모양을 만드는 데 □, □, ○ 모양 중 가장 많이 사용한 모양과 같은 모양의 물건을 모두 찾아 ○표 하시오.

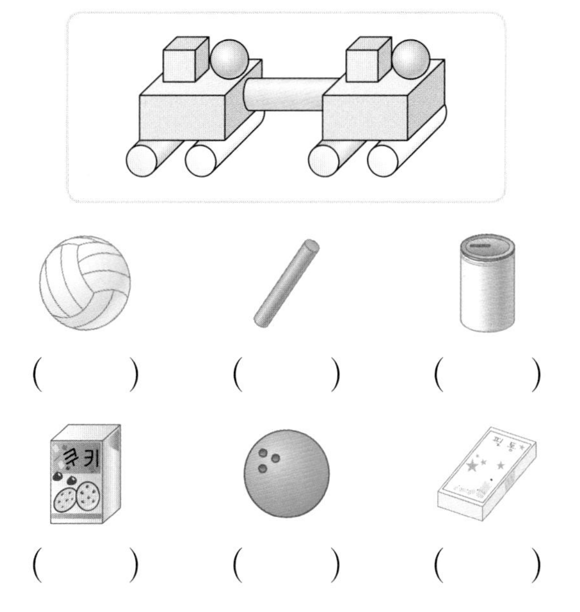

( ) ( ) ( )

( ) ( ) ( )

STEP 3 응용 유형 뛰어넘기

여러 가지 모양 만들기 서술형

11 슬기와 동수가 , , 모양으로 만든 모양입니다. 슬기는 동수보다 어떤 모양을 몇 개 더 많이 사용했는지 풀이 과정을 쓰고 답을 구하시오.

쌍둥이

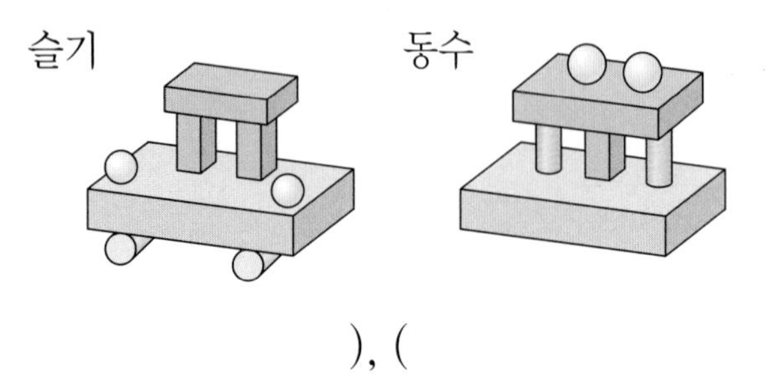

( ), ( )

풀이

여러 가지 모양 만들기

12 미라에게 더 필요한 모양에 ○표 하고, 몇 개 더 필요한지 구하시오.

쌍둥이

동영상

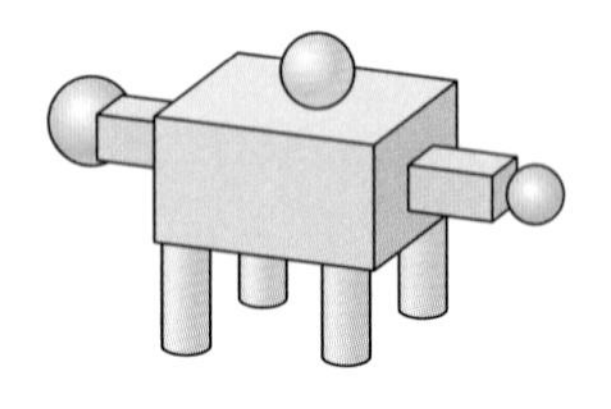

, , 모양을 각각 3개씩 가지고 왼쪽 모양을 만들어야지!

미라

(, ,), ( )

여러 가지 모양 찾아보기 창의·융합

13 •보기•와 같은 순서에 맞게 야구공, 음료수 캔, 주사위 중 같은 모양의 물건을 늘어놓으려고 합니다. ㉠, ㉡, ㉢에 알맞은 물건의 이름을 쓰시오.

쌍둥이
동영상

•보기•

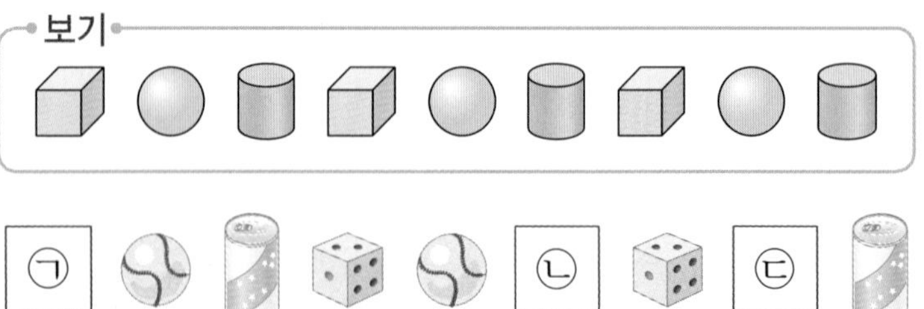

㉠ ( ), ㉡ ( ), ㉢ ( )

여러 가지 모양으로 만들기

14 다음과 같은 모양을 만들고 모양 3개, 모양 2개, 모양 1개가 남았습니다. 처음에 있던 , , 모양은 각각 몇 개였는지 구하시오.

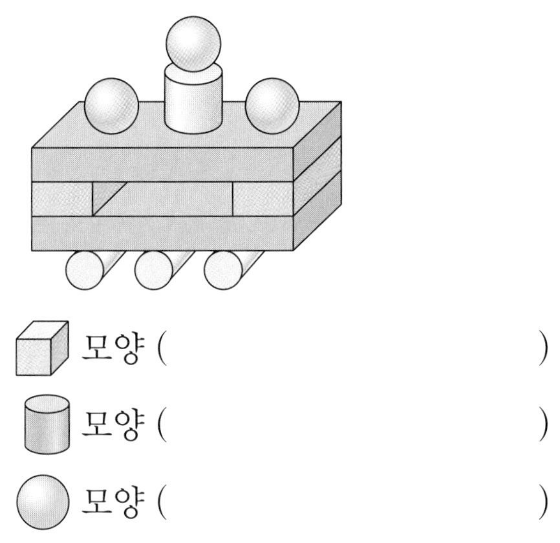

모양 (　　　　　　　　)

모양 (　　　　　　　　)

모양 (　　　　　　　　)

여러 가지 모양 찾아보기

15 주어진 모양의 순서대로 출발에서 도착까지 선을 그어 보시오. (단, 한 번 지나간 칸은 다시 지나갈 수 없습니다.)

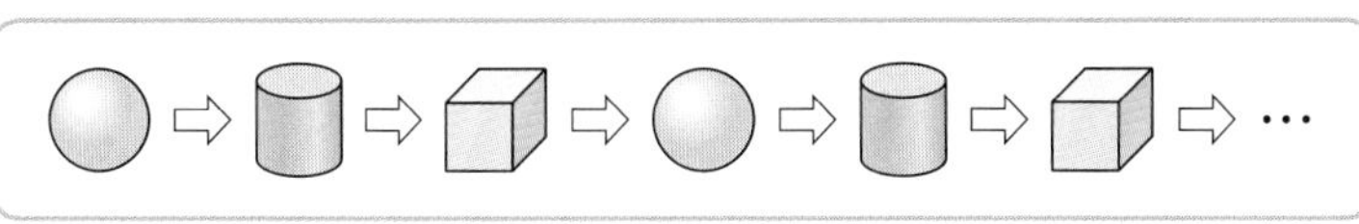

출발 ⇨ 　　　　　　⇨ 도착

2. 여러 가지 모양

[1~3] 그림을 보고 물음에 답하시오.

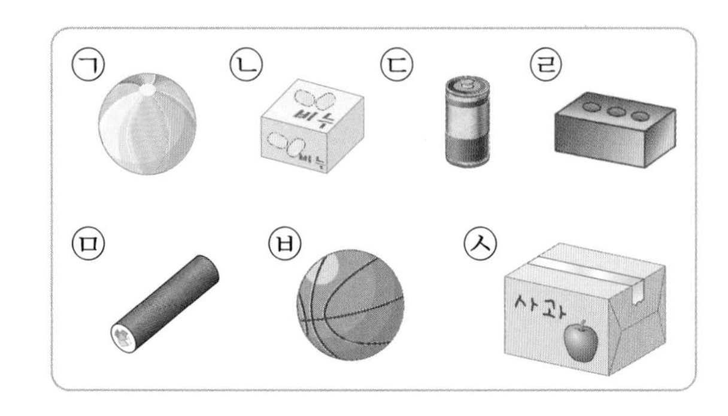

1 모양의 물건을 모두 찾아 기호를 쓰시오.

(　　　　　　　　)

2 모양의 물건을 모두 찾아 기호를 쓰시오.

(　　　　　　　　)

3 모양의 물건은 모두 몇 개입니까?

(　　　　　　　　)

4 모양이 다른 하나는 어느 것입니까? .... (　　　)

① ② ③

④ ⑤

5 같은 모양끼리 이어 보시오.

 • • 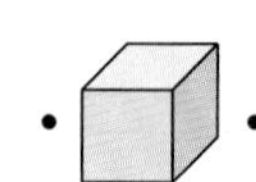 • • 

 • • 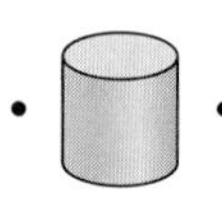 • • 

 • • 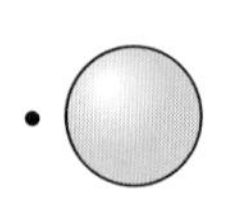 • • 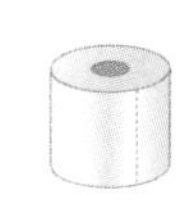

창의·융합

6 자음과 모음을 합하여 만들 수 있는 글자와 같은 모양에 ○표 하시오.

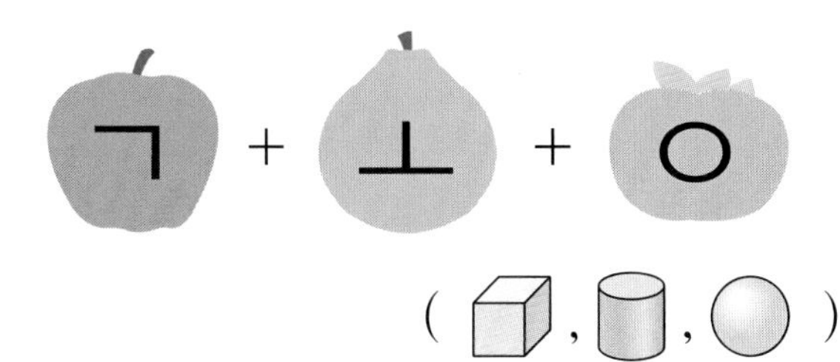

(, ,)

서술형

7 교실에서 ( ) 모양의 물건 찾기 놀이를 했습니다. 선호는 오른쪽과 같은 분필을 찾아서 틀렸습니다. 틀린 까닭을 쓰시오.

까닭 ______________________

____

8 , , 모양 중 어떤 모양의 일부분입니다. 이 모양의 물건에 모두 ○표 하시오.

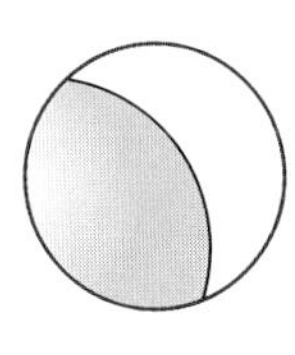

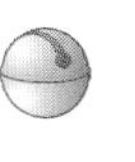

( ) ( ) ( ) ( ) ( )

창의·융합

9 세 사람의 대화를 읽고 잘못 설명한 사람의 이름을 쓰시오.

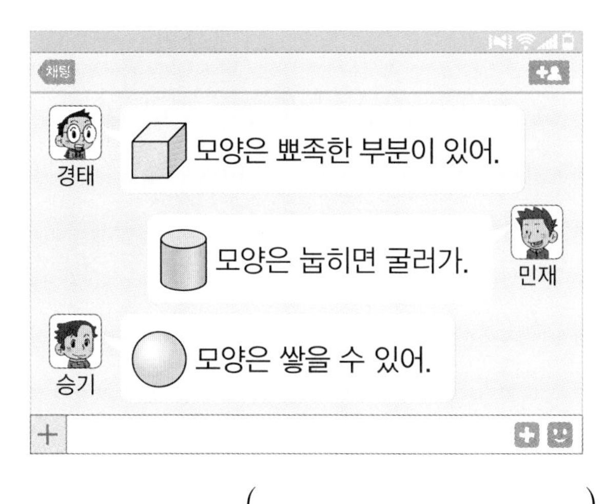

( )

서술형

10 , , 모양 중 둥근 부분이 없는 모양의 물건은 모두 몇 개인지 풀이 과정을 쓰고 답을 구하시오.

풀이 ______________________

____

____

____

답 ______________________

2 여러 가지 모양

11 다음 모양을 만드는 데 사용하지 않은 모양에 △표 하시오.

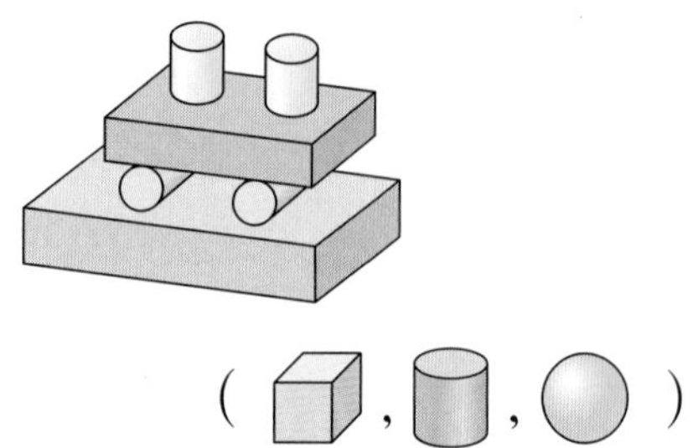

(, ,)

[12~13] 해수가 만든 모양입니다. 물음에 답하시오.

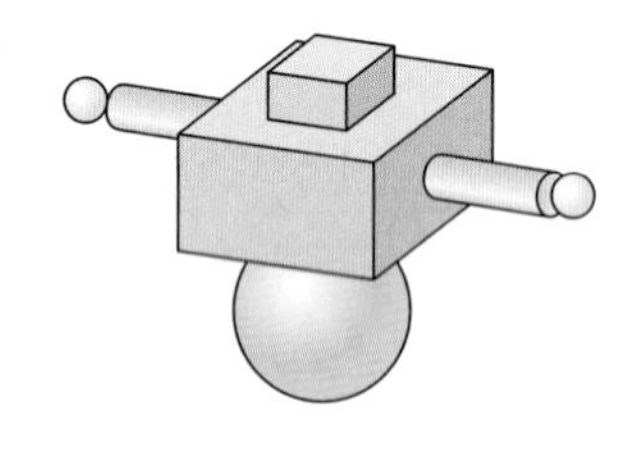

12 , , 모양은 각각 몇 개 사용했는지 세어 빈칸에 써넣으시오.

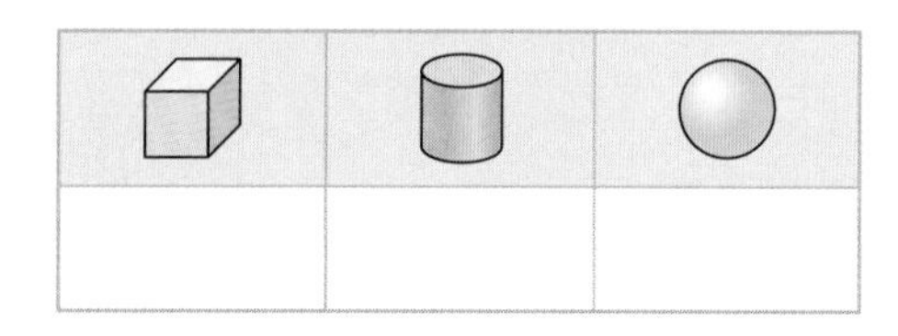

13 가장 많이 사용한 모양에 ○표 하시오.

14 ㉠과 ㉡ 모양을 만드는 데 모두 사용한 모양에 ○표 하시오.

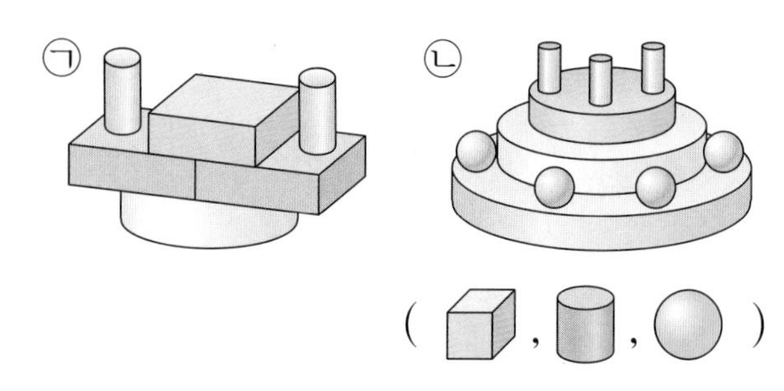

(, ,)

15 , , 모양으로 식탁을 만들었습니다. 4보다 1만큼 더 작은 수만큼 사용한 모양에 ○표 하시오.

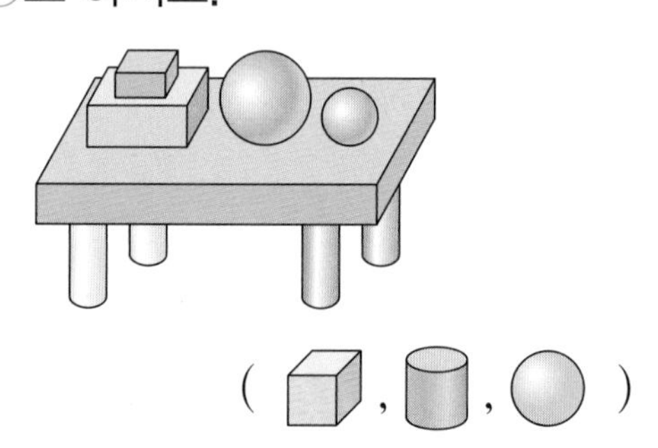

(, ,)

정답은 20쪽

16 보기 의 모양을 모두 사용하여 만들 수 있는 모양에 ○표 하시오.

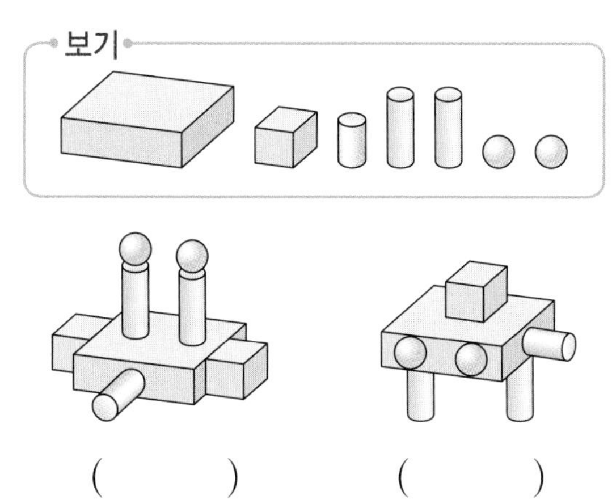

( ) ( )

17 모양 3개, 모양 2개, 모양 4개로 만든 모양의 기호를 쓰시오.

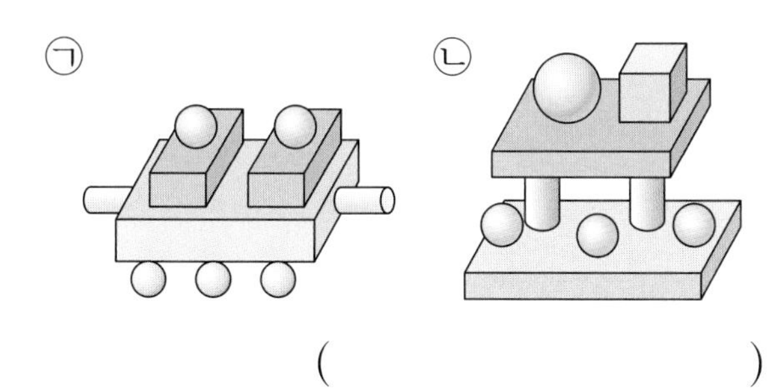

( )

18 오른쪽 모양을 2개 만들려면 , , 모양은 각각 몇 개 필요한지 빈칸에 써넣으시오.

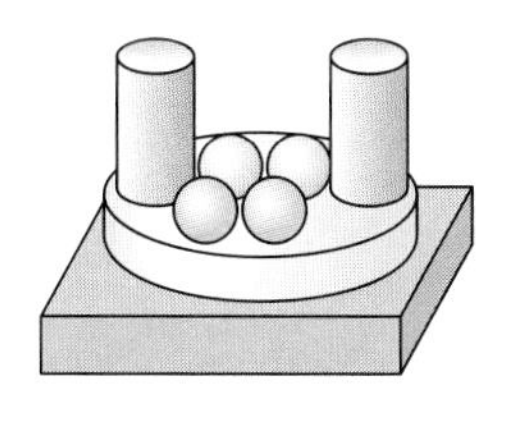

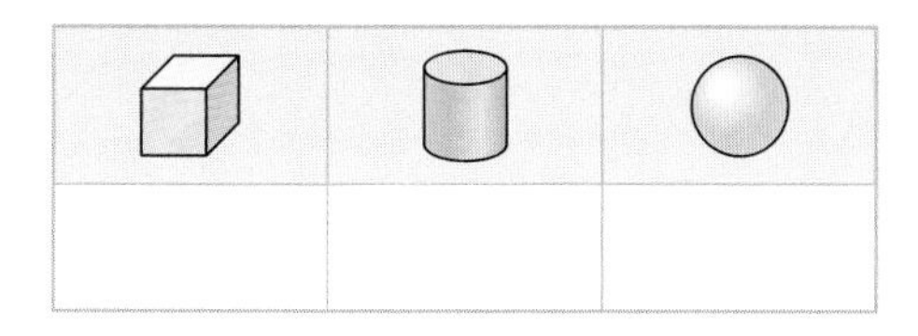

서술형

19 순서를 정해 물건을 늘어놓고 있습니다. 빈 곳에 들어갈 물건의 모양은 , , 모양 중 어느 모양인지 풀이 과정을 쓰고 답을 구하시오.

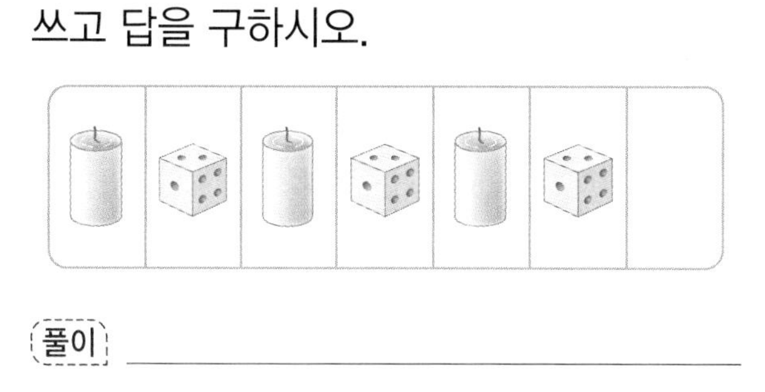

풀이 ______________________

답 ______________

20 준희가 다음 모양을 만들었더니 모양 1개, 모양 1개가 남았습니다. 준희가 처음에 가지고 있던 모양 중 가장 적은 모양에 ○표 하시오.

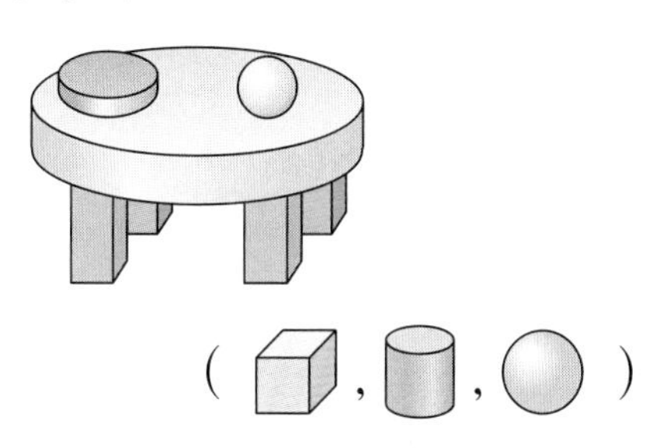

(, ,)

창의 사고력

학습 게임

✩정답은 22쪽

1 윤수는 오른쪽과 같은 케이크 모양을 만들려고 합니다. 출발에서 도착까지 8개의 방을 지나 모양을 가지고 나오는 길을 표시해 보시오. (단, 한 번 지나간 방은 다시 지나갈 수 없습니다.)

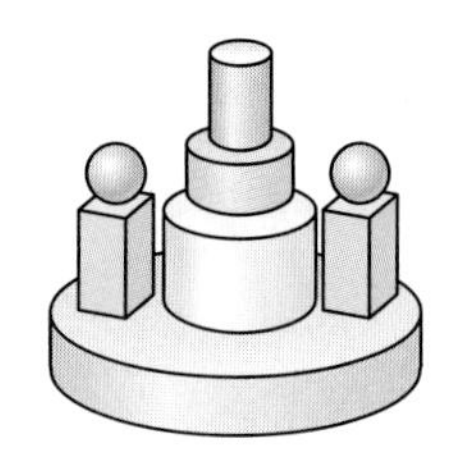

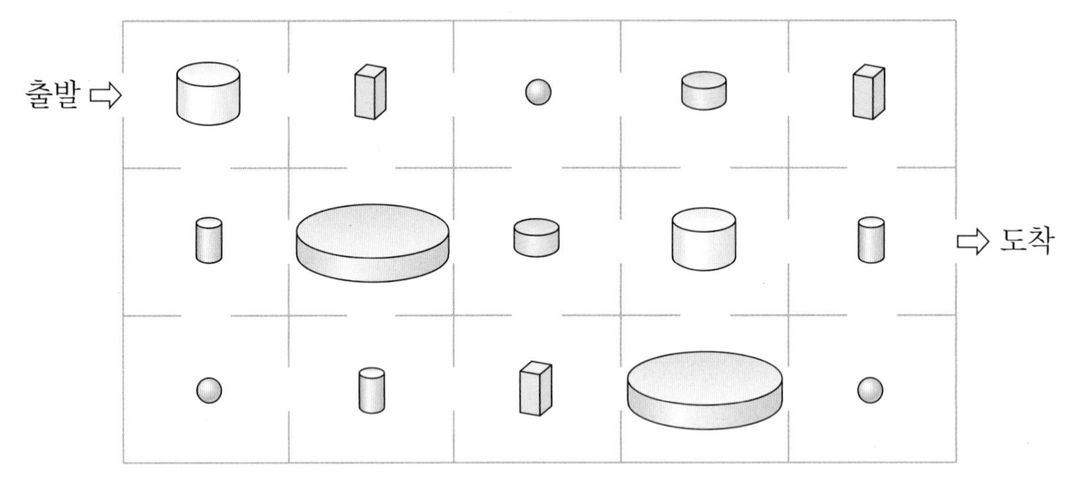

2 조건에 맞게 ?에 들어갈 모양을 찾아 기호를 쓰시오.

조건
조건 1 모양이 모두 다릅니다.
조건 2 개수가 모두 다릅니다.
조건 3 색깔이 모두 같습니다.

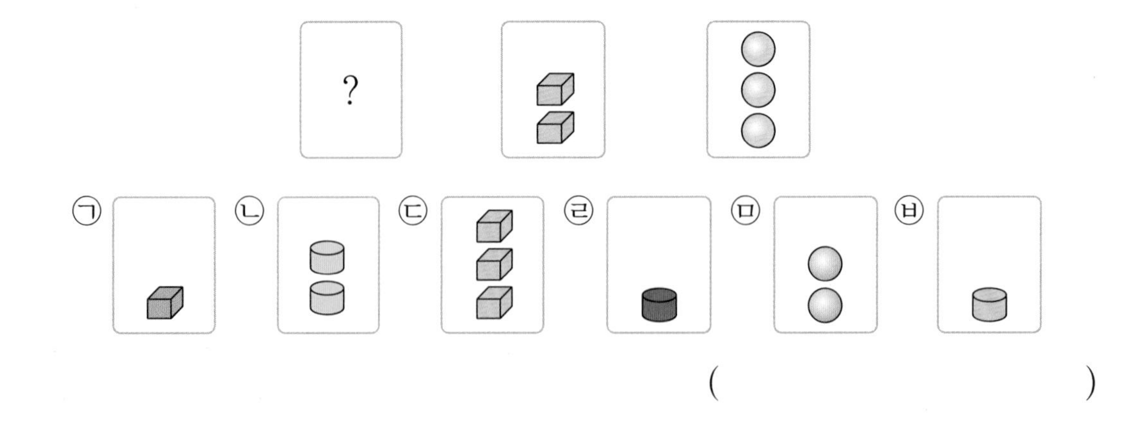

(　　　　　　　　)

3

덧셈과 뺄셈

● 학습계획표

계획표대로 공부했으면 ○표, 못했으면 △표 하세요.

내용	쪽수	날짜	확인
일등 비법	58~59쪽	월 일	
STEP 1 기본 유형 익히기	60~63쪽	월 일	
STEP 2 응용 유형 익히기	64~67쪽	월 일	
	68~71쪽	월 일	
STEP 3 응용 유형 뛰어넘기	72~77쪽	월 일	
실력 평가	78~81쪽	월 일	
창의 사고력	82쪽	월 일	

3. 덧셈과 뺄셈

비법 1 9까지의 수를 모으기와 가르기

수	2	3	4	5	6	7	8	9
모으기·가르기								1, 8
							1, 7	2, 7
						1, 6	2, 6	3, 6
					1, 5	2, 5	3, 5	4, 5
				1, 4	2, 4	3, 4	4, 4	5, 4
			1, 3	2, 3	3, 3	4, 3	5, 3	6, 3
		1, 2	2, 2	3, 2	4, 2	5, 2	6, 2	7, 2
	1, 1	2, 1	3, 1	4, 1	5, 1	6, 1	7, 1	8, 1

① (1, 2)와 (2, 1)은 서로 다른 경우입니다.
② 수를 가르기 할 때 한쪽의 수가 1만큼 커지면 다른 수는 1만큼 작아집니다.
③ 똑같은 두 수로 가르기 할 수 있는 수는 2, 4, 6, 8입니다.
→ 각각 1과 1, 2와 2, 3과 3, 4와 4로 가르기 할 수 있습니다.

비법 2 더하기로 나타내는 경우 알아보기

(1) 수가 늘어나는 경우

→ 양 3마리가 있었는데 2마리가 더 와서 양은 모두 5마리가 되었습니다.

쓰기 $3+2=5$　　읽기 3 더하기 2는 5와 같습니다. 3과 2의 합은 5입니다.

(2) 수를 모으는 경우

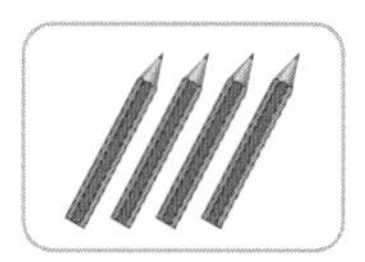
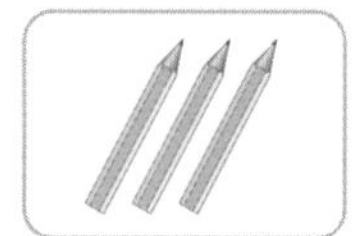

→ 빨간 연필 4자루와 파란 연필 3자루를 모으면 연필은 모두 7자루가 됩니다.

쓰기 $4+3=7$　　읽기 4 더하기 3은 7과 같습니다. 4와 3의 합은 7입니다.

일·등·특·강

• 모으기와 가르기

① 모으기

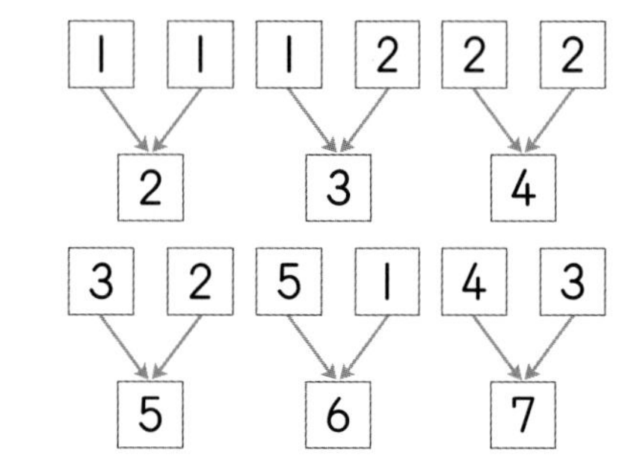

② 가르기

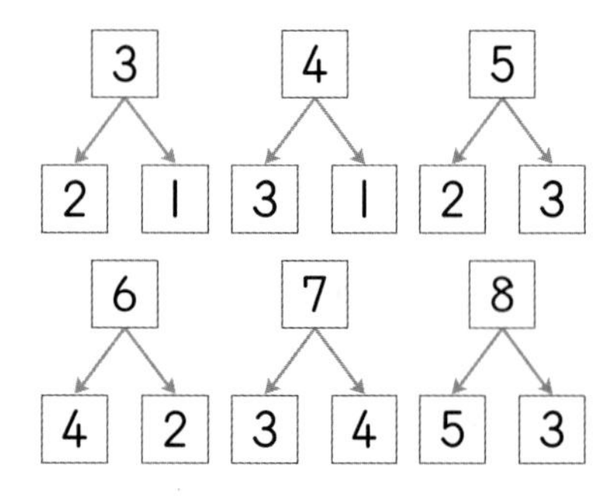

• 더하기

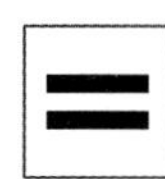

더하기는 +로, 같다는 =로 나타냅니다.

• 덧셈하기

① 그림을 그려서 덧셈하기

$3+1=$ 4

⇨ 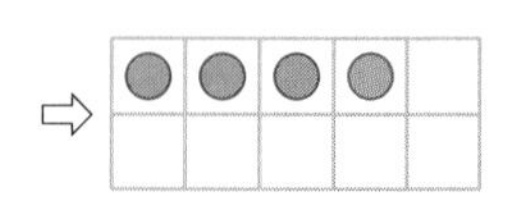

② 모으기를 이용하여 덧셈하기

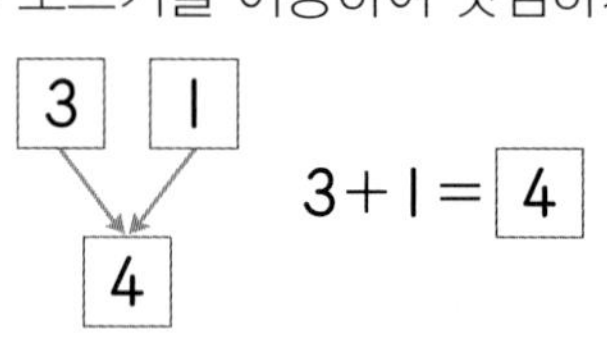

비법 3 빼기로 나타내는 경우 알아보기

(1) 수가 줄어드는 경우

→ 새 5마리 중 2마리가 날아가면 새는 3마리가 남습니다.

쓰기 5－2＝3　　읽기 5 빼기 2는 3과 같습니다.
5와 2의 차는 3입니다.

(2) 수를 비교하는 경우

→ 남학생은 6명, 여학생은 4명이므로 남학생이 여학생보다 2명 더 많습니다.

쓰기 6－4＝2　　읽기 6 빼기 4는 2와 같습니다.
6과 4의 차는 2입니다.

비법 4 0이 있는 덧셈과 뺄셈

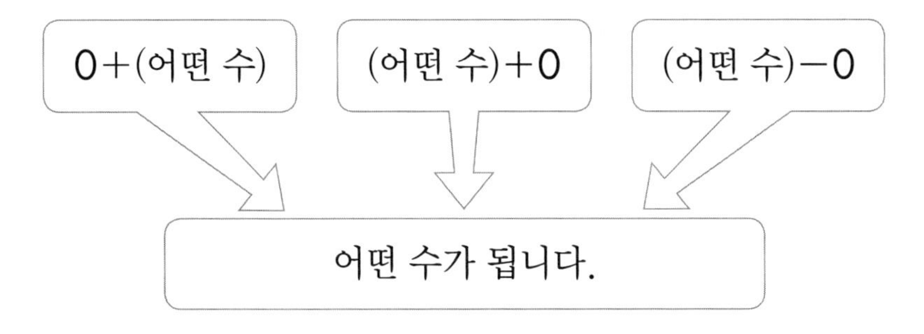

비법 5 0 만들기

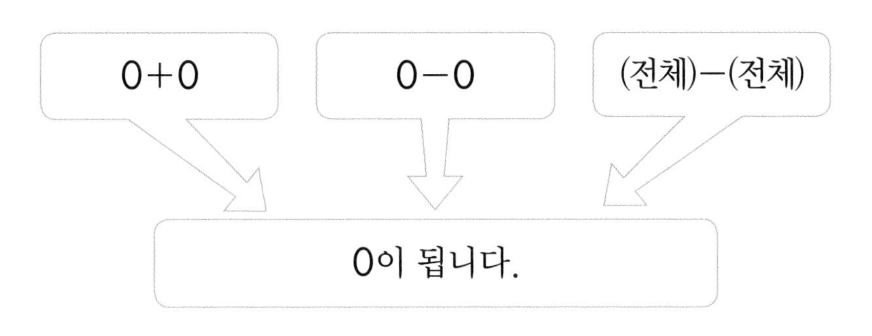

일·등·특·강

• 빼기

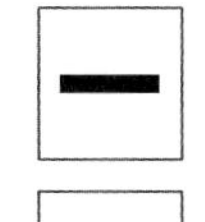

빼기는 －로,
같다는 ＝로
나타냅니다.

• 뺄셈하기

① 그림을 그려서 뺄셈하기

3－2＝ 1

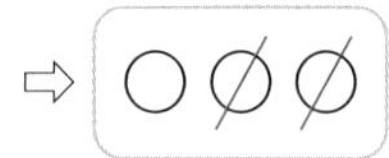

② 가르기를 이용하여 뺄셈하기

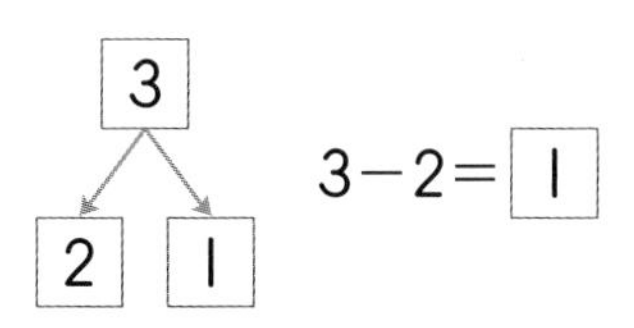

3－2＝ 1

• 0이 있는 덧셈과 뺄셈

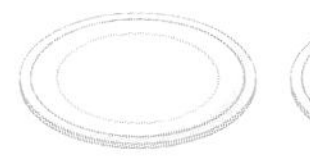
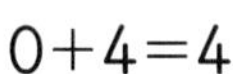

0＋4＝4

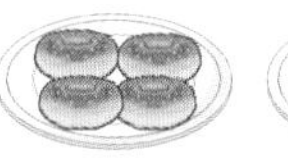

4＋0＝4

4－0＝4

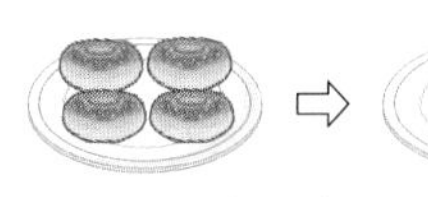

4－4＝0

3 덧셈과 뺄셈

STEP 1 기본 유형 익히기

1 모으기

• 두 수를 모으기 하여 4가 되게 만들기

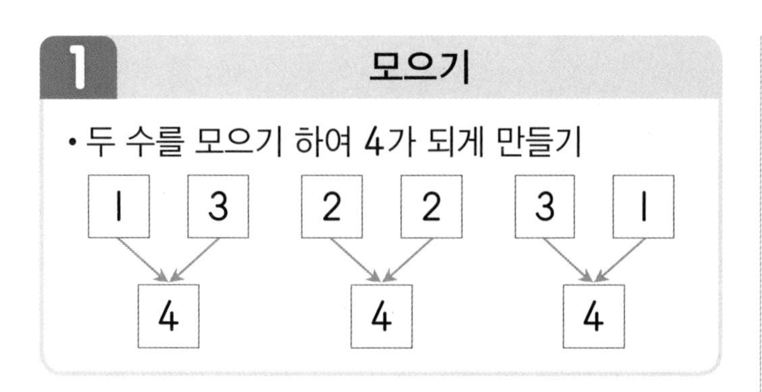

1-1 그림을 보고 모으기를 하시오.

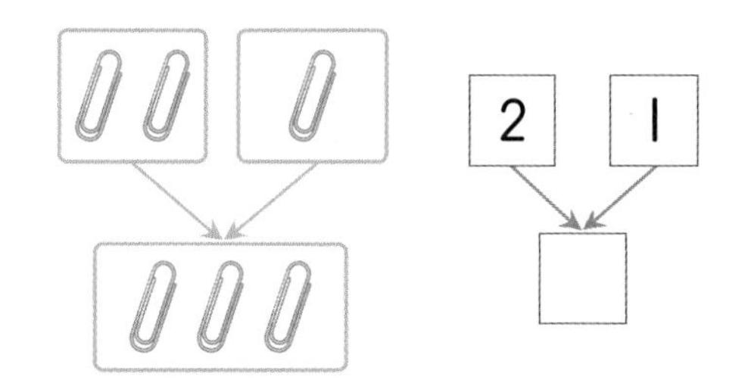

1-2 빨간 구슬 수와 파란 구슬 수를 모아 6이 되도록 이어 보시오.

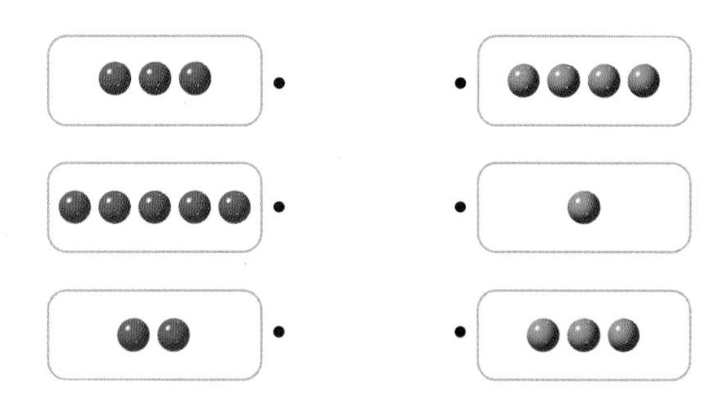

1-3 위와 아래의 두 수를 모으기 하여 5가 되도록 빈칸에 알맞은 수를 써넣으시오.

5	1	2		4
	4		2	

1-4 가로줄 또는 세로줄에 나란히 붙어 있는 수를 모으기 하고 있습니다. 모으기 하여 8이 되는 두 수를 모두 묶어 보시오.

1	4	1	9
7	2	6	3
3	5	4	1
8	7	4	6

1-5 다음 수 카드 5장 중 2장을 뽑아 두 수를 모으기 했더니 9가 되었습니다. 어떤 수가 적힌 카드를 뽑았습니까?

(　　　　　　), (　　　　　　)

2 가르기

• 4를 두 수로 가르기

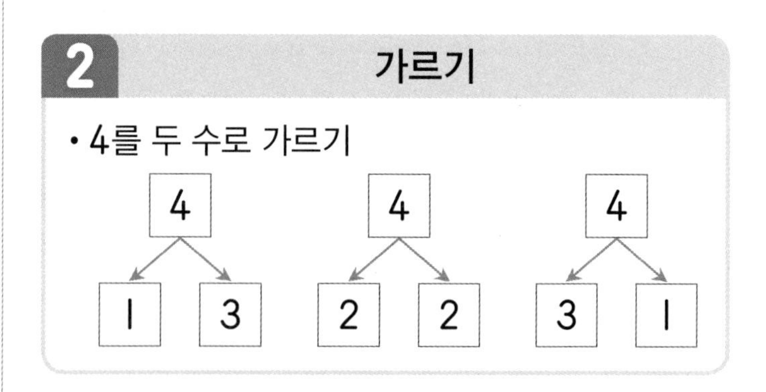

2-1 그림을 보고 가르기를 하시오.

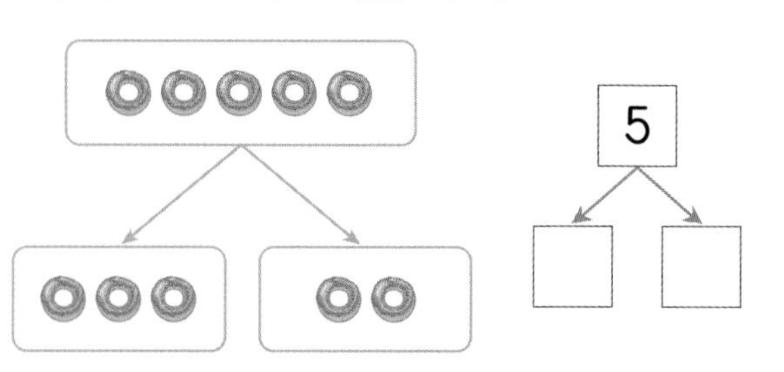

2-2 수를 바르게 가르기 한 것은 어느 것입니까? ·························( )

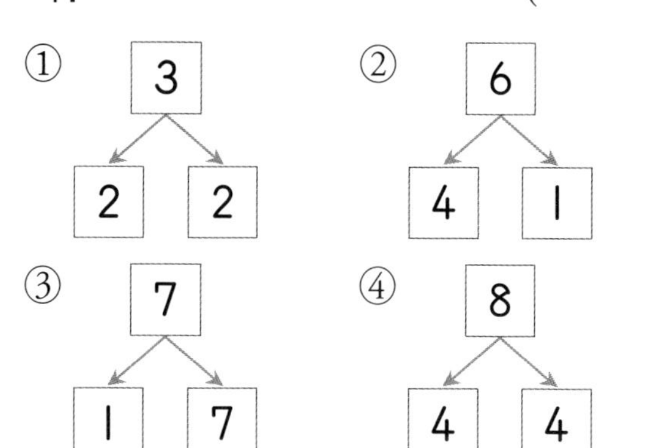

2-3 가르기를 하시오.

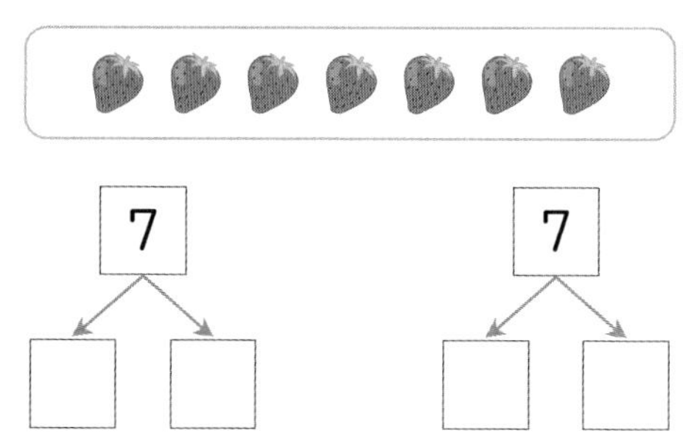

서술형

2-4 만두 6개를 영재와 건우가 똑같이 나누어 먹으려고 합니다. 영재와 건우는 각각 몇 개씩 먹으면 되는지 풀이 과정을 쓰고 답을 구하시오.

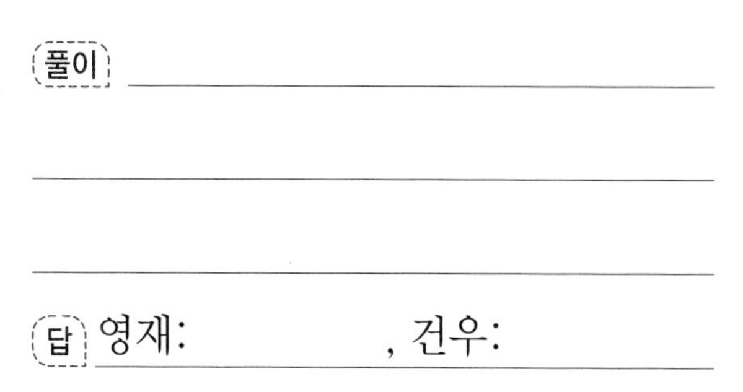

3 덧셈하기

$2+1=3$ ⇨ 2 더하기 1은 3과 같습니다.
2와 1의 합은 3입니다.

3-1 덧셈식을 쓰고 읽어 보시오.

3-2 알맞은 것끼리 이어 보시오.

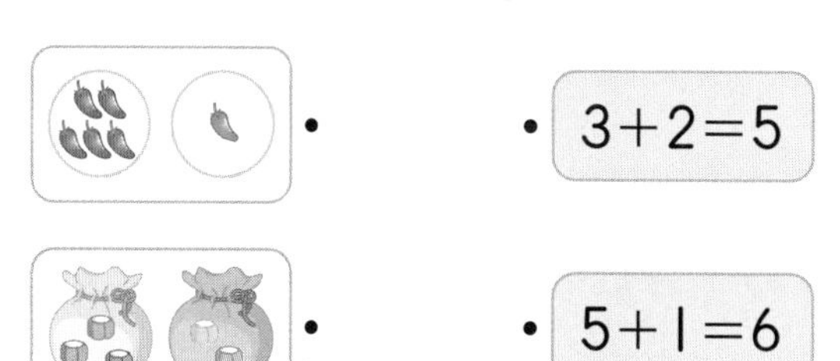

3-3 모으기를 하고 덧셈을 하시오.

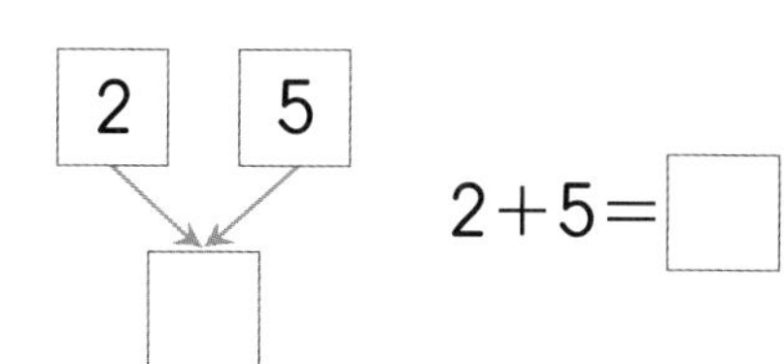

3 덧셈과 뺄셈

3-4 합이 가장 큰 것에 ○표 하시오.

3+4	7+1	4+5
(　　)	(　　)	(　　)

서술형

3-5 냉장고에 아이스크림이 2개 있습니다. 어머니께서 아이스크림 6개를 더 사 오셨습니다. 아이스크림은 모두 몇 개가 되었는지 덧셈식을 쓰고 답을 구하시오.

식 ______________________

답 ______________

창의·융합

3-6 유건이가 친구와 함께하는 것을 생각하며 쓴 것입니다. 유건이가 축구를 함께하는 친구와 수영을 함께하는 친구는 모두 몇 명입니까?

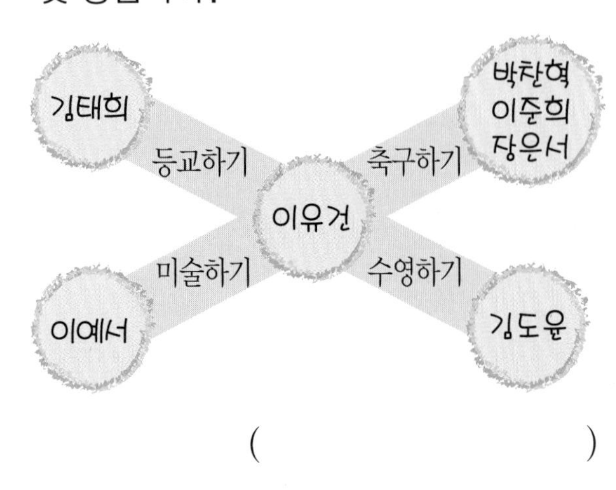

(　　　　　　　　)

4 뺄셈하기

$4-1=3$ ⇨ 4 빼기 1은 3과 같습니다.
4와 1의 차는 3입니다.

4-1 뺄셈식을 쓰고 읽어 보시오.

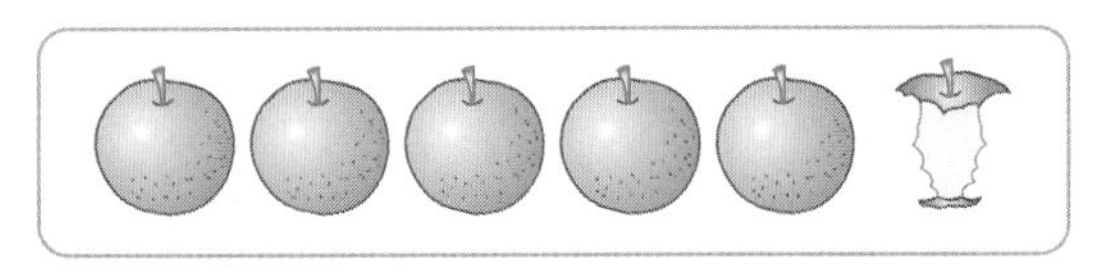

$6-1=$ □

6과 1의 차는 □입니다.

4-2 가르기를 하고 뺄셈을 하시오.

(1)

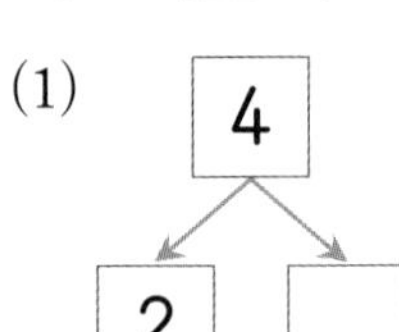

$4-2=$ □

(2)

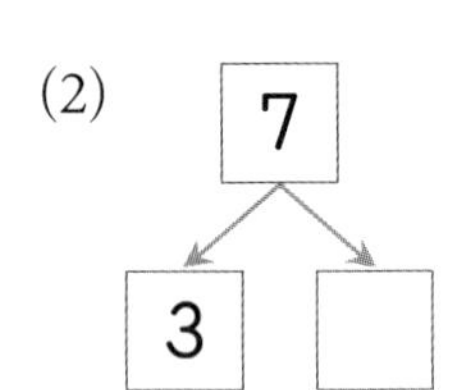

$7-3=$ □

4-3 빈칸에 알맞은 수를 써넣으시오.

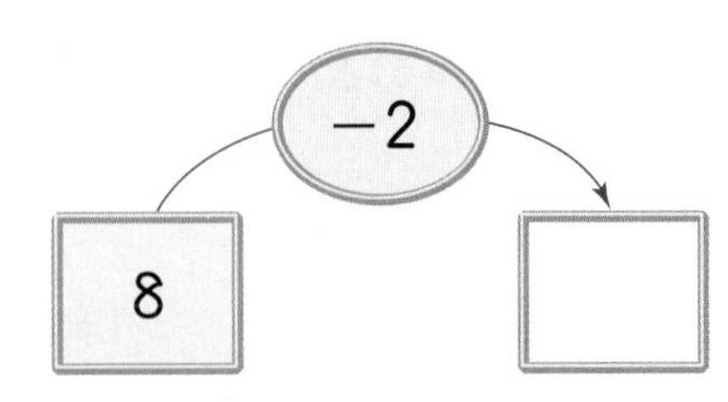

4-4 두 수의 차를 구하시오.

5	7

(   )

4-5 □ 안에 +, −를 알맞게 써넣으시오.

(1) 3 □ 5=8

(2) 9 □ 2=7

4-6 차가 가장 큰 것은 어느 것입니까? .... (   )

① 9−5　② 3−1　③ 7−2
④ 6−4　⑤ 8−6

서술형

4-7 정호는 색종이 9장 중에서 3장을 사용했습니다. 남은 색종이는 몇 장인지 뺄셈식을 쓰고 답을 구하시오.

식 ____________________

답 ____________________

5 0이 있는 덧셈과 뺄셈

• 0이 있는 덧셈
0+■=■, ■+0=■

• 0이 있는 뺄셈
■−0=■, ■−■=0

5-1 뺄셈을 하시오.

7−7=□

5-2 덧셈과 뺄셈이 바르지 <u>않은</u> 것은 어느 것입니까? .... (   )

① 0+2=2　② 3+0=3
③ 6−6=0　④ 8−0=0
⑤ 9−0=9

창의·융합

5-3 상태와 연서가 가위바위보를 했습니다. 두 사람이 펼친 손가락은 모두 몇 개입니까?

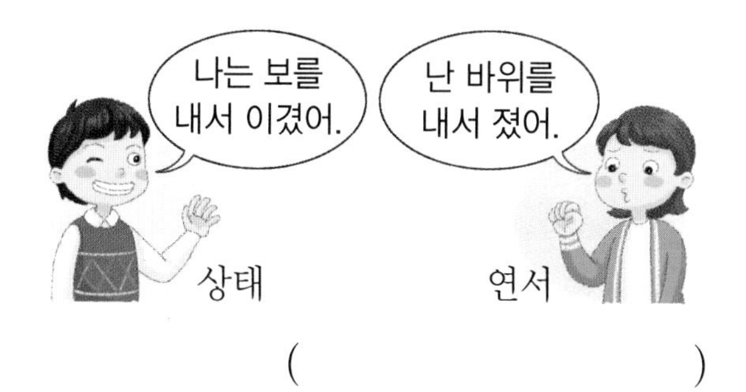

(   )

STEP 2 응용 유형 익히기

응용 1 여러 번 모으고 가르기

예제 1-1 모으기를 하여 ㉠에 알맞은 수를 알아보시오.

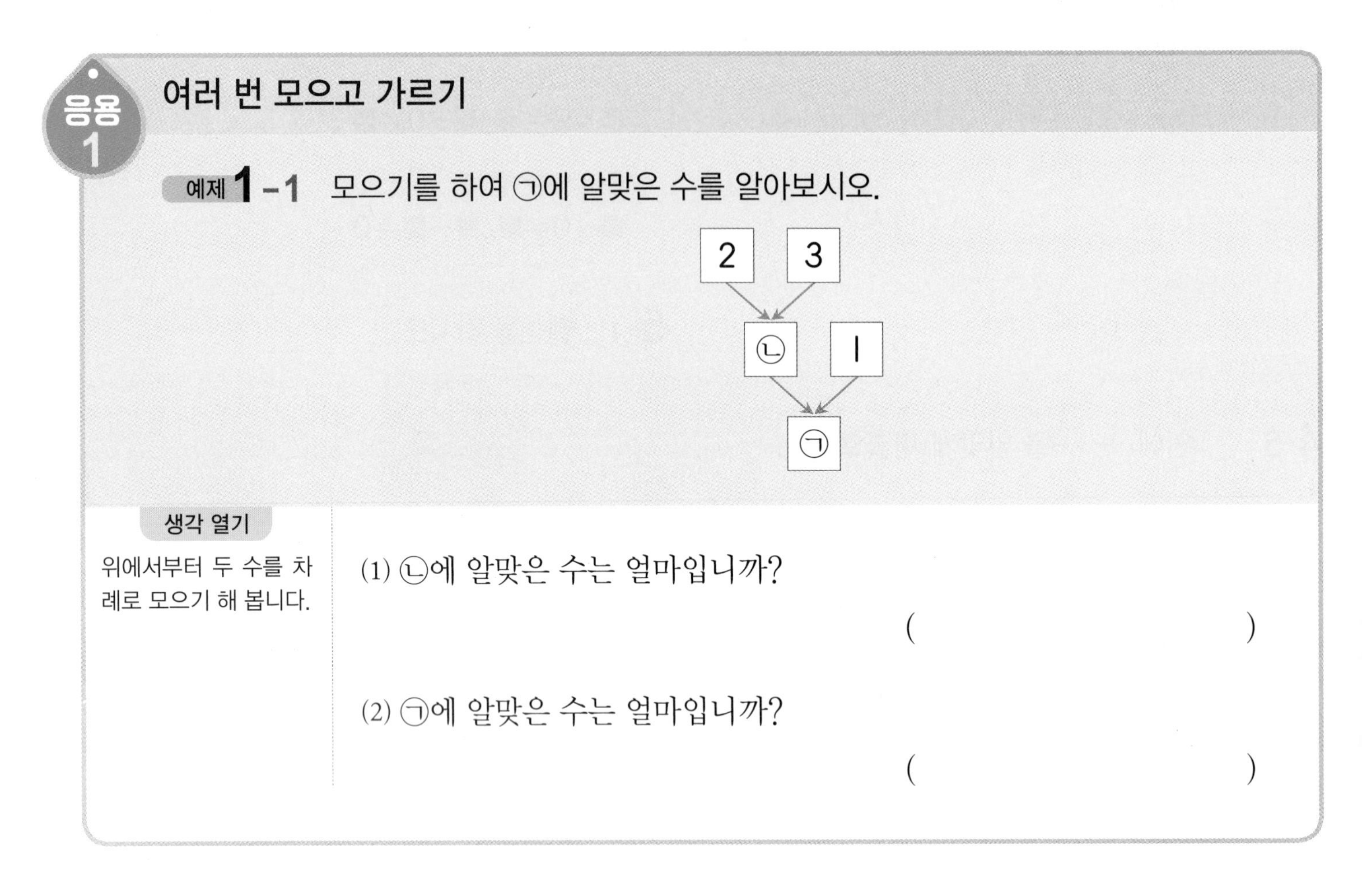

생각 열기
위에서부터 두 수를 차례로 모으기 해 봅니다.

(1) ㉡에 알맞은 수는 얼마입니까?

( )

(2) ㉠에 알맞은 수는 얼마입니까?

( )

예제 1-2 가르기를 하여 ㉠에 알맞은 수를 구하시오.

( )

예제 1-3 모으기와 가르기를 하여 ㉠에 알맞은 수를 구하시오.

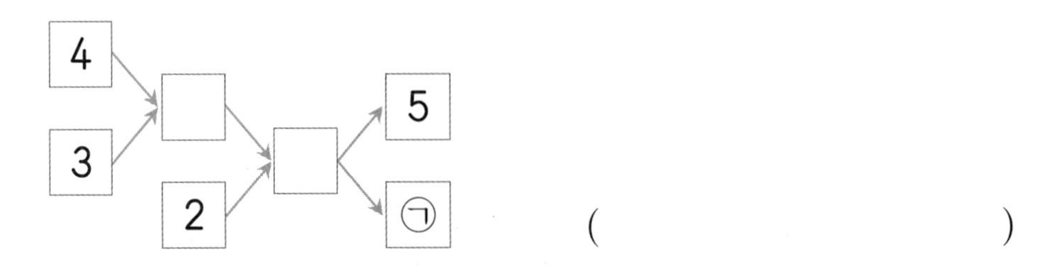

( )

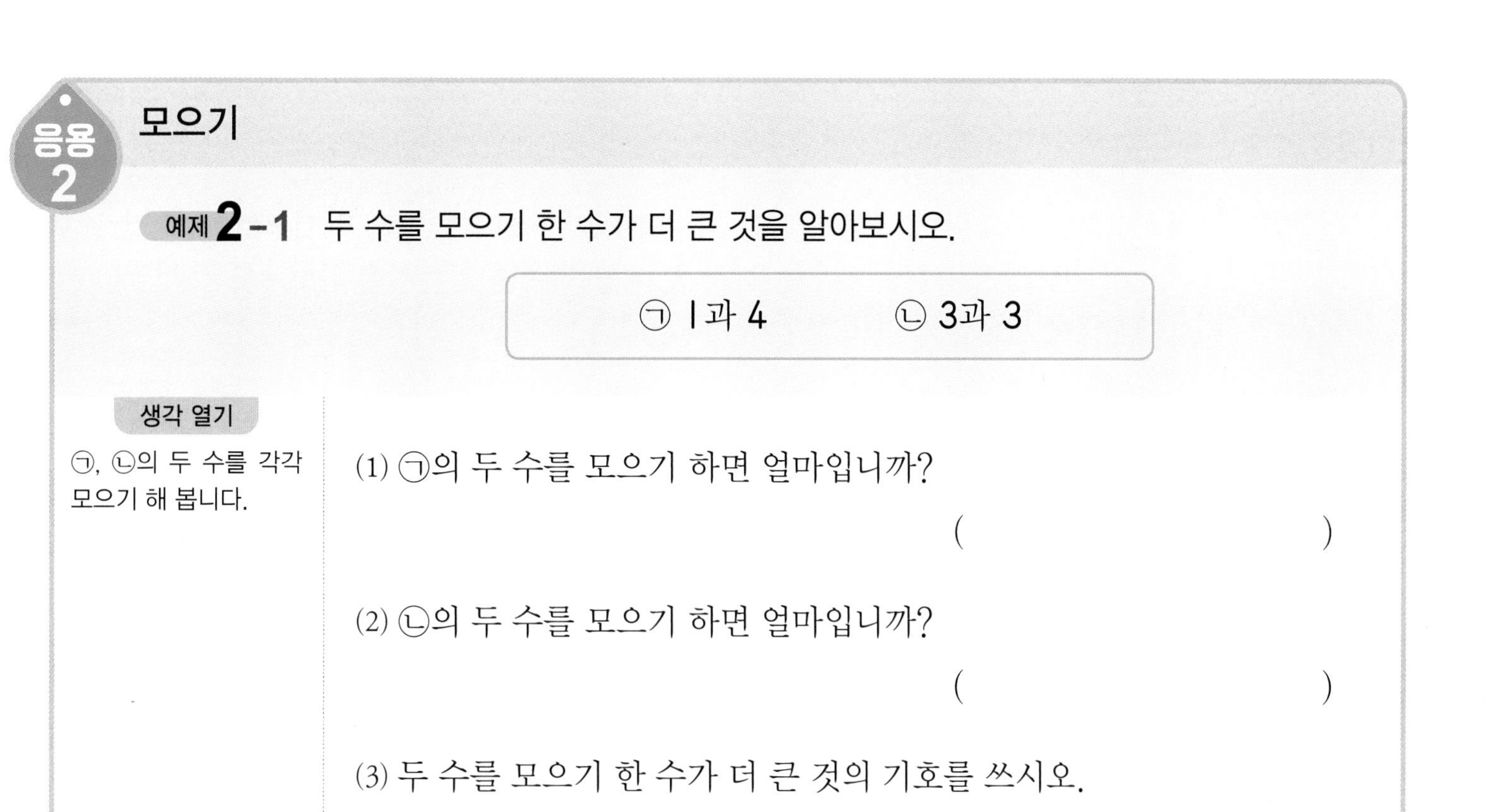

응용 2 모으기

예제 2-1 두 수를 모으기 한 수가 더 큰 것을 알아보시오.

㉠ 1과 4　　㉡ 3과 3

생각 열기
㉠, ㉡의 두 수를 각각 모으기 해 봅니다.

(1) ㉠의 두 수를 모으기 하면 얼마입니까?

(　　　　　　　)

(2) ㉡의 두 수를 모으기 하면 얼마입니까?

(　　　　　　　)

(3) 두 수를 모으기 한 수가 더 큰 것의 기호를 쓰시오.

(　　　　　　　)

예제 2-2 두 수를 모으기 한 수가 더 작은 것의 기호를 쓰시오.

㉠ 5와 3　　㉡ 6과 1

(　　　　　　　)

예제 2-3 혁재, 은수, 준표 세 사람이 주사위를 두 번씩 던져 나온 눈입니다. 두 눈을 모은 수가 모두 같을 때, 은수의 주사위의 눈을 알맞게 그려 넣으시오.

STEP 2 응용 유형 익히기

응용 3 가르기

예제 3-1 성재와 지우는 사탕 3개를 나누어 먹으려고 합니다. 성재가 지우보다 더 많이 먹으려면 성재와 지우는 각각 몇 개를 먹으면 되는지 알아보시오. (단, 두 사람은 사탕을 적어도 1개씩은 먹습니다.)

생각 열기

3을 가르기 하는 방법을 생각해 봅니다.

(1) 사탕 3개를 가르기 해 보시오.

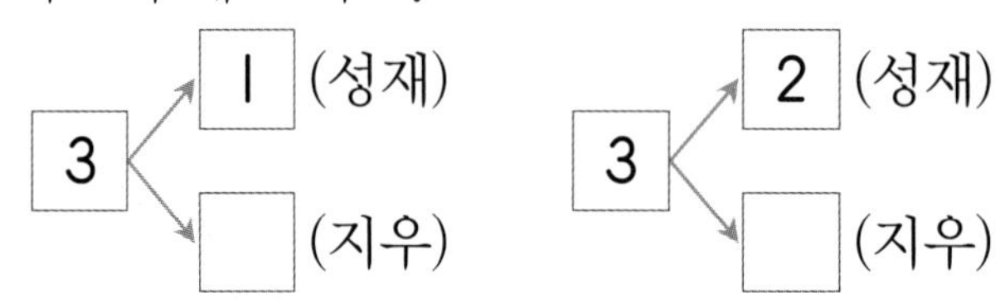

(2) 성재가 지우보다 더 많이 먹으려면 성재와 지우는 각각 몇 개를 먹으면 됩니까?

성재 (　　　　　　　　　　)

지우 (　　　　　　　　　　)

예제 3-2 민기와 은주는 초콜릿 5개를 나누어 먹으려고 합니다. 민기가 은주보다 더 많이 먹는 경우는 모두 몇 가지입니까? (단, 두 사람은 초콜릿을 적어도 1개씩은 먹습니다.)

(　　　　　　　　　　)

예제 3-3 영미는 연필 7자루와 지우개 4개를 가지고 있습니다. 연필과 지우개 중 똑같이 둘로 가르기 할 수 있는 것은 무엇입니까?

(　　　　　　　　　　)

정답은 24쪽

응용 4 계산 결과의 크기 비교하기

예제 4-1 계산 결과가 큰 것부터 차례로 기호를 쓰시오.

㉠ 1+7	㉡ 6−2
㉢ 4+3	㉣ 9−3

생각 열기
㉠, ㉡, ㉢, ㉣을 각각 계산합니다.

(1) ㉠, ㉡, ㉢, ㉣을 계산하면 각각 얼마입니까?

㉠ (　　　　　　), ㉡ (　　　　　　),

㉢ (　　　　　　), ㉣ (　　　　　　)

(2) 계산 결과가 큰 것부터 차례로 기호를 쓰시오.

(　　　　　　)

예제 4-2 계산 결과가 작은 것부터 차례로 기호를 쓰시오.

㉠ 2+5	㉡ 6+3
㉢ 8−0	㉣ 7−1

(　　　　　　)

예제 4-3 계산 결과가 다른 하나를 찾아 색칠하시오.

4+1

STEP 2 응용 유형 익히기

응용 5 덧셈하기

예제 5-1 공책을 정현이는 2권 가지고 있고, 수영이는 정현이보다 2권 더 많이 가지고 있습니다. 정현이와 수영이가 가지고 있는 공책은 모두 몇 권인지 알아보시오.

생각 열기

■보다 ▲만큼 더 많은 수는 ■+▲로 구합니다.

(1) 수영이가 가지고 있는 공책은 몇 권입니까?

( )

(2) 정현이와 수영이가 가지고 있는 공책은 모두 몇 권입니까?

( )

예제 5-2 신우는 오늘 수학 문제집을 4쪽 풀었고, 국어 문제집은 수학 문제집보다 1쪽 더 많이 풀었습니다. 신우가 오늘 푼 수학 문제집과 국어 문제집은 모두 몇 쪽입니까?

( )

예제 5-3 성민이가 가지고 있던 구슬 수와 오늘 산 구슬 수를 나타낸 것입니다. 성민이가 지금 가지고 있는 구슬은 모두 몇 개입니까?

	가지고 있던 구슬 수(개)	오늘 산 구슬 수(개)
빨간 구슬	2	1
파란 구슬	3	2

( )

응용 6 뺄셈하기

동영상 강의

예제 6-1 버스에 손님이 9명 타고 있었습니다. 첫째 정류장에서 4명이 내리고, 둘째 정류장에서 3명이 내렸습니다. 버스에 남은 사람은 몇 명인지 알아보시오.

생각 열기

버스에서 내리고 남은 사람 수는 뺄셈으로 구합니다.

(1) 첫째 정류장에서 내리고 남은 사람은 몇 명입니까?

(　　　　　　　　)

(2) 버스에 남은 사람은 몇 명입니까?

(　　　　　　　　)

예제 6-2 윤아가 학교 가는 길을 말한 것입니다. □ 안에 알맞은 수를 써넣으시오.

나는 학교까지 가는 데 횡단보도(　)를 8번 건넙니다. 그중 신호등이 없는 횡단보도를 5번 건너고 신호등(　)이 있는 횡단보도를 □번 건넙니다. 신호등이 없는 횡단보도를 신호등이 있는 횡단보도보다 □번 더 건넙니다.

예제 6-3 성하네 모둠 6명 중 남학생은 2명이고, 준서네 모둠 7명 중 남학생은 4명입니다. 누구네 모둠의 여학생이 몇 명 더 많습니까?

(　　　　　　　　), (　　　　　　　　)

응용 7 모르는 수 구하기

예제 7-1 식을 보고 ▲를 구하시오. (단, 같은 모양은 같은 수를 나타냅니다.)

2−1=★, 4+★=●, ●+3=▲

생각 열기
★을 먼저 구합니다. ★을 알면 ●를 구할 수 있고, ●를 알면 ▲를 구할 수 있습니다.

(1) ★은 얼마입니까? (　　　　)

(2) ●는 얼마입니까? (　　　　)

(3) ▲는 얼마입니까? (　　　　)

예제 7-2 식을 보고 ★을 구하시오. (단, 같은 모양은 같은 수를 나타냅니다.)

9−7=●, ●+2=♥, ♥−3=★

(　　　　)

예제 7-3 다음 금고를 열려면 ★, ◆, ♥를 차례로 눌러야 합니다. 금고를 열기 위해 눌러야 하는 수를 차례로 쓰시오. (단, 같은 모양은 같은 수를 나타냅니다.)

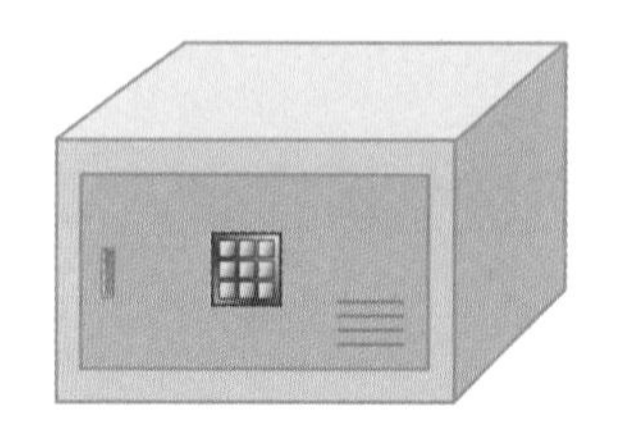

2+6=★
★−5=◆
◆+1=♥

(　　　　)

응용 8 수 카드로 덧셈식과 뺄셈식 만들기

동영상 강의

예제 8-1 수 카드가 4장 있습니다. 이 중에서 2장을 뽑아 합이 가장 작은 덧셈식을 만들고, 계산하시오.

6 1 7 3

생각 열기

덧셈식을 만들 수 있는 경우 중 합이 가장 작은 경우를 생각해 봅니다.

(1) 알맞은 말에 ○표 하시오.

합이 가장 작은 덧셈식을 만들려면 가장 (큰 , 작은) 수와 둘째로 (큰 , 작은) 수를 더해야 합니다.

(2) 수 카드 2장을 뽑아 합이 가장 작은 덧셈식을 만들고, 계산하시오.

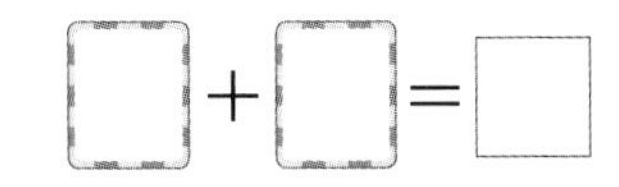

□ + □ = □

예제 8-2 수 카드가 4장 있습니다. 이 중에서 2장을 뽑아 합이 가장 큰 덧셈식을 만들고, 계산하시오.

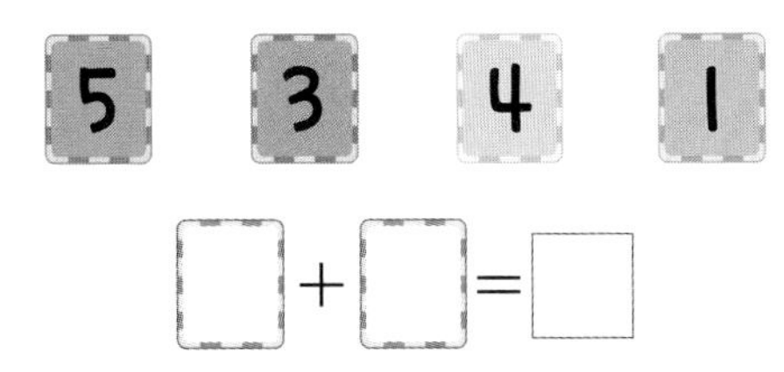

5 3 4 1

□ + □ = □

예제 8-3 수 카드가 4장 있습니다. 이 중에서 2장을 뽑아 차가 가장 큰 뺄셈식을 만들고, 계산하시오.

9 5 2 8

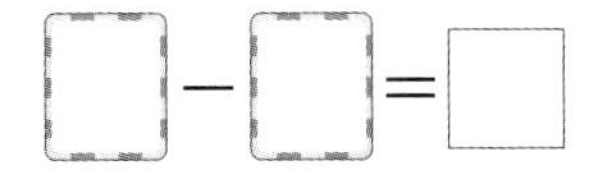

□ − □ = □

STEP 3 응용 유형 뛰어넘기

뺄셈하기

1 빈 곳에 알맞은 수를 써넣으시오.

쌍둥이

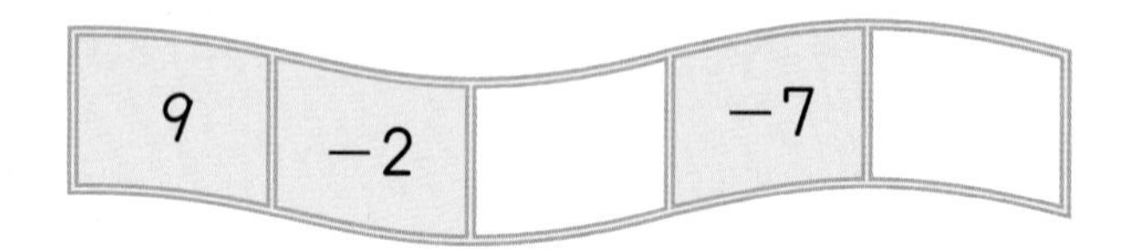

덧셈과 뺄셈하기

2 세 수로 덧셈식과 뺄셈식을 쓰시오.

쌍둥이

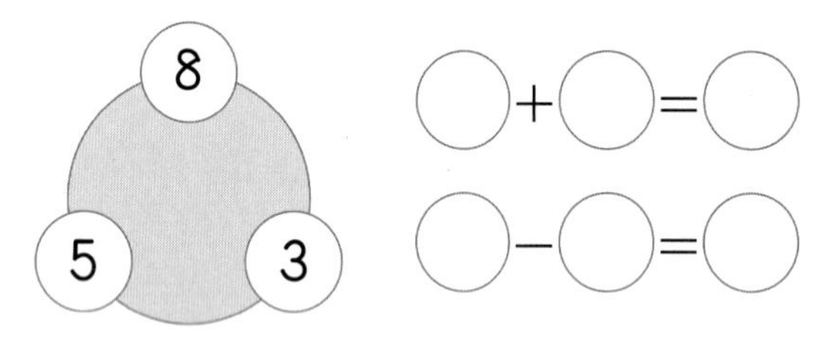

뺄셈하기

3 준하네 가족과 동수네 가족 사진입니다. 두 가족 수의 차를 나타내는 뺄셈식을 쓰고, 2가지 방법으로 읽어 보시오.

쌍둥이

준하네 가족

동수네 가족

쓰기 5−□=□

읽기 ______________________

____

모으기와 가르기

4 쌍둥이 동영상

가르기와 모으기를 하고 있습니다. ㉠과 ㉡에 알맞은 수를 모으기 하면 얼마입니까?

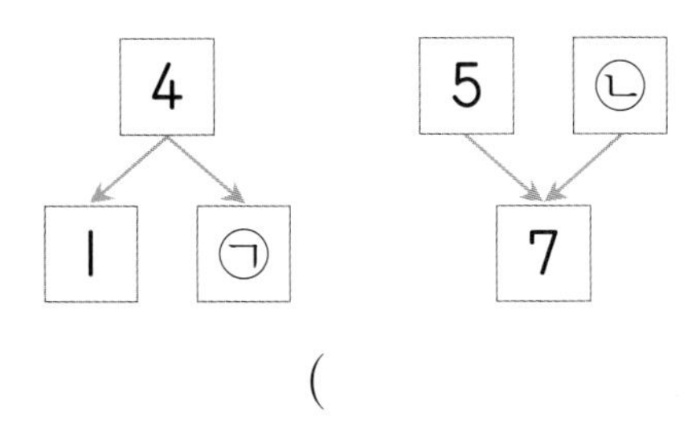

(　　　　　　　　)

가르기 서술형

5 쌍둥이 동영상

유진이와 미선이가 풍선 6개를 나누어 가지는 방법은 모두 몇 가지인지 풀이 과정을 쓰고 답을 구하시오. (단, 두 사람은 풍선을 적어도 1개씩은 가집니다.)

(　　　　　　　　)

풀이

덧셈하기

6 어떤 수에 2를 더해야 할 것을 잘못하여 뺐더니 3이 되었습니다. 바르게 계산하면 얼마입니까?

(　　　　　　　　)

3 덧셈과 뺄셈

이야기 만들기 서술형

7 쌍둥이 •보기•와 같이 식에 알맞은 이야기를 만들어 보시오.

보기

$3+2=5$

마당에 암탉 3마리와 수탉 2마리가 있습니다. 마당에는 닭이 모두 5마리 있습니다.

$6-4=2$

____

____

뺄셈하기 창의·융합

8 쌍둥이 가족을 위해 할 수 있는 일을 실천하고 있는 친구 수만큼 붙임딱지를 붙인 것입니다. 실천하고 있는 친구가 가장 많은 일과 가장 적은 일의 실천하고 있는 친구 수는 몇 명 차이가 납니까?

신발 정리하기	옷 개기	식사 준비 돕기	분리배출
●●●●●●●●	●●●●●	●●●●●●	●●●●

( )

모으기

9 쌍둥이 동영상

모으기를 하고 있습니다. ㉠과 ㉡에 알맞은 수를 각각 구하시오.

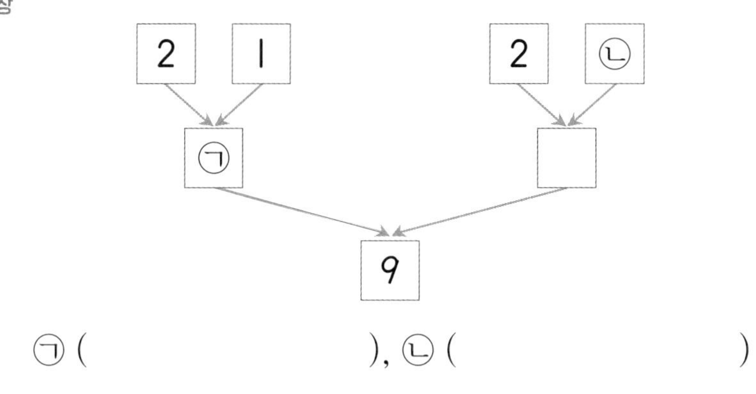

㉠ (　　　　　　), ㉡ (　　　　　　)

덧셈과 뺄셈하기　서술형

10 쌍둥이 동영상

파란 색연필 2자루, 초록 색연필 7자루, 사인펜 6자루가 있습니다. 색연필과 사인펜 중 어느 것이 몇 자루 더 많은지 풀이 과정을 쓰고 답을 구하시오.

(　　　　　　), (　　　　　　)

풀이

가르기와 모으기

11 ㉠, ㉡, ㉢, ㉣은 각각 2, 4, 6, 8 중 서로 다른 숫자입니다. ㉠, ㉡, ㉢, ㉣은 각각 얼마인지 구하시오.

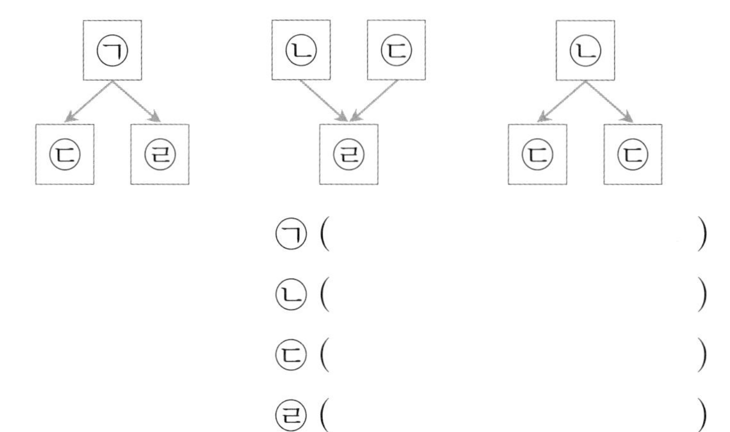

㉠ (　　　　　　)

㉡ (　　　　　　)

㉢ (　　　　　　)

㉣ (　　　　　　)

3 덧셈과 뺄셈

덧셈과 뺄셈하기

12 딱지를 덕화는 석기보다 3장 더 적게 가지고 있고, 석기는 용주보다 1장 더 많이 가지고 있습니다. 용주가 가지고 있는 딱지가 6장일 때 덕화가 가지고 있는 딱지는 몇 장입니까?

쌍둥이 동영상

( )

덧셈과 뺄셈하기

13 미연이는 파란색 구슬 4개와 노란색 구슬 3개를 가지고 있고, 지호는 파란색 구슬 6개와 노란색 구슬 2개를 가지고 있습니다. 누가 구슬을 몇 개 더 많이 가지고 있습니까?

( ), ( )

덧셈과 뺄셈하기 창의·융합

14 다음 동원이의 일기를 읽고 동원이가 좋아하는 두 선수의 등번호를 큰 수부터 차례로 쓰시오.

쌍둥이

4월 8일 수요일 맑음

축구 경기를 보러 갔다. 내가 좋아하는 두 선수가 나왔다. 두 선수의 등번호의 합은 8이고 차는 4였다. 비록 무승부였지만 정말 재미있었다.

( ), ( )

빼셈하기

15 1부터 9까지의 수 중에서 어떤 수가 될 수 있는 수는 모두 몇 개인지 구하시오.

6에서 어떤 수를 빼면 2보다 큰 수가 됩니다.

(　　　　　　　　　　)

덧셈과 뺄셈하기

16 위에서 아래로 내려가면서 가로선이 나오면 따라가는 방법으로 사다리를 타면서 계산하여 빈칸에 알맞은 수를 써넣으시오.

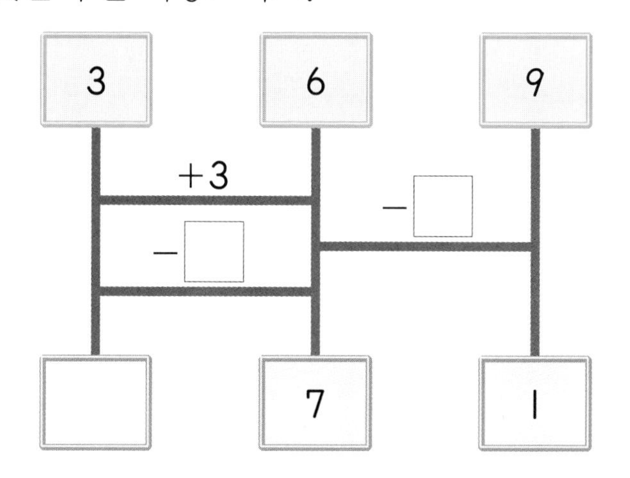

모으기

17 쌍둥이 동영상 감자, 고구마, 옥수수가 있습니다. 감자와 고구마를 모으면 7개이고, 고구마와 옥수수를 모으면 4개입니다. 감자, 고구마, 옥수수를 모두 모으면 9개일 때 감자와 옥수수를 모으면 몇 개가 됩니까?

(　　　　　　　　　　)

3 덧셈과 뺄셈

3. 덧셈과 뺄셈

1 모으기와 가르기를 하시오.

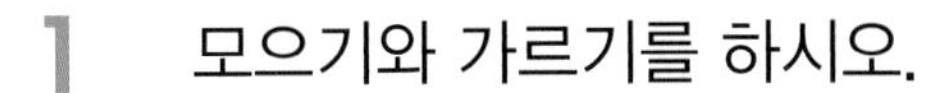

(1)

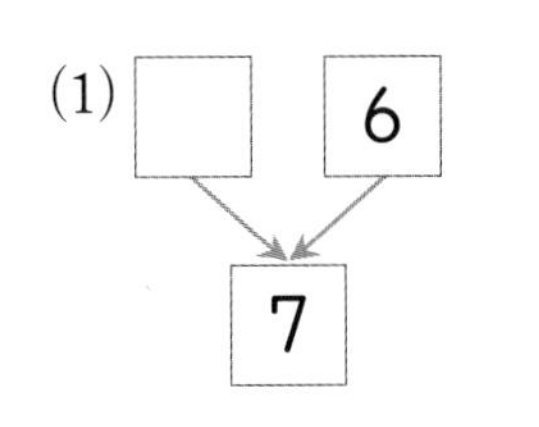

(2)

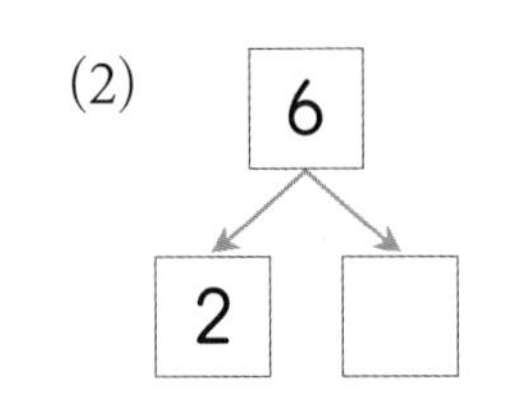

2 덧셈식을 쓰고 읽어 보시오.

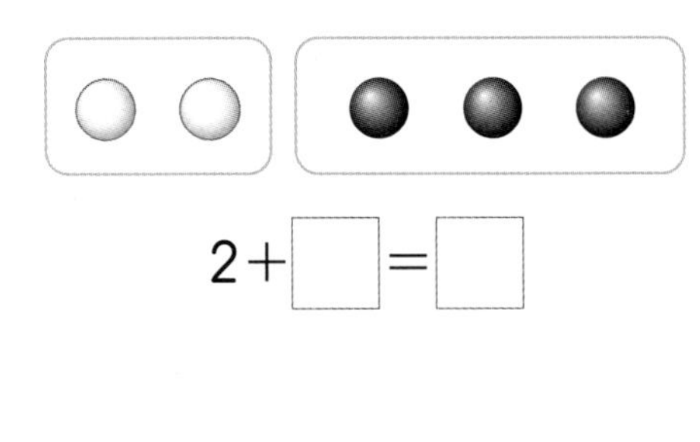

(　　　　　　　　　　　　)

3 □ 안에 알맞은 수를 써넣으시오.

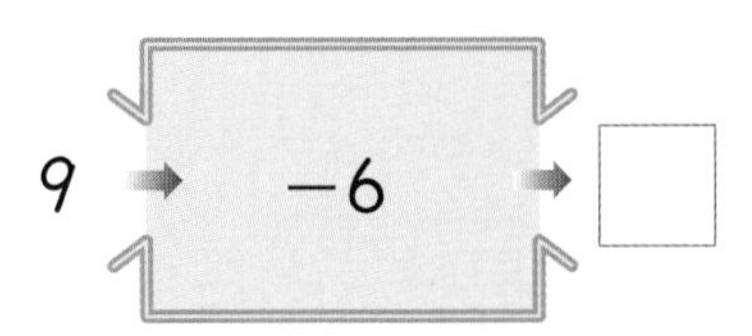

4 4를 위와 아래의 두 수로 가르기 하시오.

4	1		3
		2	

5 □ 안에 +, −를 알맞게 써넣으시오.

(1) 7 □ 6=1

(2) 4 □ 1=5

6 (　　) 안의 두 수를 모으기 한 수가 <u>다른</u> 하나는 어느 것입니까? ·················· (　　　)

① (3, 5)　　② (4, 4)
③ (6, 2)　　④ (1, 8)
⑤ (7, 1)

서술형

7 냉장고에 사과가 4개, 배가 5개 있습니다. 냉장고에 있는 사과와 배는 모두 몇 개인지 덧셈식을 쓰고 답을 구하시오.

식 ______________________

답 ______________

8 빈칸에 알맞은 수를 써넣으시오.

(+ →, − ↓)

6	3	
5	1	

9 빈칸에 알맞은 수를 써넣으시오.

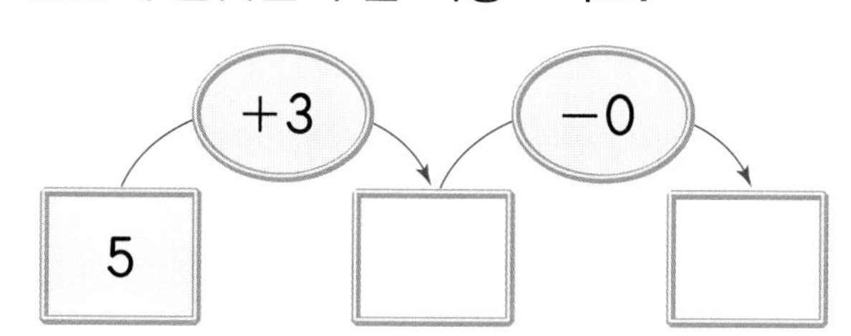

10 주어진 수로 덧셈식과 뺄셈식을 쓰시오.

2 9 7

□+□=□

□−□=□

11 계산 결과가 가장 큰 것은 어느 것입니까? (　　　)

① 0+8　② 2+4
③ 7−4　④ 6−1
⑤ 9−0

3 덧셈과 뺄셈

12 모으기와 가르기를 하였습니다. ㉠에 알맞은 수를 구하시오.

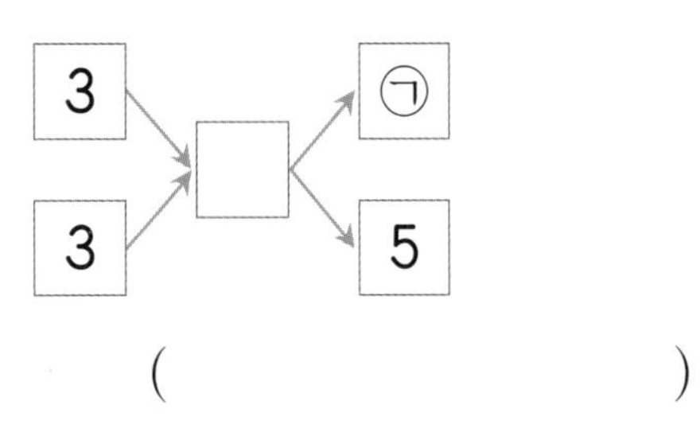

( )

창의·융합

13 슬기네 반 학급 신문을 보고 □ 안에 알맞은 수를 써넣으시오.

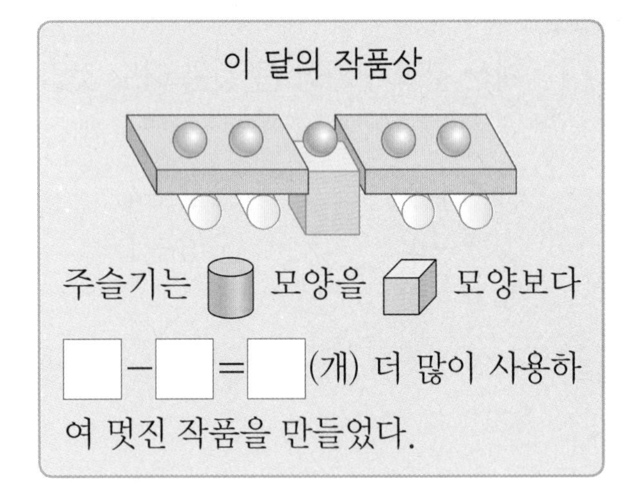

서술형

14 수 카드가 5장 있습니다. 모으기 하여 7이 되는 카드를 2장씩 모두 묶었을 때 남는 카드의 수는 무엇인지 풀이 과정을 쓰고 답을 구하시오.

3　2　6　4　5

풀이 ______________________

____

____

____

답 ______________

창의·융합

15 대화를 읽고 두 사람이 오늘 읽은 동화책은 모두 몇 권인지 구하시오.

채팅

성준: 나는 오늘 동화책을 1권 읽었어.

나영: 나는 오늘 너보다 동화책을 3권 더 읽었어.

( )

16 1부터 9까지의 수가 있습니다. 이 중에서 똑같은 두 수로 가르기 할 수 있는 수는 모두 몇 개입니까?

( )

17 수 카드가 4장 있습니다. 이 중에서 2장을 뽑아 차가 가장 큰 뺄셈식을 만들고, 계산하시오.

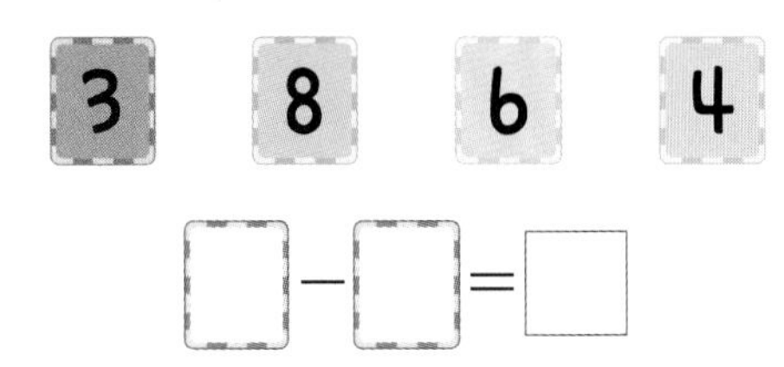

18 서희는 구슬 9개를 양손에 나누어 쥐었습니다. 오른손에 쥐고 있는 구슬 수가 왼손에 쥐고 있는 구슬 수보다 1개 더 많을 때 오른손에 쥐고 있는 구슬은 몇 개입니까?

( )

서술형

19 만두가 8개 있습니다. 지성이가 1개를 먹고, 민영이가 2개를 먹었습니다. 남은 만두는 몇 개인지 풀이 과정을 쓰고 답을 구하시오.

풀이 ______

______

______

______

답 ______

20 운동장에 여학생 3명과 남학생 4명이 있었습니다. 잠시 후 여학생 1명과 남학생 2명이 집으로 돌아갔습니다. 지금 운동장에 남아 있는 학생은 몇 명입니까?

( )

✿정답은 32쪽

1 •보기•와 같이 도미노를 이어 붙여 맞닿는 부분의 점의 수의 합이 주어진 수가 되도록 도미노의 점을 그려 보시오. (단, 도미노를 돌려서 이어 붙여도 됩니다.)

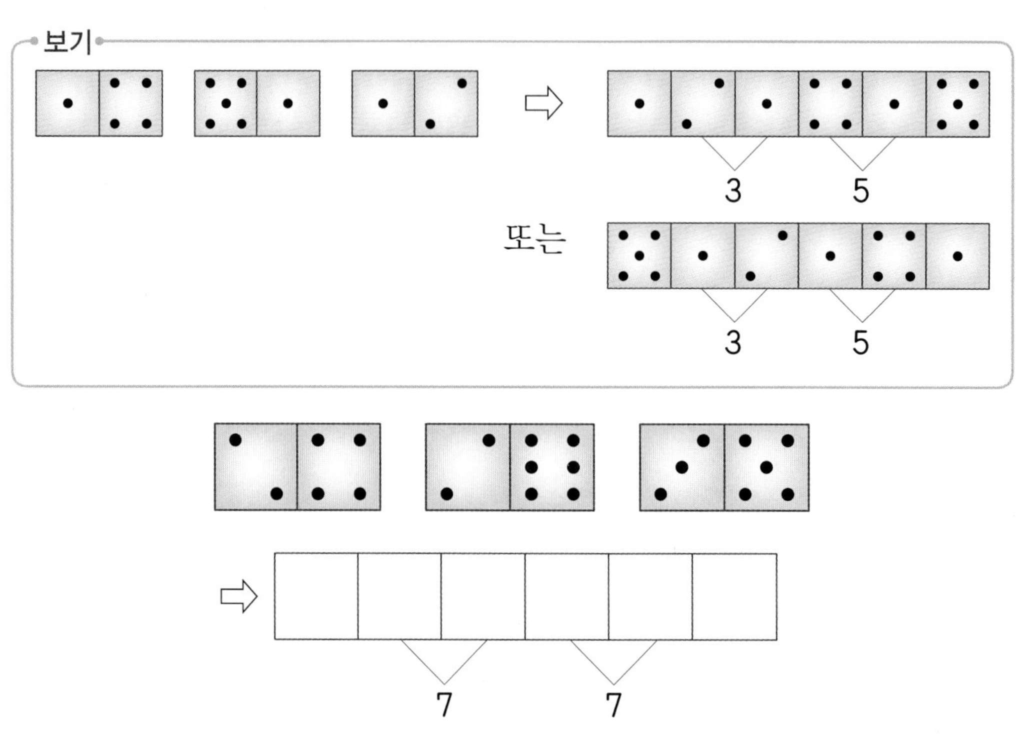

⇨

7 7

2 •보기•와 같이 성냥개비 1개를 옮겨서 올바른 식이 되게 만들어 보시오.

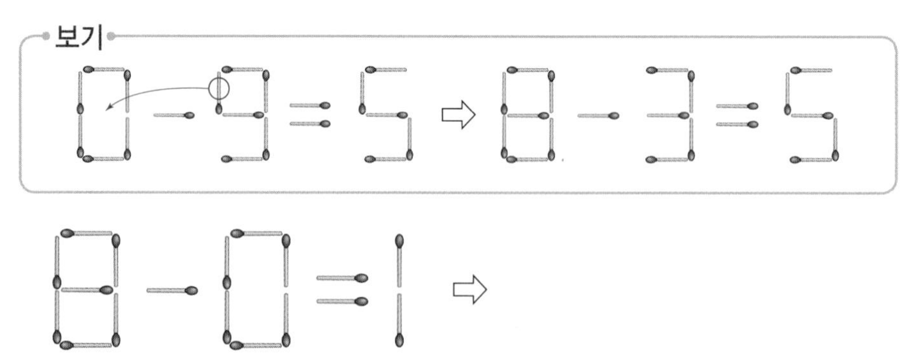

4

비교하기

● 학습계획표

계획표대로 공부했으면 ○표, 못했으면 △표 하세요.

내용	쪽수	날짜	확인
일등 비법	84~85쪽	월 일	
STEP 1 기본 유형 익히기	86~89쪽	월 일	
STEP 2 응용 유형 익히기	90~97쪽	월 일	
STEP 3 응용 유형 뛰어넘기	98~103쪽	월 일	
실력 평가	104~107쪽	월 일	
창의 사고력	108쪽	월 일	

4. 비교하기

비법 1 구부러진 선의 길이 비교

└→ 양쪽 끝이 맞추어져 있을 때에는 많이 구부러져 있을수록 더 깁니다.

⇨ 가장 짧다

⇨ 가장 길다

양쪽 끝이 맞추어져 있는지 확인!

여러 가지의 길이 비교 ⇨ 가장 길다, 가장 짧다

비법 2 높이 비교

└→ 아래쪽 끝이 맞추어져 있을 때에는 위쪽을 비교합니다.

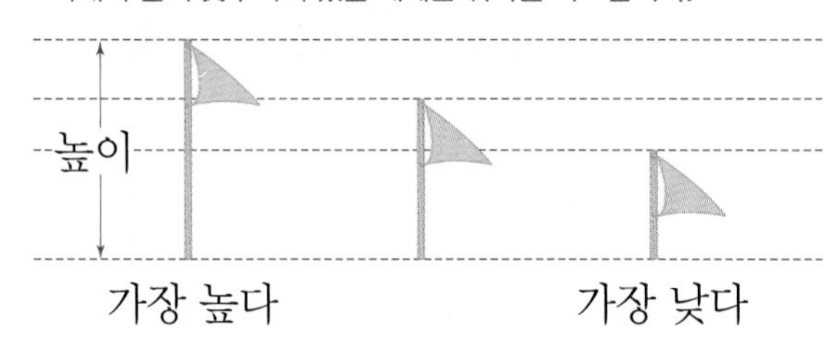

가장 높다　　　가장 낮다

여러 가지의 높이 비교 ⇨ 가장 높다, 가장 낮다

비법 3 시소의 원리를 이용한 무게 비교

└→ 더 무거운 쪽이 아래로 내려갑니다.

민주　소영　민주　진호

두 명씩 비교한 것을 이용하여 세 명의 무게를 비교해요.

민주는 소영이보다 더 무겁습니다.
진호는 민주보다 더 무겁습니다.

⇨ 진호가 가장 무겁고, 소영이가 가장 가볍습니다.

여러 명의 무게 비교 ⇨ 가장 무겁다, 가장 가볍다

일·등·특·강

- 더 — 두 가지를 비교할 때
- 가장 — 여러 가지(두 가지보다 많은 것)를 비교할 때

- **길이를 비교하는 방법**
  한쪽 끝이 맞추어져 있을 때에는 다른 쪽 끝으로 더 많이 나올수록 더 깁니다.

- **높이를 비교하는 방법**
  눈으로 확인해 보거나 직접 맞대어 봅니다.

- 아래쪽 끝이 맞추어져 있을 때에는 위쪽으로 더 많이 올라갈수록 더 높습니다.

- **무게를 비교하는 방법**
  물건을 직접 들어 보거나 양팔 저울을 이용하여 비교합니다.

비법 4 넓이 비교

→ 겹쳐 보았을 때 남는 부분이 있는 것이 더 넓습니다.

• 겹쳐서 넓이 비교하기

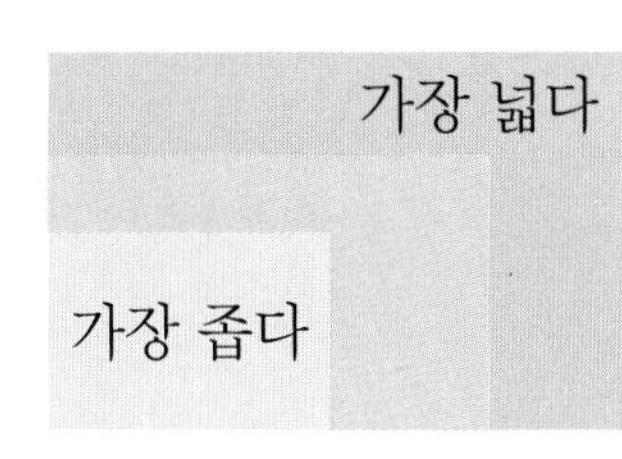

→ 겹쳐 보았을 때 남는 부분이 있는 것이 더 넓습니다.

• 모눈의 칸 수로 넓이 비교하기

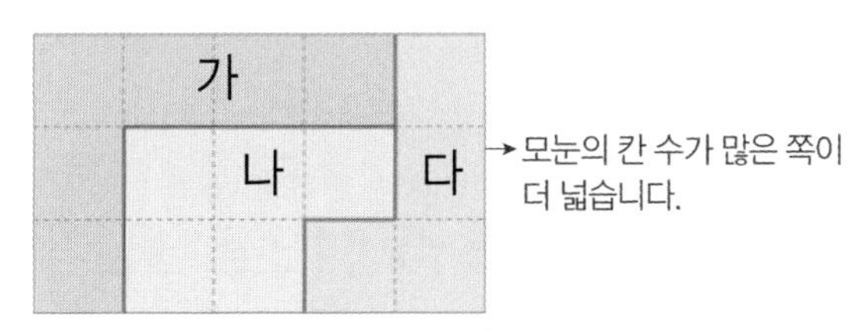

→ 모눈의 칸 수가 많은 쪽이 더 넓습니다.

가: 6칸 나: 5칸 다: 4칸

⇨ 가가 가장 넓고 다가 가장 좁습니다.

여러 가지의 넓이 비교 ⇨ 가장 넓다, 가장 좁다

비법 5 담긴 물의 양 비교

→ 그릇의 모양과 크기가 같은지, 물의 높이가 같은지 살펴봅니다.

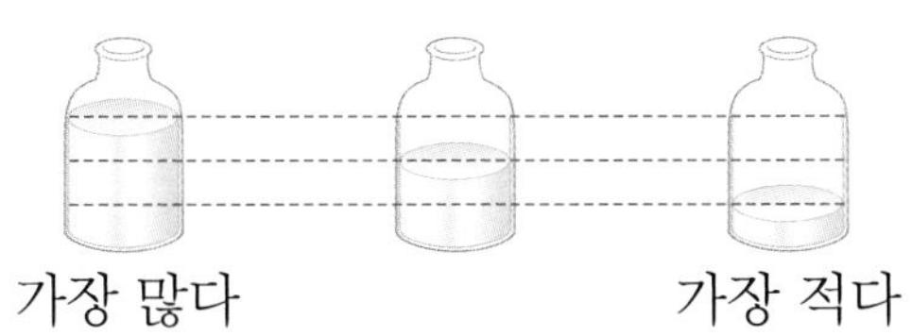

⇨ 세 그릇의 모양과 크기가 같으므로 물의 높이가 높을수록 담긴 물의 양이 더 많습니다.

여러 가지의 담긴 양 비교 ⇨ 가장 많다, 가장 적다

그릇의 모양과 크기가 같을 때	물의 높이가 같을 때
물의 높이 비교	그릇의 크기 비교

일·등·특·강

• 넓이를 비교하는 방법

눈으로 확인하거나 서로 겹쳐 봅니다.

• 그릇의 모양과 크기가 같을 때

물의 높이가 높을수록 담긴 물의 양이 더 많습니다.

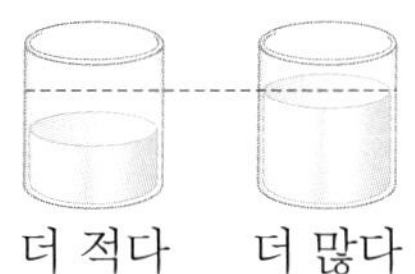

• 물의 높이가 같을 때

그릇의 크기가 클수록 담긴 물의 양이 더 많습니다.

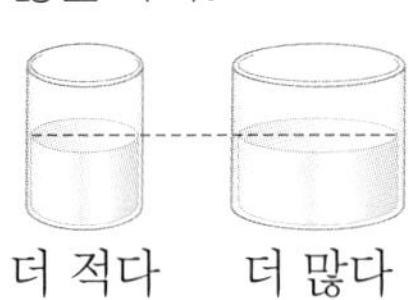

기본 유형 익히기

1 길이 비교하기

두 가지	여러 가지
더 길다, 더 짧다	가장 길다, 가장 짧다

1-1 더 짧은 것에 △표 하시오.

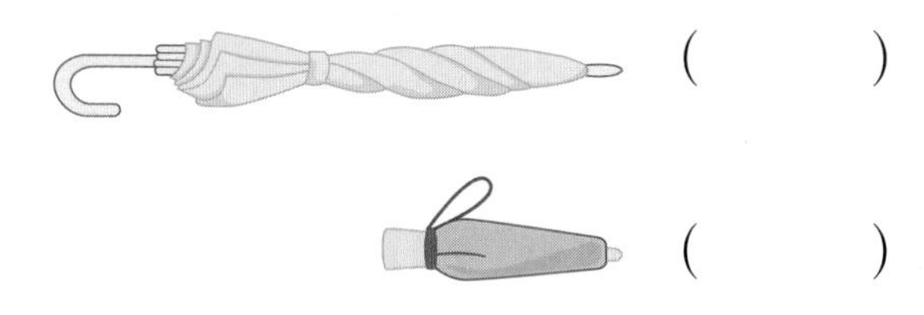

( )

( )

1-2 칫솔과 빗자루의 길이를 비교하여 □ 안에 알맞은 말을 써넣으시오.

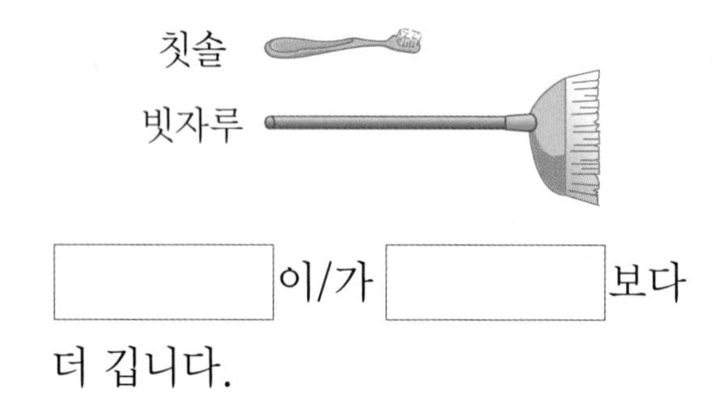

□ 이/가 □ 보다 더 깁니다.

1-3 무보다 더 긴 것에 ○표 하시오.

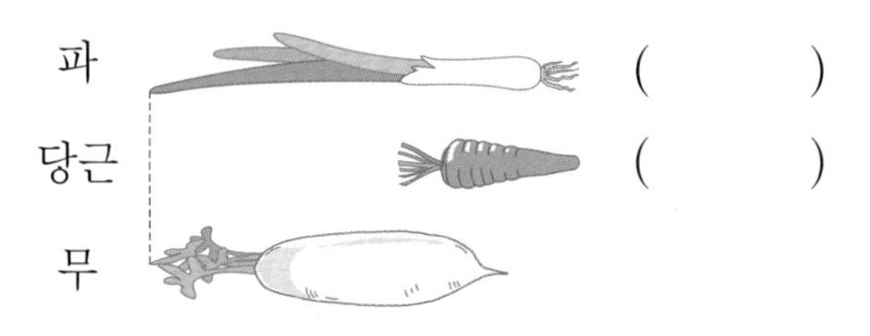

파 ( )

당근 ( )

1-4 누구네 모둠에서 만든 줄이 더 깁니까?

( )

창의·융합

1-5 1인용 줄넘기와 단체 줄넘기의 줄을 그려 보시오.

서술형

1-6 가장 긴 줄은 어느 것인지 기호를 쓰고 그 까닭을 설명하시오.

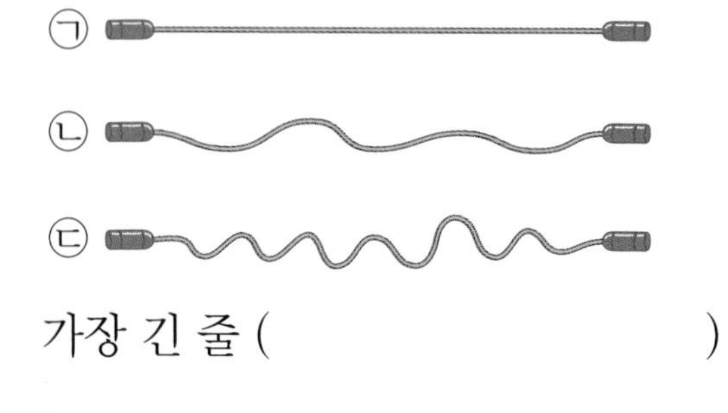

가장 긴 줄 ( )

까닭 ______________________

____

✿ 정답은 33쪽

2 높이 비교하기

두 가지	여러 가지
더 높다, 더 낮다	가장 높다, 가장 낮다

2-1 민수와 영미가 각각 쌓은 탑입니다. 누가 쌓은 탑의 높이가 더 낮습니까?

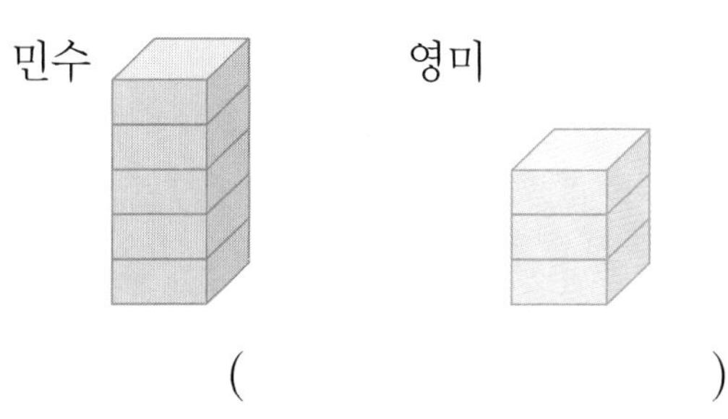

( )

2-2 가장 높은 깃발에 ○표 하시오.

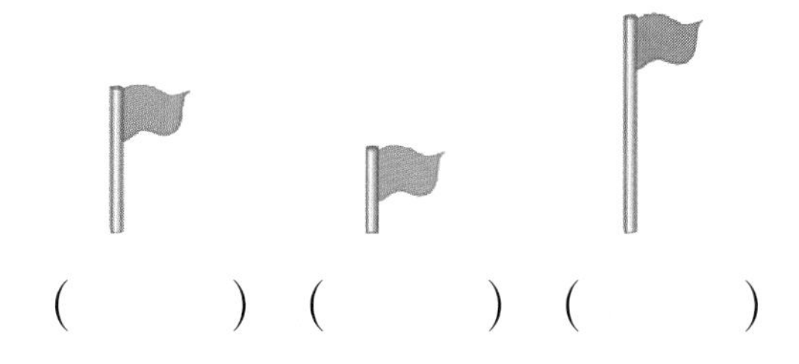

( ) ( ) ( )

2-3 가장 높은 것부터 차례로 이름을 쓰시오.

( )

3 무게 비교하기

두 가지	여러 가지
더 무겁다, 더 가볍다	가장 무겁다, 가장 가볍다

3-1 알맞은 말에 ○표 하시오.

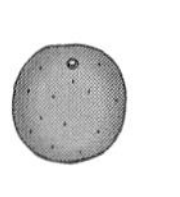 

수박이 귤보다 더
(무겁습니다 , 가볍습니다).

3-2 가장 무거운 동물에 ○표, 가장 가벼운 동물에 △표 하시오.

( ) ( ) ( )

3-3 가장 무거운 사람의 이름을 쓰시오.

( )

4 넓이 비교하기

두 가지	여러 가지
더 넓다, 더 좁다	가장 넓다, 가장 좁다

4-1 더 넓은 것에 ○표 하시오.

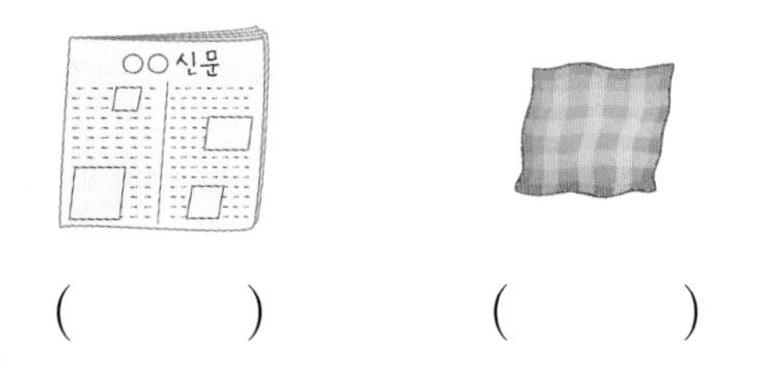

( ) ( )

4-2 가장 넓은 것에 ○표, 가장 좁은 것에 △표 하시오.

( ) ( ) ( )

4-3 가장 넓은 것의 기호를 쓰시오.

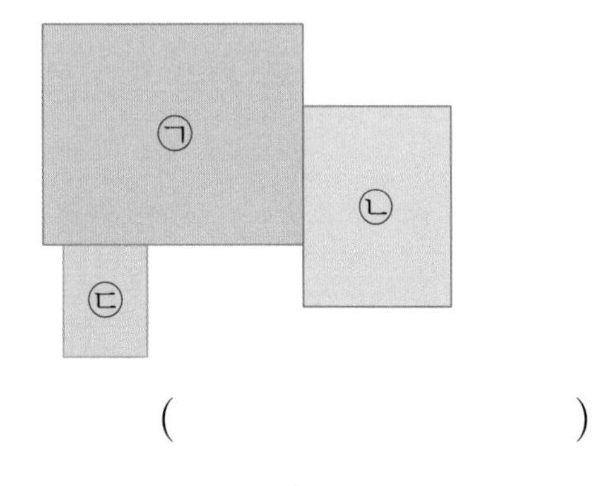

( )

4-4 ( ) 안에 알맞은 장소를 써넣으시오.

(1) 야구 경기장보다 더 좁은 곳은
( )입니다.

(2) 내 방보다 더 넓은 곳은
( )입니다.

창의·융합

4-5 수를 순서대로 이어 보고 더 좁은 쪽에 △표 하시오.

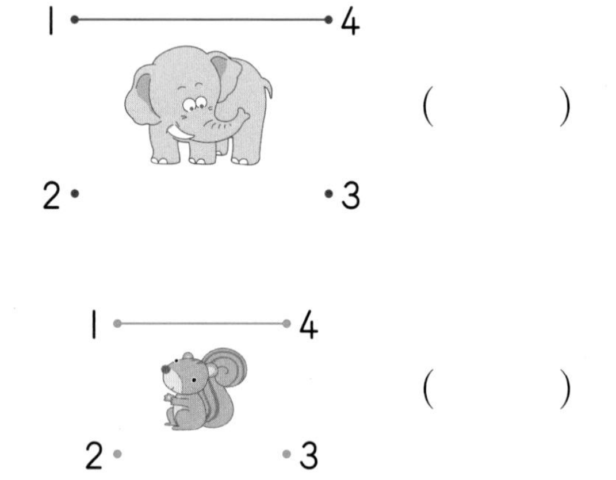

( )

( )

서술형

4-6 ㉮와 ㉯ 중 더 넓은 것은 어느 것인지 풀이 과정을 쓰고 답을 구하시오.

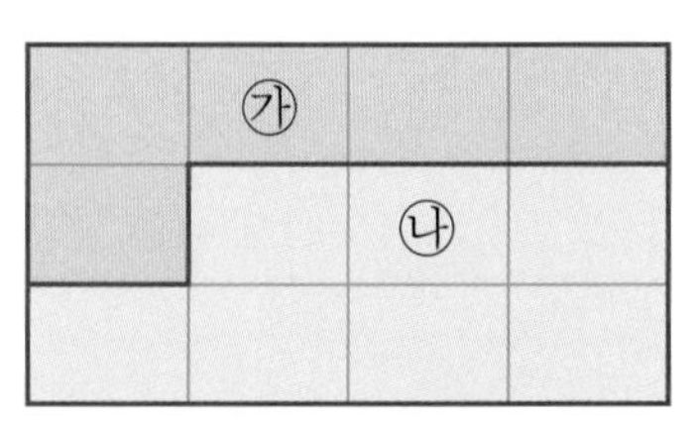

풀이 ______________________

____

____

답 ______________

✿ 정답은 33쪽

5 담을 수 있는 양과 담긴 양 비교하기

(1) 담을 수 있는 양 비교
그릇의 크기가 클수록 담을 수 있는 양이 더 많습니다.

(2) 담긴 양 비교
그릇의 모양과 크기가 같으면 물의 높이가 높을수록 담긴 물의 양이 더 많습니다.
물의 높이가 같으면 그릇의 크기가 클수록 담긴 물의 양이 더 많습니다.

5-1 담을 수 있는 양이 더 많은 것에 ○표 하시오.

(　　　) (　　　)

5-2 물이 더 적게 담긴 것에 △표 하시오.

(　　　) (　　　)

5-3 물이 가장 많이 담긴 것에 ○표 하시오.

 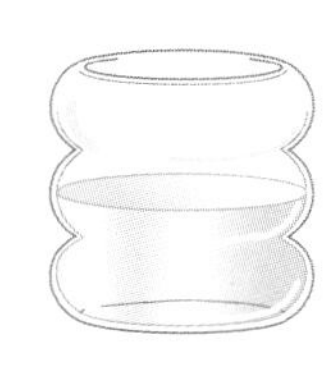 

(　　　) (　　　) (　　　)

5-4 물이 많이 담긴 것부터 차례로 기호를 쓰시오.

㉠ ㉡ ㉢

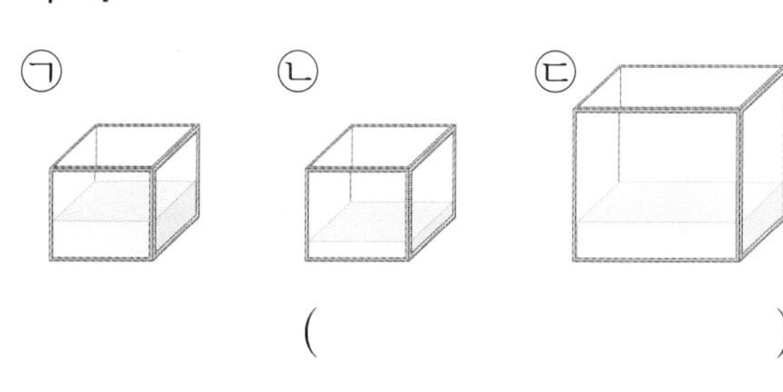

(　　　　　　　　)

서술형

5-5 오른쪽 페트병보다 물을 더 많이 담을 수 있는 것을 찾아 기호를 쓰려고 합니다. 풀이 과정을 쓰고 답을 구하시오.

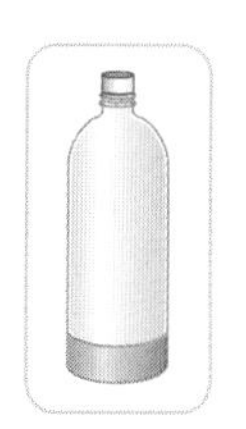

㉠ 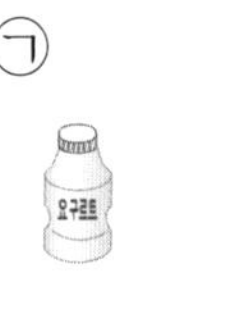 ㉡ 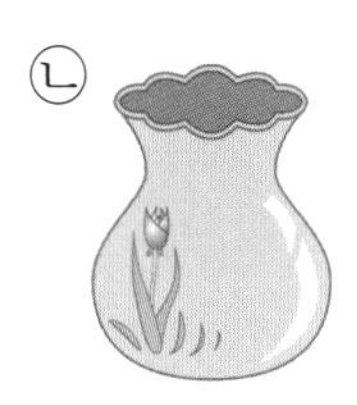 ㉢ 

풀이 ______________________________

____

____

답 ______________

5-6 똑같은 컵에 가득 담긴 물을 마시고 나서 그림과 같이 남았습니다. 물을 더 많이 마신 사람은 누구입니까?

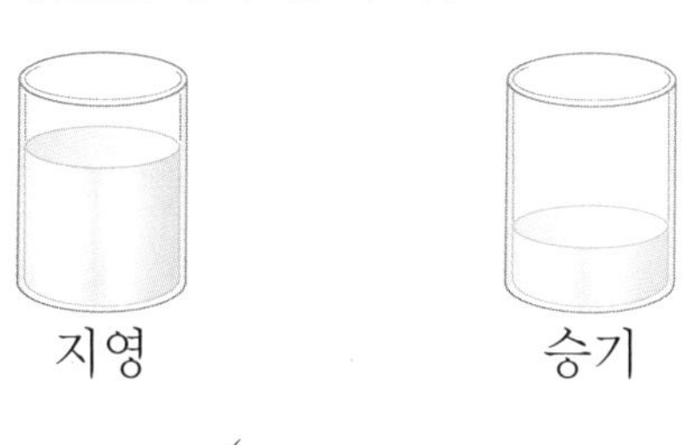

(　　　　　　　　)

응용 1 길이 비교하기

예제 1-1 자, 연필, 사인펜의 길이를 비교한 것입니다. 가장 긴 것은 무엇인지 알아보시오.

㉮ ㉯

생각 열기
두 개씩 비교한 것에서 더 긴 것을 각각 찾은 후 가장 긴 것을 찾습니다.

(1) ㉮에서 자와 연필 중 더 긴 것은 무엇입니까?

( )

(2) ㉯에서 사인펜과 자 중 더 긴 것은 무엇입니까?

( )

(3) 자, 연필, 사인펜 중 가장 긴 것은 무엇입니까?

( )

예제 1-2 거울, 가위, 칫솔의 길이를 비교한 것입니다. 가장 짧은 것은 무엇입니까?

( )

예제 1-3 젓가락은 숟가락보다 더 길고, 포크는 숟가락보다 더 짧습니다. 가장 긴 것은 무엇입니까?

( )

응용 2 높이 비교하기

예제 2-1 어느 백화점에서 아동복은 5층, 여성복은 2층에 있고, 남성복은 여성복보다 두 층 더 높은 곳에 있습니다. 아동복, 여성복, 남성복 중 가장 높은 층에 있는 것은 무엇인지 알아보시오.

생각 열기

1층을 가장 아래쪽으로 하여 그림으로 나타내면 편리합니다.

(1) 남성복은 몇 층에 있습니까? (　　　　　)

(2) 아동복, 여성복, 남성복의 위치를 오른쪽 그림에 나타내어 보시오.

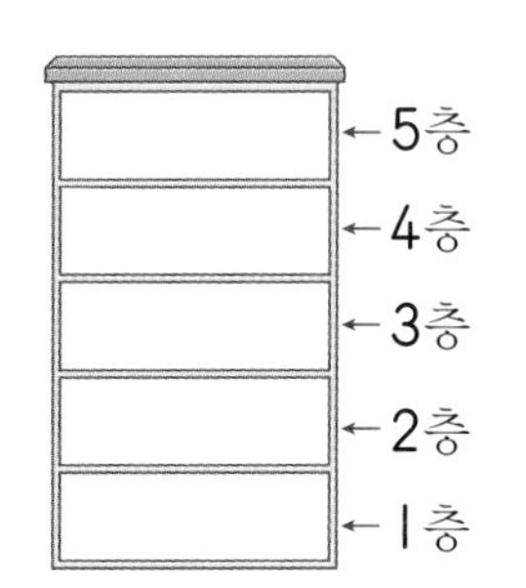

(3) 아동복, 여성복, 남성복 중 가장 높은 층에 있는 것은 무엇입니까?

(　　　　　)

예제 2-2 미란, 주연, 명희는 같은 아파트에 살고 있습니다. 주연이는 3층, 명희는 7층에 살고, 미란이는 명희보다 두 층 더 낮은 곳에 삽니다. 가장 낮은 층에 살고 있는 사람은 누구입니까?

(　　　　　)

예제 2-3 블록을 높게 쌓은 사람부터 차례로 이름을 쓰시오.

연우　　혜영 　　도훈

(　　　　　)

STEP 2 응용 유형 익히기

응용 3 남은 부분의 넓이 비교하기

예제 3-1 색종이에 같은 크기의 구멍을 뚫었습니다. 구멍을 뚫고 남은 부분의 넓이가 가장 넓은 것을 알아보시오.

가 나 다

생각 열기

구멍의 크기가 같으므로 가장 넓은 색종이를 찾아봅니다.

(1) 가, 나, 다 중 가장 넓은 색종이는 무엇입니까?

(　　　　　　　　)

(2) 가, 나, 다 중 구멍을 뚫고 남은 부분의 넓이가 가장 넓은 색종이는 무엇입니까?

(　　　　　　　　)

예제 3-2 색종이에 같은 크기의 구멍을 뚫었습니다. 구멍을 뚫고 남은 부분의 넓이가 가장 넓은 것은 무엇입니까?

가 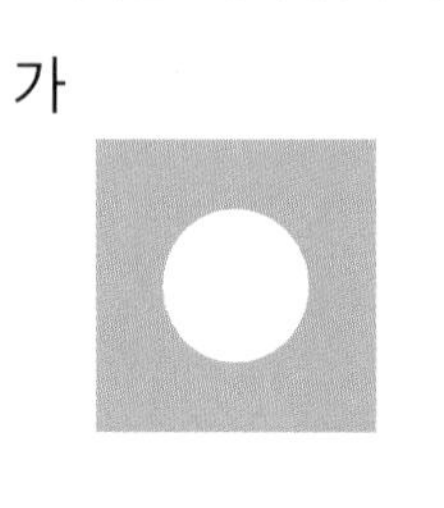 나 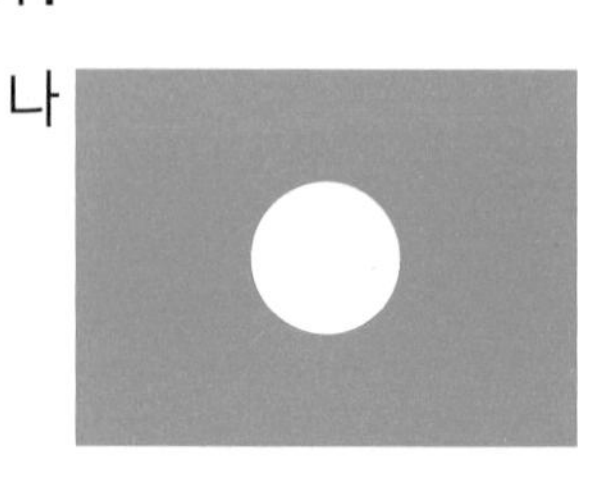 다 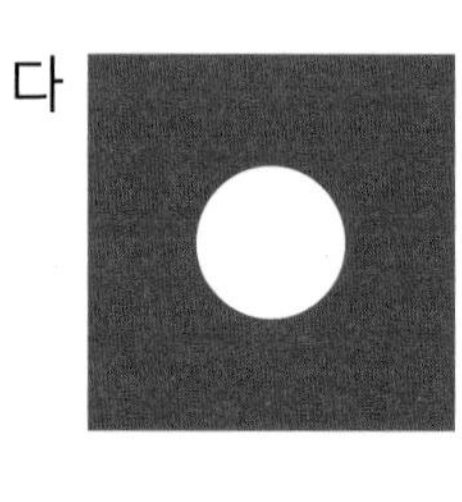

(　　　　　　　　)

예제 3-3 색종이에 같은 크기의 구멍을 뚫었습니다. 구멍을 뚫고 남은 부분의 넓이가 좁은 색종이부터 차례로 기호를 쓰시오.

가  나  다 

(　　　　　　　　　　　　)

응용 4 모눈의 칸 수로 넓이 비교하기

예제 4-1 오른쪽은 한 칸의 크기가 같을 때 ㉠, ㉡, ㉢의 넓이를 나타낸 것입니다. 넓은 것부터 차례로 알아보시오.

생각 열기

㉠, ㉡, ㉢은 각각 몇 칸인지 칸 수를 세어 비교합니다.

(1) ㉠, ㉡, ㉢은 각각 몇 칸입니까?

㉠ (　　　　　　), ㉡ (　　　　　　), ㉢ (　　　　　　)

(2) 넓은 것부터 차례로 기호를 쓰시오.

(　　　　　　　　)

예제 4-2 정아와 서현이는 땅따먹기 놀이를 하였습니다. 정아가 차지한 땅은 노란색, 서현이가 차지한 땅은 빨간색으로 칠했습니다. 누가 더 넓은 땅을 차지했습니까?

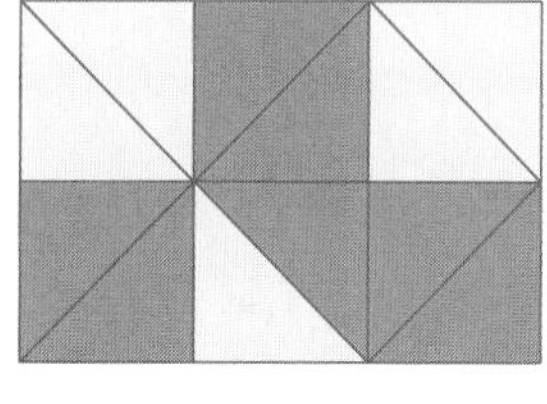

(　　　　　　　　)

예제 4-3 소영이와 진수는 크기가 같은 색종이를 각각 선을 따라 잘랐습니다. 이때 생기는 조각 중 가장 넓은 것끼리 비교하면 누구의 것이 더 넓습니까?

소영

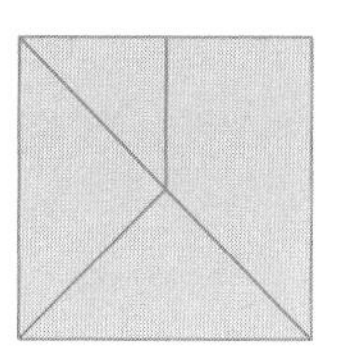

진수

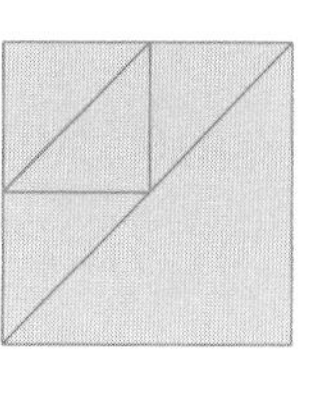

(　　　　　　　　)

STEP 2 응용 유형 익히기

응용 5 저울을 이용하여 무게 비교하기

예제 5-1 파란 구슬, 빨간 구슬, 노란 구슬을 저울에 매달았습니다. 세 구슬 중 가장 무거운 구슬은 무엇인지 알아보시오.

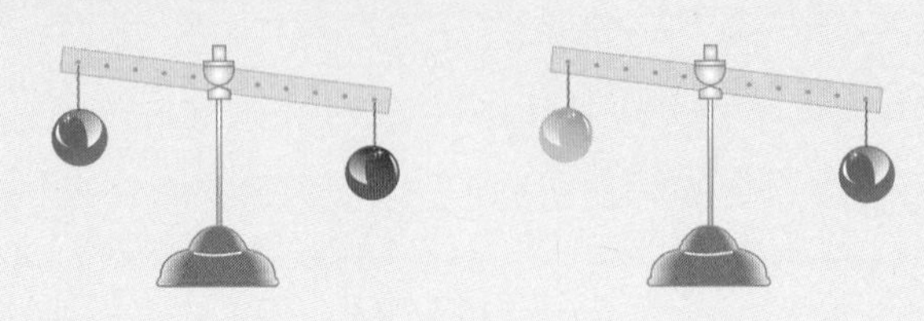

생각 열기

저울에서는 더 무거운 쪽이 아래로 내려갑니다.

(1) 파란 구슬과 빨간 구슬 중 더 무거운 것은 무엇입니까?

( )

(2) 노란 구슬과 파란 구슬 중 더 무거운 것은 무엇입니까?

( )

(3) 가장 무거운 구슬은 무엇입니까?

( )

예제 5-2 초록 구슬, 파란 구슬, 분홍 구슬을 저울에 매달았습니다. 세 구슬 중 가장 무거운 구슬은 무엇입니까?

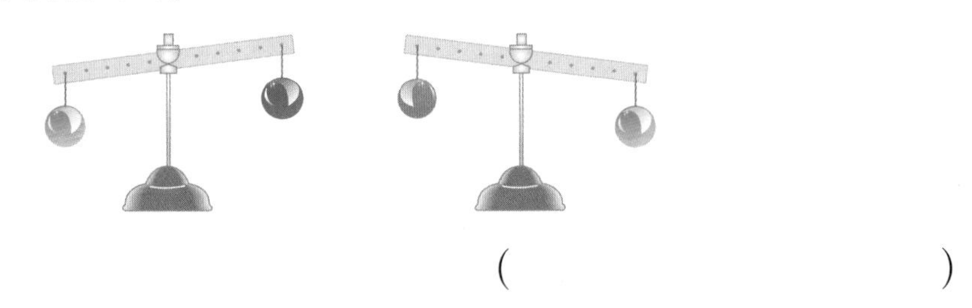

( )

예제 5-3 ㉠, ㉡, ㉢, ㉣ 네 구슬 중 가벼운 구슬부터 차례로 기호를 쓰시오.

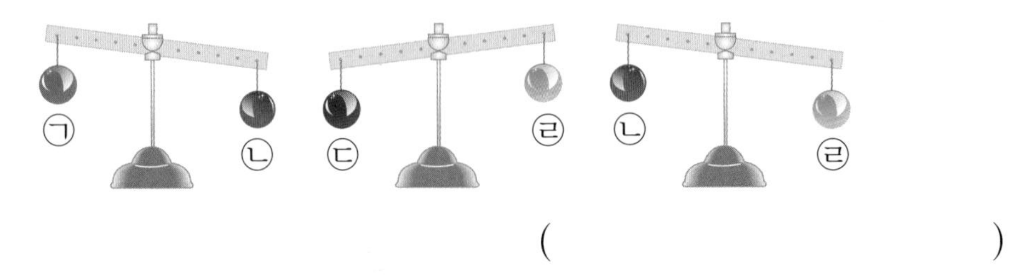

( )

응용 6 담긴 양 비교하기

동영상 강의

예제 6-1 여러 가지 모양의 그릇에 물이 들어 있습니다. 물이 가장 많이 들어 있는 그릇을 찾아보시오.

생각 열기

- 그릇의 모양과 크기가 같을 때에는 물의 높이를 비교합니다.
- 물의 높이가 같을 때에는 그릇의 크기를 비교합니다.

(1) ㉠과 ㉢ 중 어느 그릇에 물이 더 많이 들어 있습니까?

( )

(2) ㉡, ㉢, ㉣ 중 어느 그릇에 물이 가장 많이 들어 있습니까?

( )

(3) 물이 가장 많이 들어 있는 그릇을 찾아 기호를 쓰시오.

( )

예제 6-2 물이 가장 많이 들어 있는 어항을 찾아 기호를 쓰시오.

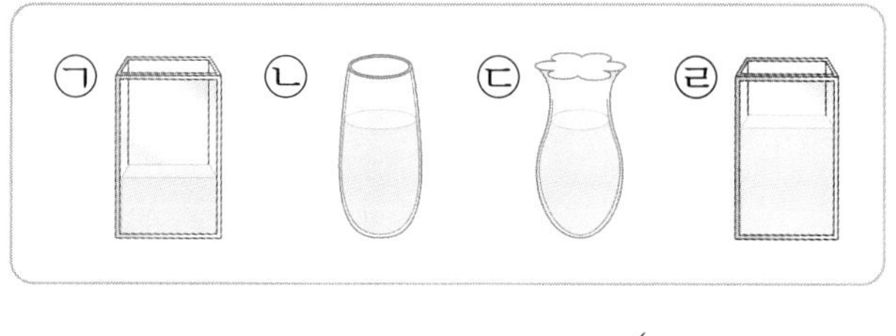

( )

예제 6-3 물이 가장 많이 들어 있는 그릇을 찾아 기호를 쓰시오.

( )

응용 7 담을 수 있는 양 비교하기

동영상 강의

예제 7-1 수조에는 ㉮ 컵으로, 물통에는 ㉯ 컵으로 물을 가득 채워 각각 6번씩 부었더니 가득 찼습니다. 수조와 물통 중 담을 수 있는 물의 양이 더 많은 것을 알아보시오.

생각 열기

㉮ 컵과 ㉯ 컵에 각각 물을 가득 담으면 어느 컵에 담긴 물의 양이 더 많은지 알아봅니다.

(1) ㉮와 ㉯ 중 담을 수 있는 물의 양이 더 많은 컵은 무엇입니까?

( )

(2) 수조와 물통 중 담을 수 있는 물의 양이 더 많은 것은 무엇입니까?

( )

예제 7-2 양동이에는 ㉮ 컵으로, 주전자에는 ㉯ 컵으로 물을 가득 채워 각각 8번씩 부었더니 가득 찼습니다. 양동이와 주전자 중 담을 수 있는 물의 양이 더 적은 것은 무엇입니까?

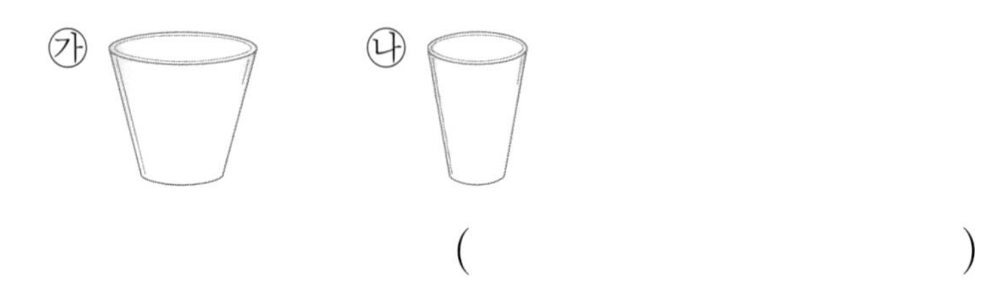

( )

예제 7-3 모양과 크기가 같은 물병에 가득 들어 있던 물을 각각 ㉮, ㉯, ㉰ 컵에 가득 부었더니 다음과 같이 물병에 물이 남았습니다. ㉮, ㉯, ㉰ 컵 중 물이 가장 적게 들어가는 컵은 무엇입니까?

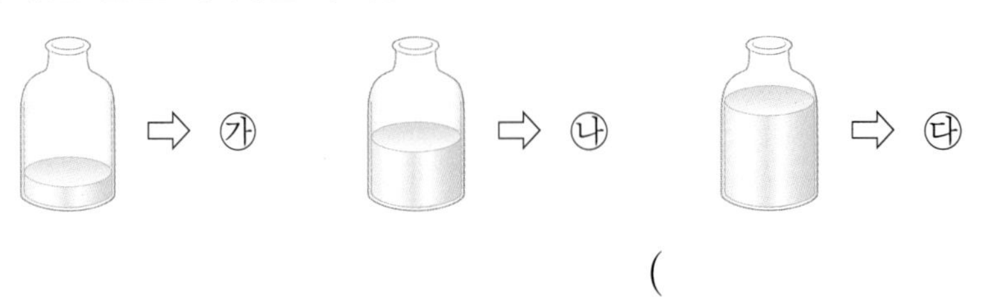

( )

응용 8 시소를 이용하여 무게 비교하기

동영상 강의

예제 8-1 세 사람이 시소를 타고 있습니다. 가장 가벼운 사람을 알아보시오.

생각 열기

먼저 두 명씩 무게를 비교해 보고, 그 결과를 이용하여 가장 가벼운 사람을 찾아봅니다.

(1) 승민이와 경호 중 누가 더 가볍습니까?

( )

(2) 경호와 지우 중 누가 더 가볍습니까?

( )

(3) 승민이와 지우 중 누가 더 가볍습니까?

( )

(4) 가장 가벼운 사람은 누구입니까?

( )

예제 8-2 동물들이 시소를 타고 있습니다. 가장 가벼운 동물은 무엇입니까?

( )

예제 8-3 찬수, 정은, 예나가 시소를 타고 있습니다. 가장 가벼운 사람은 누구입니까?

찬수는 정은이보다 아래에 있고, 예나는 찬수보다 위에 있습니다. 정은이는 예나보다 아래에 있습니다.

( )

STEP 3 응용 유형 뛰어넘기

길이 비교하기

1 가장 긴 것에 ○표, 가장 짧은 것에 △표 하시오.

쌍둥이

( )

( )

( )

높이 비교하기

2 가장 높은 건물을 찾아 기호를 쓰시오.

㉠ ㉡ ㉢

( )

넓이 비교하기

창의·융합

3 다음 중 자르거나 접지 않고 오른쪽 액자 안에 넣을 수 없는 그림은 어느 것입니까? ( )

쌍둥이
동영상

① ② ③ ④

정답은 38쪽

무게 비교하기

4 쌍둥이 접시와 참외는 무게가 각각 같습니다. 가장 무거운 것에 ○표, 가장 가벼운 것에 △표 하시오.

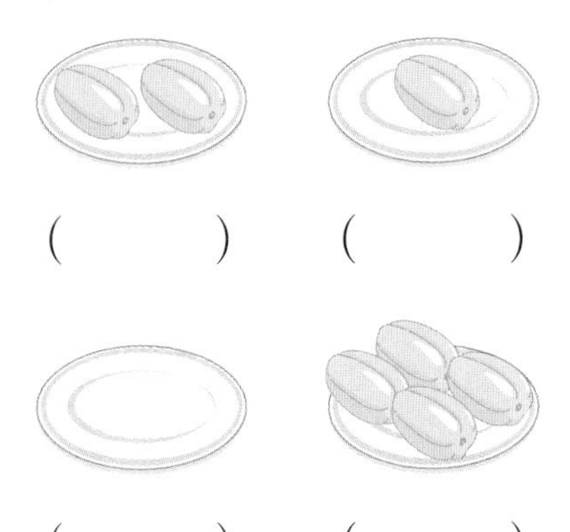

( ) ( )

( ) ( )

담긴 양 비교하기 서술형

5 쌍둥이 동영상 물이 많이 들어 있는 것부터 차례로 기호를 쓰려고 합니다. 풀이 과정을 쓰고 답을 구하시오.

㉠ 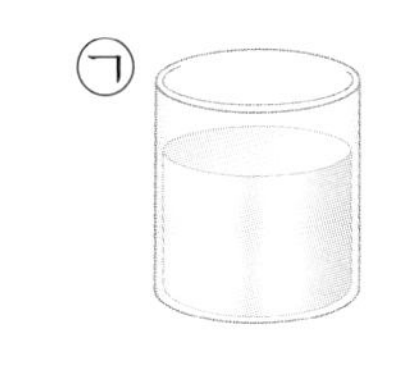

㉡ 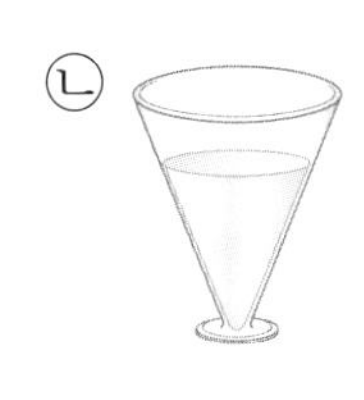

㉢ 

풀이

( )

넓이 비교하기

6 문제집을 넓은 것은 아래에, 좁은 것은 위에 놓아 정리하려고 합니다. 아래에 놓이는 것부터 차례로 쓴 것을 찾아 기호를 쓰시오.

가 

나 

다 

㉠ 가-나-다	㉡ 나-다-가
㉢ 나-가-다	㉣ 다-가-나

( )

높이 비교하기

7 쌍둥이 동영상

서영, 민수, 은주가 같은 계단을 올라가고 있습니다. 같은 곳에서 출발하여 서영이는 4칸, 민수는 2칸, 은주는 7칸을 올라갔습니다. 가장 높이 올라간 사람은 누구입니까?

( )

담긴 양 비교하기

8 모양과 크기가 같은 컵에 물을 가득 담아 마시고 남은 것입니다. 물을 더 많이 마신 사람은 누구입니까?

지석 수민

( )

넓이 비교하기

9 쌍둥이

한 칸의 크기가 같은 논 ㉮와 ㉯에 같은 간격으로 모를 심었습니다. 어느 논에 모를 더 많이 심었습니까?

㉮ ㉯

( )

담을 수 있는 양 비교하기 서술형

10 쌍둥이 보기 의 그릇에 가득 담은 물을 넘치지 않게 한 번에 모두 옮겨 담을 수 있는 그릇을 찾아 기호를 쓰려고 합니다. 풀이 과정을 쓰고 답을 구하시오.

보기

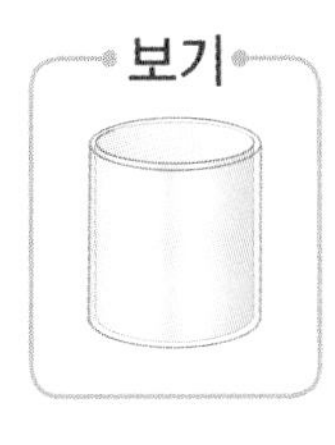

( )

풀이

무게 비교하기

11 같은 길이의 고무줄에 물건을 매달았더니 다음과 같이 늘어났습니다. 가장 무거운 것은 무엇입니까?

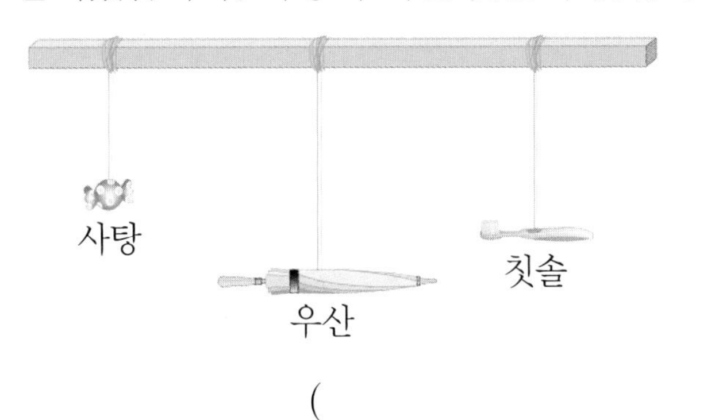

( )

높이 비교하기

12 지혜, 병찬, 민희는 같은 아파트에 살고 있습니다. 다음 대화를 읽고 낮은 층에 살고 있는 사람부터 차례로 이름을 쓰시오.

지혜: 우리 집은 5층이야.
병찬: 나는 8층에 살아.
민희: 우리 집은 지혜네 집보다 한 층 더 높아.

( )

4 비교하기

무게 비교하기

13 모양과 크기가 같은 세 개의 상자 위에 무게가 다른 물건을 하나씩 올려놓았더니 다음과 같이 상자가 찌그러졌습니다. 무거운 물건을 올려놓은 상자부터 차례로 기호를 쓰시오.

㉠ 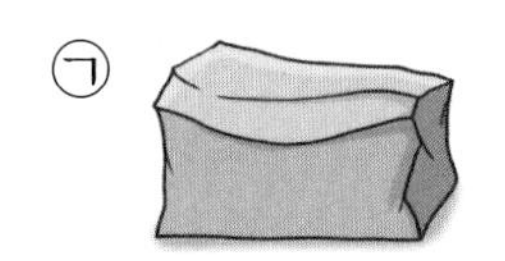 ㉡ 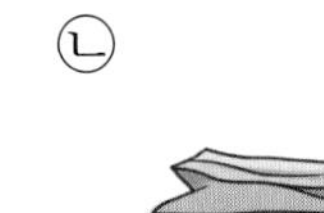 ㉢ 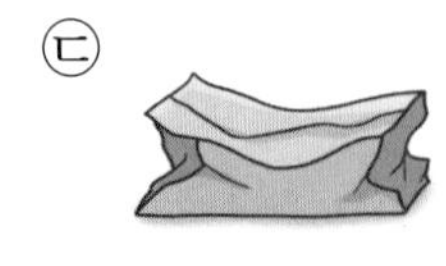

( )

넓이 비교하기 창의·융합

14 재경이의 방과 책상 ㉠, ㉡, ㉢, ㉣을 위에서 본 그림입니다. ㉠, ㉡, ㉢, ㉣ 중 방의 빈 공간에 놓을 수 있는 책상을 모두 찾아 기호를 쓰시오.

쌍둥이 동영상

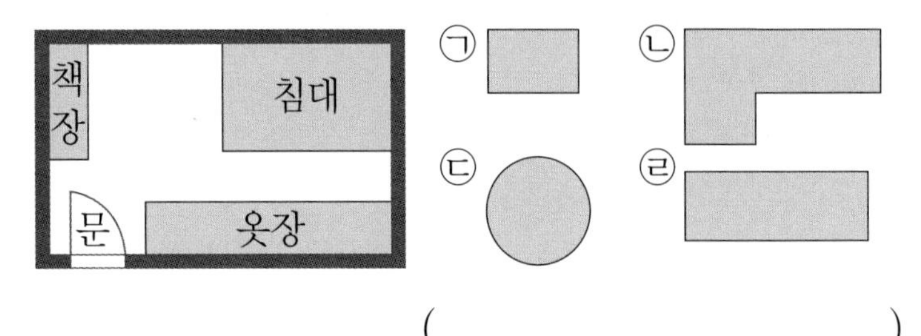

( )

높이 비교하기

15 다음을 읽고 책장의 각 층에 어떤 종류의 책을 꽂아야 하는지 알맞게 이어 보시오.

- 가장 낮은 층에는 교과서를 꽂습니다.
- 예술책은 위인전보다 더 높은 층에 꽂습니다.
- 동화책은 위인전보다 더 낮은 층에 꽂습니다.

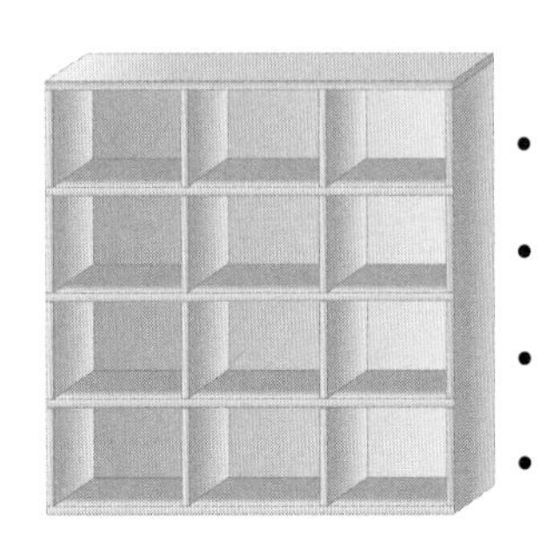

• 위인전
• 동화책
• 교과서
• 예술책

길이 비교하기

16 쌍둥이 동영상

재석이네 집에서 학교까지 가는 길은 빨간 선과 파란 선 2가지가 있습니다. 빨간 선과 파란 선 중에서 어느 선을 따라가는 길이 더 짧습니까?

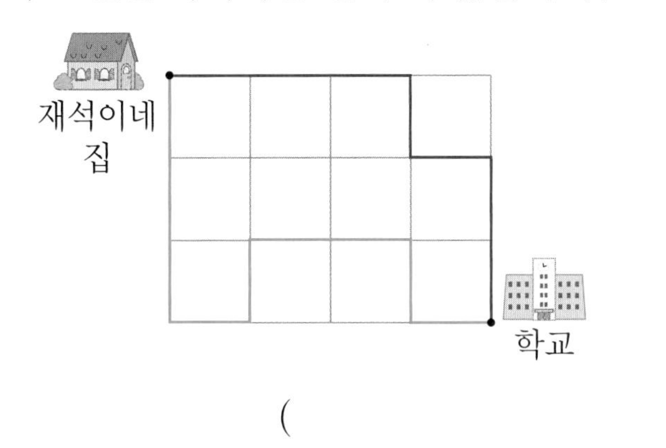

( )

담을 수 있는 양 비교하기

17 쌍둥이 동영상

물이 일정하게 똑같은 양이 나오는 수도꼭지 3개로 지수, 은미, 연호가 동시에 물을 받기 시작하여 잠시 후 동시에 수도꼭지를 잠갔습니다. 세 사람의 대화를 보고 물을 가장 많이 담을 수 있는 그릇을 가진 사람의 이름을 쓰시오.

지수: 내 그릇은 가득 찼어.
은미: 나는 아직 안 찼는데.
연호: 어? 내 그릇은 물이 넘쳐.

( )

무게 비교하기 서술형

18 쌍둥이

공책, 동화책, 수첩을 한 권의 무게가 가벼운 것부터 차례로 쓰려고 합니다. 풀이 과정을 쓰고 답을 구하시오.

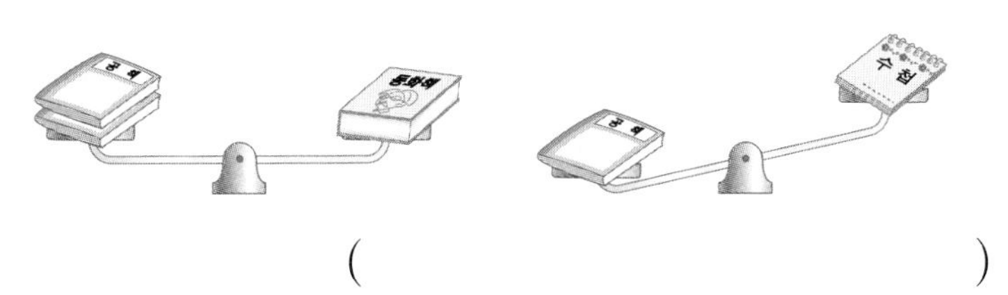

( )

풀이

4. 비교하기

1 더 긴 것에 ○표 하시오.

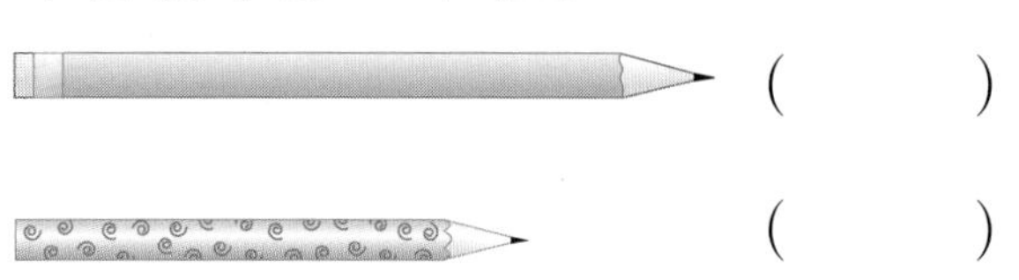

( )

( )

2 더 넓은 것에 ○표 하시오.

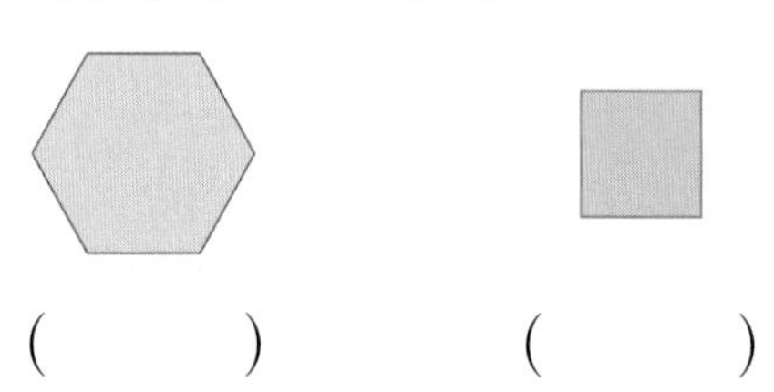

( ) ( )

3 물이 더 많이 들어 있는 것에 ○표 하시오.

( ) ( )

4 물을 더 많이 담을 수 있는 것을 찾아 기호를 쓰시오.

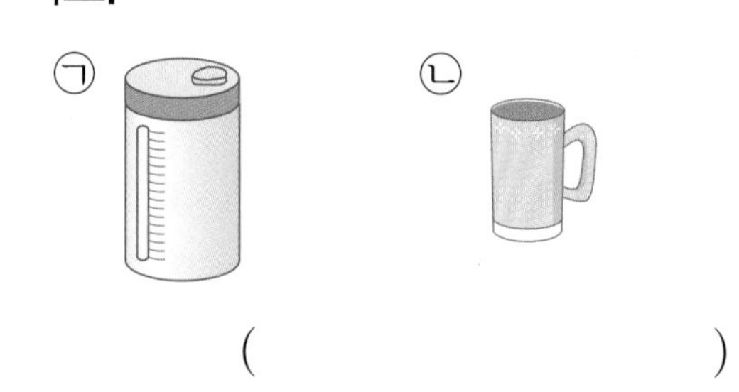

( )

5 자전거보다 더 가벼운 것을 찾아 기호를 쓰시오.

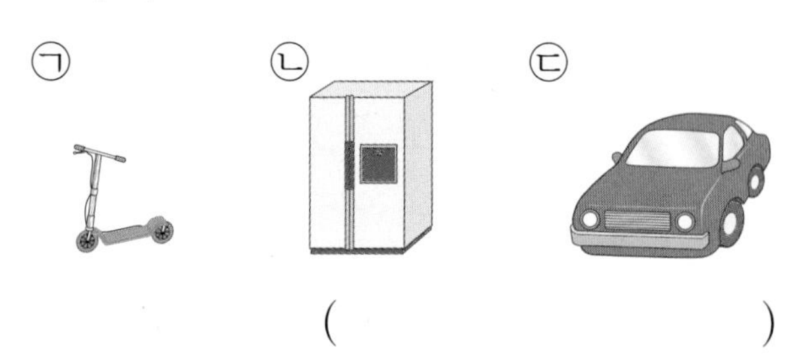

( )

6 가장 낮게 쌓은 것에 △표 하시오.

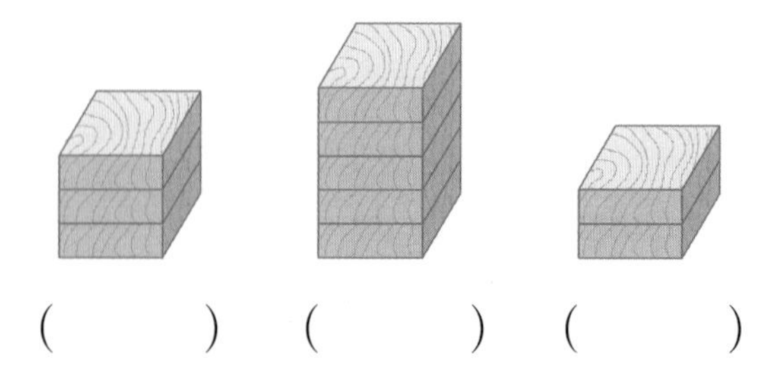

( ) ( ) ( )

4 비교하기

7 알맞은 말에 ○표 하시오.

국어사전은 (책상 , 연필)보다 더 가볍고, (책상 , 연필)보다 더 무겁습니다.

8 높은 것부터 차례로 기호를 쓰시오.

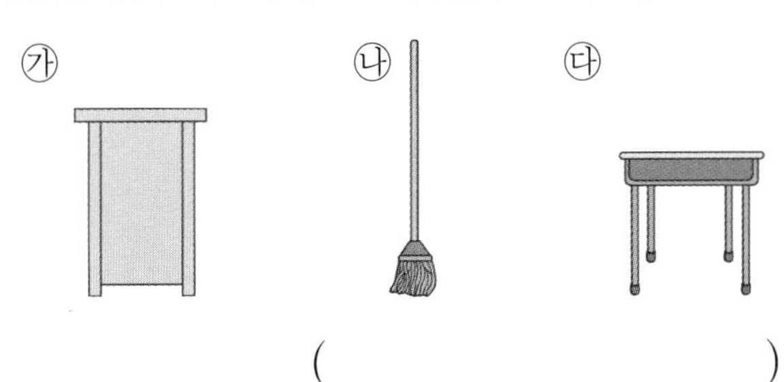

( )

9 비교하는 말끼리 이어 보시오.

10 필통보다 더 짧은 것은 모두 몇 개입니까?

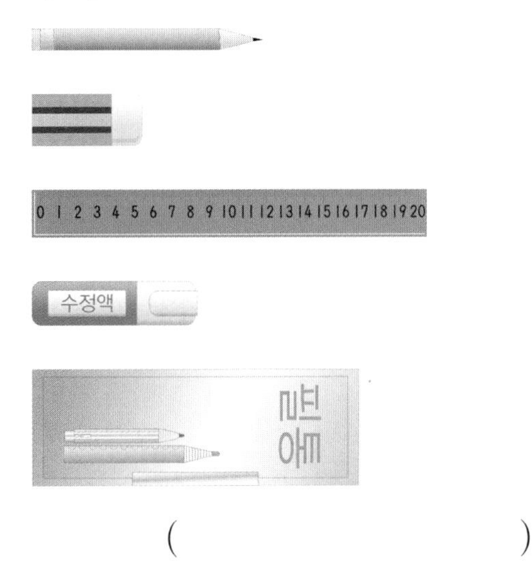

( )

서술형

11 그림을 보고 두 물건의 넓이를 비교하는 문장을 쓰시오.

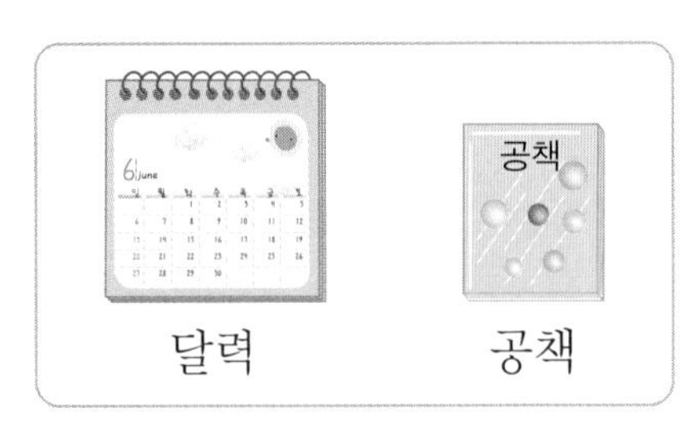

12 개미들이 땅 위에 모여 있다가 각자의 방으로 들어갔습니다. 가장 긴 길을 간 개미의 기호를 쓰시오.

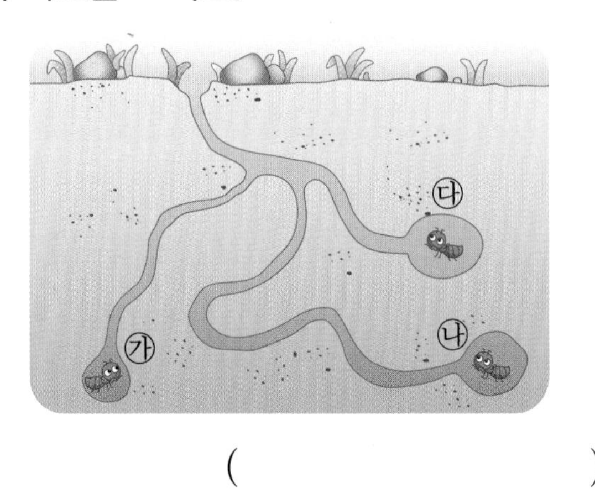

( )

13 ㉮ 컵보다 ㉯ 컵에 들어 있는 물의 양이 더 적습니다. ㉯ 컵에 알맞은 물의 높이를 그려 보시오.

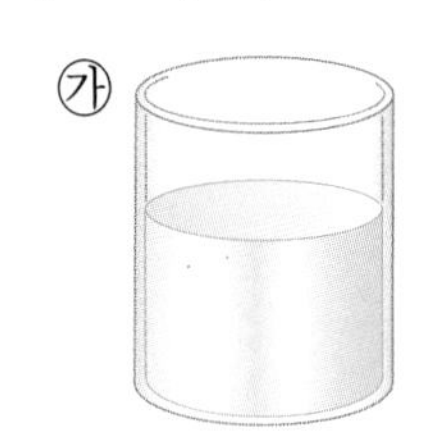

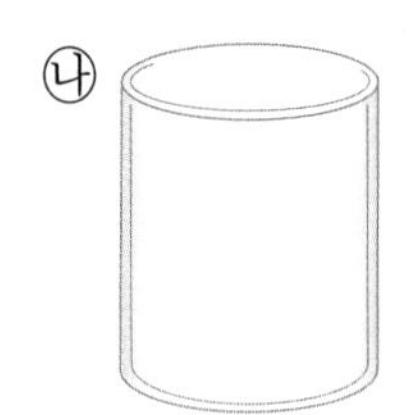

14 보다 넓고 보다 좁은 모양을 빈 곳에 그려 보시오.

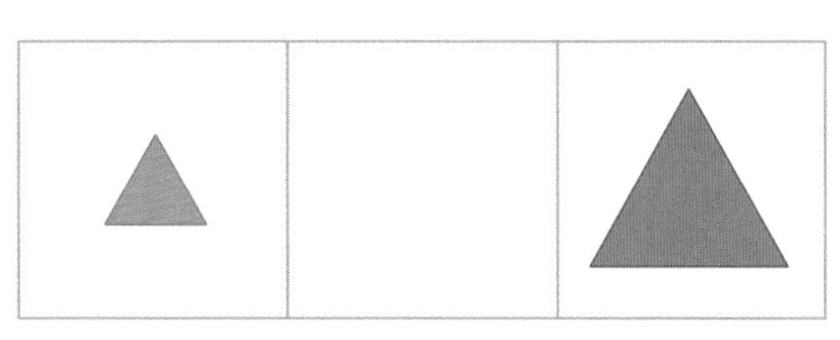

15 공책, 달력, 수첩 중 가장 넓은 것은 무엇입니까?

공책은 달력보다 더 좁고, 수첩보다 더 넓습니다.

( )

16 소라, 민재, 나은이가 시소를 타고 있습니다. 가장 무거운 사람은 누구입니까?

( )

창의·융합 서술형

17 왼쪽 그림의 물건을 오른쪽 그림과 같이 바꾸었습니다. 바꾼 물건을 한 개 찾아 쓰고 그 까닭을 설명하시오.

바꾼 물건 (　　　　　　　　)

까닭 ______________________

____

창의·융합

18 똑같은 병에 각각 휴지, 모래, 비스킷을 넣었습니다. 가장 무거운 것에 ○표, 가장 가벼운 것에 △표 하시오.

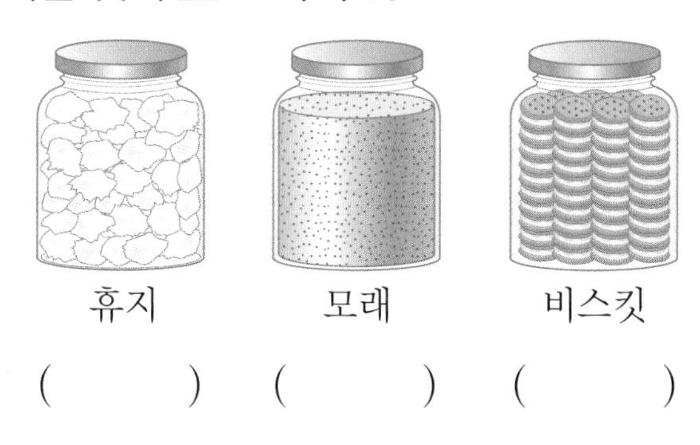

(　　　) (　　　) (　　　)

서술형

19 아파트는 도서관보다 더 높습니다. 도서관은 학교보다 더 높습니다. 아파트, 도서관, 학교 중 가장 낮은 건물은 무엇인지 풀이 과정을 쓰고 답을 구하시오.

풀이 ______________________

____

____

답 ______________________

20 크기가 같은 두 그릇에 ㉮ 컵과 ㉯ 컵을 사용하여 물을 부었습니다. ㉮ 컵으로는 5번, ㉯ 컵으로는 3번 물을 부었더니 각각의 그릇에 물이 가득 찼습니다. ㉮ 컵과 ㉯ 컵 중 물이 더 많이 들어가는 컵은 어느 것입니까?

(　　　　　　　　)

4 비교하기

창의 사고력

학습 게임

☆ 정답은 42쪽

1 모양과 크기가 같은 병 5개에 높이를 다르게 하여 물을 담아 막대로 두드려 소리가 나게 하는 물실로폰을 만들었습니다. 물이 많이 담길수록 낮은 음이 나고 물이 적게 담길수록 높은 음이 납니다. 높은 음이 나는 병부터 차례로 모두 두드리려고 합니다. 두드리는 순서대로 기호를 쓰시오.

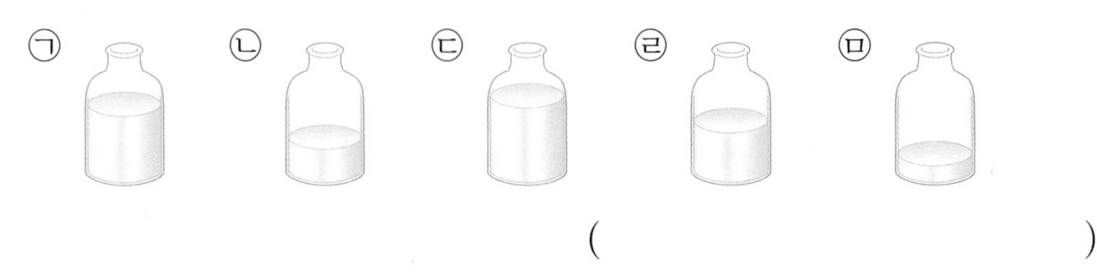

( )

2 똑같은 용수철에 무게가 다른 추를 매달아 용수철이 늘어났습니다. 각각의 용수철에 매달려 있었던 추를 찾아 이어 보시오. (단, 추의 크기가 클수록 더 무겁습니다.)

5

50까지의 수

● 학습계획표

계획표대로 공부했으면 ○표, 못했으면 △표 하세요.

내용	쪽수	날짜	확인
일등 비법	110~111쪽	월 일	
STEP 1 기본 유형 익히기	112~115쪽	월 일	
STEP 2 응용 유형 익히기	116~123쪽	월 일	
STEP 3 응용 유형 뛰어넘기	124~129쪽	월 일	
실력 평가	130~133쪽	월 일	
창의 사고력	134쪽	월 일	

5. 50까지의 수

비법 1 10을 여러 가지로 나타내기

10은
- 9보다 1 큰 수입니다.
- 8보다 2 큰 수입니다.
- 7보다 3 큰 수입니다.

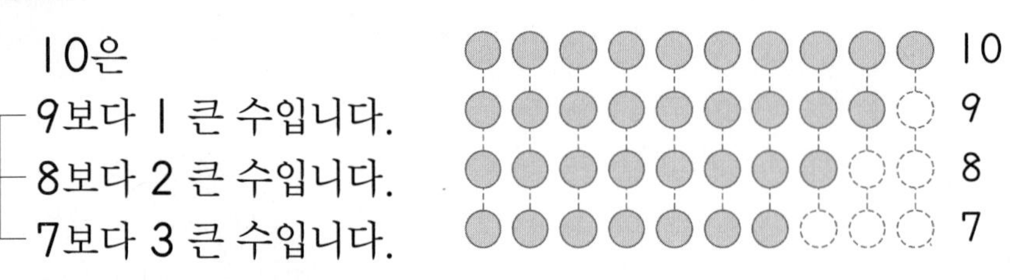

모으기를 하여 10이 되는 두 수
⇨ (1, 9), (2, 8), (3, 7), (4, 6), (5, 5)

일·등·특·강

10	
십	열

비법 2 십몇 읽기 → 수 세기 대상에 따라 읽는 표현 방법이 달라집니다.

• 상황에 따라 수를 다르게 읽는 경우
예 5월 11일 ⇨ 십일 일, 11살 ⇨ 열한 살

• 십몇 알아보기
10개씩 묶음 1개와 낱개 7개
⇨ 17(십칠, 열일곱)

「십일곱, 열칠」이라고 잘못 읽지 않도록 주의해요.

비법 3 모으기와 가르기 → 이어 세기와 거꾸로 세기로 알아봅니다.

• 모으기
예 9와 □를 모으기를 하면 12가 됩니다.
⇨ 9 다음의 수부터 이어 세면 9, 10, 11, 12로 3개의 수를 이어 세었으므로 □는 3입니다.

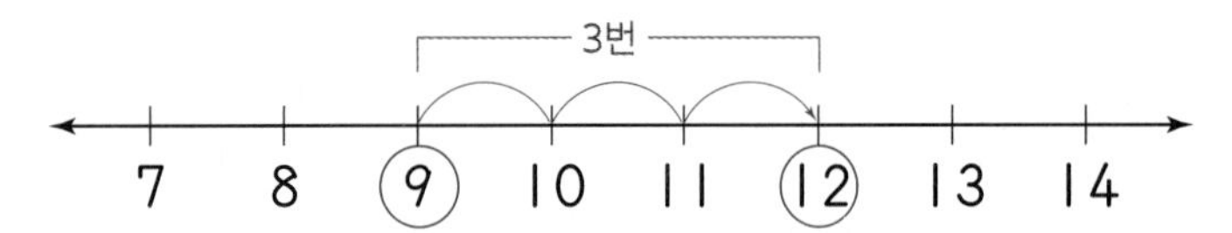

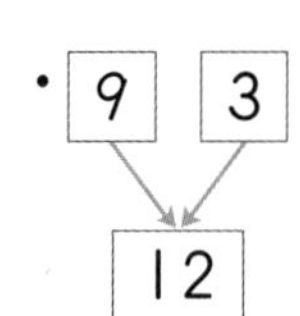

• 가르기
예 15는 4와 □로 가르기를 합니다.
⇨ 15 앞의 수부터 4개의 수를 거꾸로 세면 15, 14, 13, 12, 11로 11이 되었으므로 □는 11입니다.

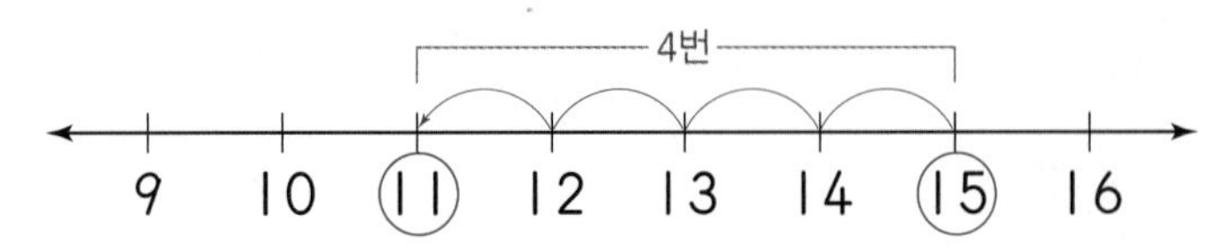

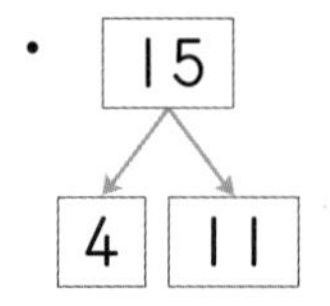

비법 4 낱개가 몇십몇 개인 수

10개씩 묶음 ■개와 낱개 ▲●개인 수

↳ 10개씩 묶음 ▲개와 낱개 ●개

10개씩 묶음	낱개
■	▲●
■+▲	●

예 10개씩 묶음 1개와 낱개 24개인 수

10개씩 묶음의 수: 1+2=3
낱개의 수: 4
⇨ 34

비법 5 수의 순서 알아보기

1씩 커집니다. → 27과 29 사이의 수
10씩 커집니다.

1	2	3	4	5	6	7	8	9	10
11	12	13	14	15	16	17	18	19	20
21	22	23	24	25	26	27	28	29	30
31	32	33	34	35	36	37	38	39	40
41	42	43	44	45	46	47	48	49	50

10씩 작아집니다.
1씩 작아집니다.

비법 6 여러 수의 크기 비교하기

① 수를 10개씩 묶음과 낱개로 나타내기
② 10개씩 묶음의 수 비교하기
③ 10개씩 묶음의 수가 같으면 낱개의 수 비교하기

예 38, 42, 35의 크기 비교
- 10개씩 묶음의 수를 비교하면 4는 3보다 큽니다.
  ⇨ 가장 큰 수: 42
- 38과 35의 낱개의 수를 비교하면 8은 5보다 큽니다.
  ⇨ 38은 35보다 큽니다.

따라서 큰 수부터 순서대로 쓰면 42, 38, 35입니다.

일·등·특·강

- **몇십몇 알아보기**
  10개씩 묶음 ▲개와 낱개 ●개인 수
  ⇨ ▲●
- **몇십 알아보기**
  20(이십, 스물) 30(삼십, 서른)
  40(사십, 마흔) 50(오십, 쉰)

- 수를 순서대로 쓰면 1씩 커지고 수를 거꾸로 하여 쓰면 1씩 작아집니다.

- **10개씩 묶음의 수가 다른 경우**
  10개씩 묶음의 수가 클수록 큰 수입니다.
  예 32는 25보다 큽니다.
- **10개씩 묶음의 수가 같은 경우**
  낱개의 수가 클수록 큰 수입니다.
  예 27은 22보다 큽니다.

STEP 1 기본 유형 익히기

1 10, 십몇 알아보기

(1) 10 알아보기
9보다 1 큰 수 ⇨ 10(십, 열)

(2) 십몇 알아보기
10개씩 묶음 1개와 낱개 4개: 14
14 ⇨ 십사, 열넷

1-1 10이 되도록 ○를 그려 보시오.

1-2 10을 가르기를 하시오.

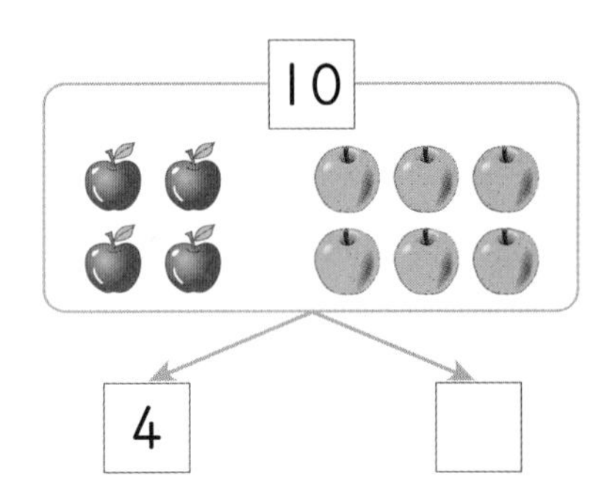

1-3 그림을 보고 □ 안에 알맞은 수를 써넣으시오.

10개씩 묶음 □개와 낱개 □개는 □입니다.

1-4 수를 세어 두 가지 방법으로 읽어 보시오.

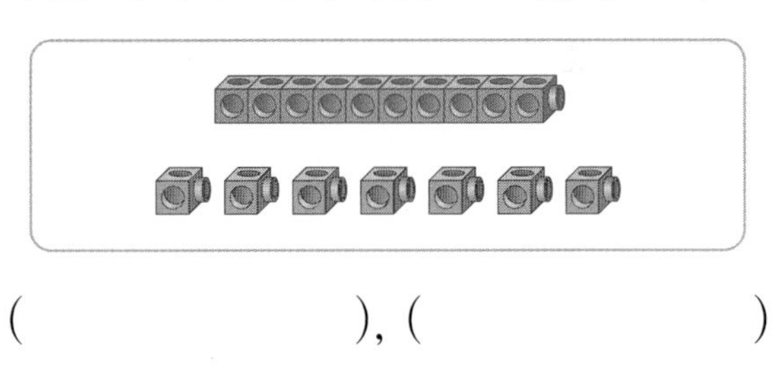

(　　　　　　), (　　　　　　)

1-5 □ 안에 알맞은 수를 써넣으시오.

0 1 2 3 4 5 6 7 8 9 10

(1) 7보다 3 큰 수는 □입니다.

(2) 10은 8보다 □ 큽니다.

1-6 수를 세어 □ 안에 알맞은 수를 써넣으시오.

참새는 모두 □마리입니다.

창의·융합

1-7 민수의 일기를 보고 10을 어떻게 읽어야 하는지 ○표 하시오.

오늘은 9월 10(열 , 십)일이다.
3일 뒤면 내 생일인데 그때 친구들
10(열 , 십)명을 초대하고 싶다.

정답은 43쪽

2 모으기와 가르기

(1) 모으기
이어 세기 방법으로 두 수를 모으기를 한 수를 구할 수 있습니다.
(2) 가르기
거꾸로 세기 방법으로 어떤 수로 가르기를 한 것인지 구할 수 있습니다.

2-1 16칸을 두 부분으로 묶고 가르기를 하시오.

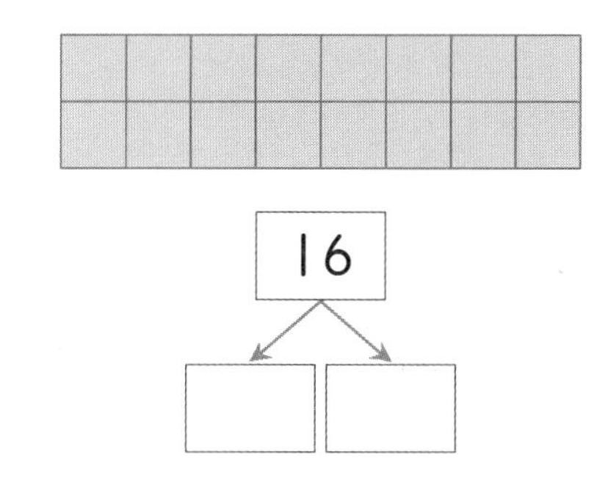

2-2 빈 곳에 알맞은 수를 써넣으시오.

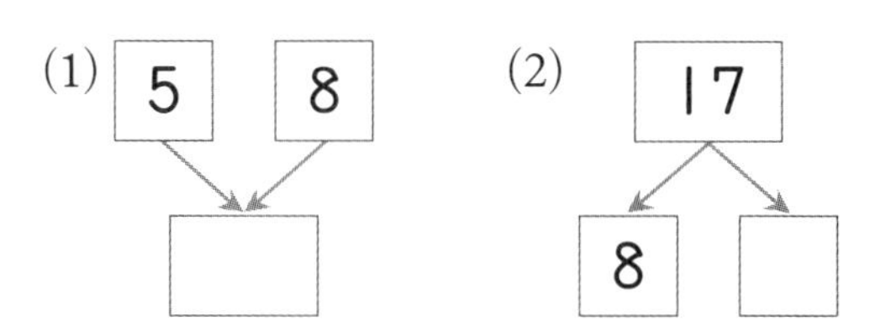

창의·융합

2-3 사탕 11개를 동생과 나누어 가지려고 합니다. 동생이 나보다 사탕을 더 많이 갖도록 ◯를 그려 보시오. (다만 나도 사탕을 가져야 합니다.)

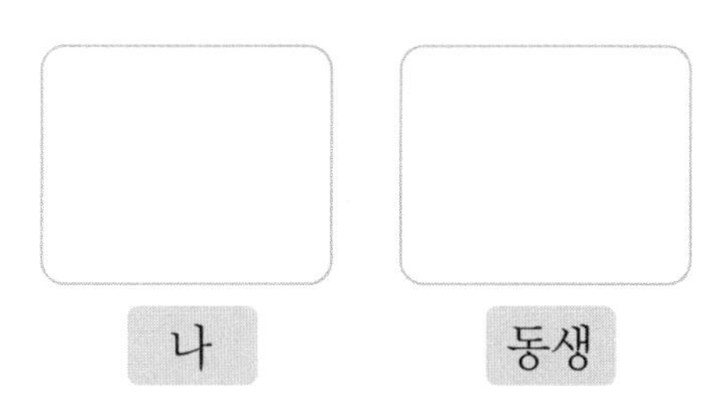

3 몇십, 몇십몇 알아보기

(1) 몇십 알아보기
20(이십, 스물), 30(삼십, 서른),
40(사십, 마흔), 50(오십, 쉰)
(2) 몇십몇 알아보기
10개씩 묶음 3개와 낱개 6개: 36
36 ⇨ 삼십육, 서른여섯

3-1 수를 세어 쓰고 두 가지 방법으로 읽어 보시오.

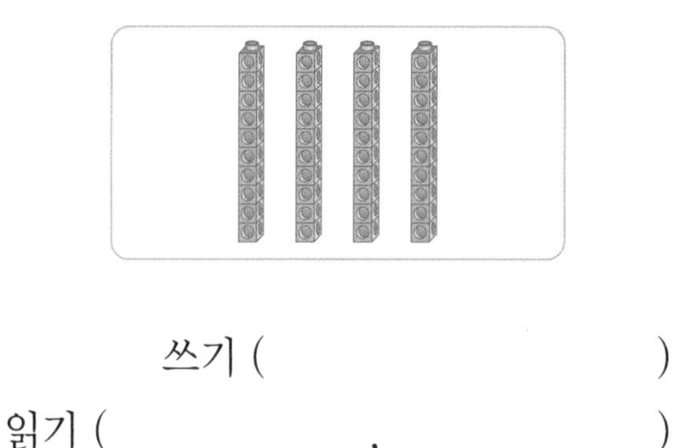

쓰기 (　　　　　　　　)
읽기 (　　　　　　,　　　　　　)

3-2 같은 수끼리 이어 보시오.

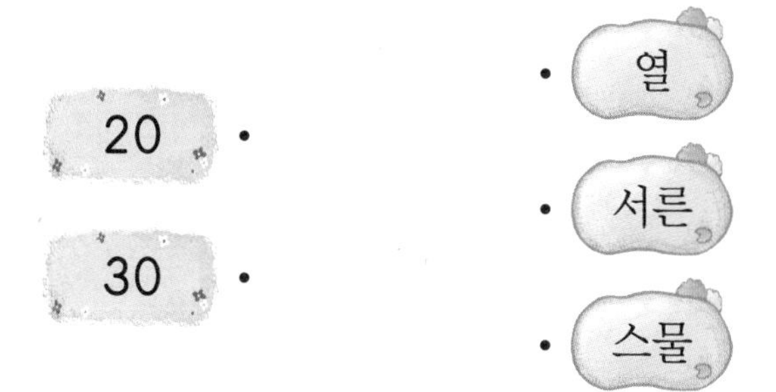

서술형

3-3 다음 단어들을 모두 사용하여 문장을 만들어 보시오.

50, 10개씩 묶음

STEP 1 기본 유형 익히기

3-4 그림이 나타내는 수를 두 가지 방법으로 읽어 보시오.

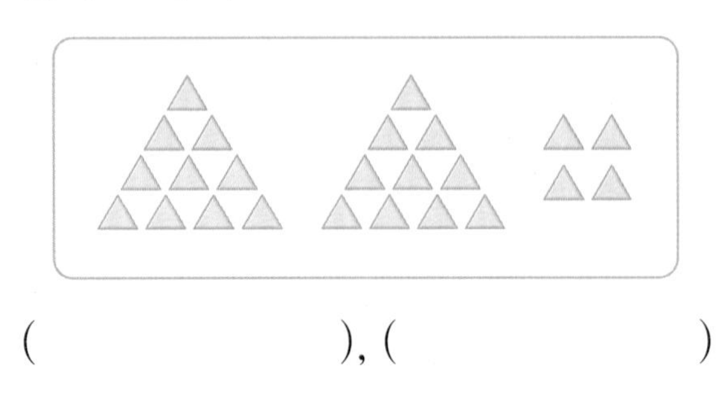

(　　　　　　　　), (　　　　　　　　)

3-5 별 모양이 몇 개인지 10개씩 묶어 세고 빈 곳에 알맞은 수를 써넣으시오.

10개씩 묶음	낱개

⇨ □

서술형

3-6 지혜는 동전을 10개씩 묶음 3개와 낱개 9개를 가지고 있습니다. 이 중에서 동전 5개를 사용했습니다. 남은 동전은 몇 개인지 풀이 과정을 쓰고 답을 구하시오.

4 수의 순서 알아보기

10씩 작아집니다. ↑ / 10씩 커집니다. ↓

1	2	3	4	5	6	7	8	9	10
11	12	13	14	15	16	17	18	19	20
21	22	23	24	25	26	27	28	29	30
31	32	33	34	35	36	37	38	39	40
41	42	43	44	45	46	47	48	49	50

← 1씩 작아집니다. 1씩 커집니다. →

4-1 빈 곳에 알맞은 수를 써넣으시오.

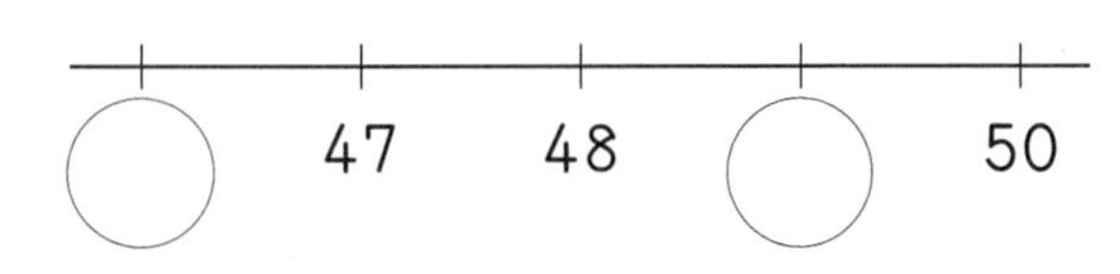

4-2 빈칸에 알맞은 수를 써넣으시오.

32	33		35	36	
		40	41		
		46		48	

4-3 순서를 생각하며 빈칸에 알맞은 수를 써넣으시오.

5		7	8	
		20		10
	18		22	
2		24		12
1	16		14	13

5 두 수의 크기 비교하기

(1) 10개씩 묶음의 수가 다를 때 10개씩 묶음의 수가 큰 수가 더 큽니다.
(2) 10개씩 묶음의 수가 같을 때 낱개의 수가 큰 수가 더 큽니다.

창의·융합

5-1 대화를 읽고 은아와 혜선이 중에서 바둑돌을 누가 더 많이 가지고 있는지 쓰시오.

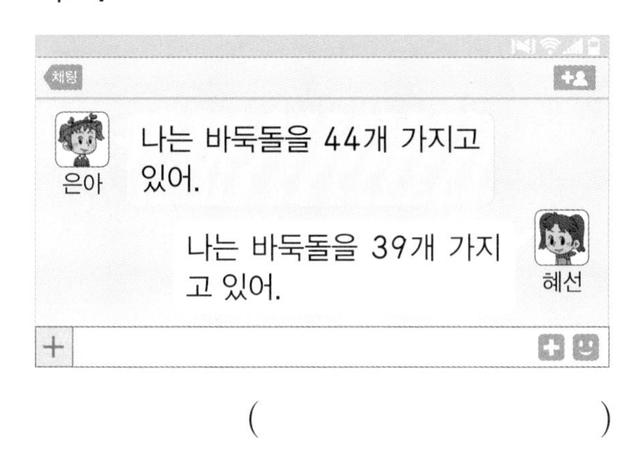

(　　　　　　　　)

5-2 구슬의 수를 세어 □ 안에 알맞은 수를 써넣으시오.

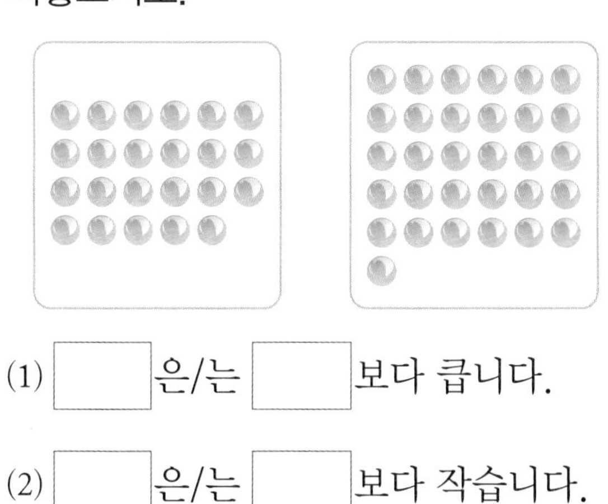

(1) □ 은/는 □ 보다 큽니다.

(2) □ 은/는 □ 보다 작습니다.

5-3 가장 큰 수에 ○표 하시오.

(　　) (　　) (　　)

서술형

5-4 사탕을 정원이는 28개 먹었고, 정민이는 31개 먹었습니다. 누가 사탕을 더 많이 먹었는지 풀이 과정을 쓰고 답을 구하시오.

풀이 ______________________

____

____

____

답 ______________

5-5 40부터 50까지의 수 중에서 보기의 수보다 큰 수를 모두 쓰시오.

보기
10개씩 묶음 4개와 낱개 5개인 수

(　　　　　　　　)

5
50까지의 수

STEP 2 응용 유형 익히기

응용 1 십몇 알아보기

예제 1-1 재석이는 문구점에서 한 통에 10자루씩 들어 있는 볼펜 한 통과 한 통에 3자루씩 들어 있는 형광펜 2통을 샀습니다. 재석이가 산 볼펜과 형광펜은 모두 몇 자루인지 알아보시오.

생각 열기

10개씩 묶음 ■개와 낱개 ▲개는 ■▲입니다.

(1) 볼펜을 몇 자루 샀습니까? ( )

(2) 형광펜을 몇 자루 샀습니까? ( )

(3) 재석이가 산 볼펜과 형광펜은 모두 몇 자루입니까?

( )

예제 1-2 민지는 어머니 심부름으로 한 봉지에 다음과 같이 들어 있는 귤 한 봉지와 사과 3봉지를 샀습니다. 민지가 산 귤과 사과는 모두 몇 개입니까?

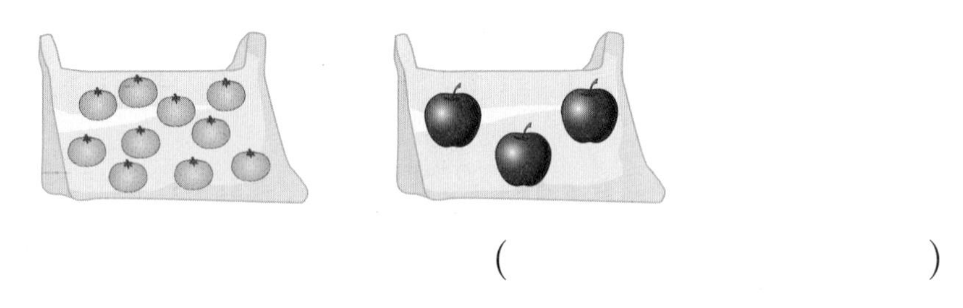

( )

예제 1-3 게임 카드를 희찬이는 10장씩 묶음 1개와 낱개 2장을 가지고 있습니다. 현중이는 5장을 가지고 있습니다. 현중이가 가지고 있는 카드를 전부 희찬이에게 주었습니다. 희찬이가 가진 카드는 모두 몇 장이 됩니까?

( )

응용 2 몇십 알아보기

예제 2-1 50명이 탈 수 있는 놀이기구에 한 모둠에 10명씩 3모둠이 탔습니다. 놀이기구에 더 탈 수 있는 사람은 몇 명인지 알아보시오.

생각 열기
10명씩 몇 모둠이 더 탈 수 있는지 알아봅니다.

(1) 50명은 10명씩 몇 모둠입니까?

( )

(2) 놀이기구에 10명씩 몇 모둠이 더 탈 수 있습니까?

( )

(3) 놀이기구에 몇 명이 더 탈 수 있습니까?

( )

예제 2-2 민주는 가지고 있는 전집 40권 중에서 10권씩 묶음 2개를 읽었습니다. 민주가 전집을 모두 읽으려면 몇 권을 더 읽어야 합니까?

( )

예제 2-3 한 상자에 10개씩 들어 있는 지우개를 희주는 한 상자 가져오고, 희진이는 2상자 가져왔습니다. 두 사람이 가져온 지우개는 모두 몇 개입니까?

( )

STEP 2 응용 유형 익히기

응용 3 10명씩 모둠을 짓고 남는 사람 수 알아보기

예제 3-1 학생 34명이 10명씩 모둠을 짓는 놀이를 하고 있습니다. 바르게 말한 사람은 누구인지 알아보시오.

생각 열기
34의 10개씩 묶음의 수와 낱개의 수를 알아봅니다.

(1) 34명은 10명씩 몇 모둠이고 몇 명이 남습니까?

( ), ( )

(2) 바르게 말한 사람은 누구입니까?

( )

예제 3-2 미선이네 반은 22명, 선준이네 반은 29명입니다. 바르게 말한 사람은 누구입니까?

미선: 우리 반은 10명씩 2모둠을 만들 수 있어.
선준: 우리 반은 10명씩 모둠을 만들면 2명이 남아.

( )

예제 3-3 어린이 41명이 10명씩 모둠을 짓는 놀이를 하려고 합니다. 10명씩 모둠을 짓지 못하는 어린이가 없도록 하려면 어린이가 적어도 몇 명 더 있어야 합니까?

( )

응용 4 몇십몇 알아보기

동영상 강의

예제 4-1 준성이는 호두과자를 10개씩 묶음 3봉지와 낱개 7개를 가지고 있습니다. 이 중에서 13개를 동생에게 주었습니다. 남은 호두과자는 몇 개인지 알아보시오.

생각 열기

동생에게 준 호두과자는 10개씩 묶음 몇 봉지이고 낱개 몇 개인지 알아봅니다.

(1) 동생에게 준 호두과자는 10개씩 묶음 몇 봉지이고 낱개 몇 개입니까?

( ), ( )

(2) 동생에게 주고 남은 호두과자는 10개씩 묶음 몇 봉지이고 낱개 몇 개입니까?

( ), ( )

(3) 남은 호두과자는 몇 개입니까?

( )

예제 4-2 새롬이에게 책이 45권 있었습니다. 언니에게 10권씩 묶음 1개와 낱개 14권을 주었습니다. 새롬이에게 남은 책은 몇 권입니까?

( )

예제 4-3 혜경이와 우진이가 가지고 있는 땅콩은 모두 몇 개입니까?

혜경: 나는 땅콩을 10개씩 묶음 1개와 낱개 11개를 가지고 있어.
우진: 내가 가진 땅콩은 10개씩 묶음 1개와 낱개 16개야.

( )

응용 5 50까지 수의 순서 알아보기

예제 5-1 신영이와 은애가 매일 수영장에 가려고 합니다. 신영이는 25일부터 29일까지 가기로 하였고 은애는 27일부터 31일까지 가기로 하였습니다. 두 사람이 함께 수영장에 가는 날은 모두 며칠인지 알아보시오.

생각 열기
■부터 ▲까지의 수에는 ■와 ▲도 들어갑니다.

(1) 신영이가 수영장에 가는 날짜를 모두 써 보시오.

( )

(2) 은애가 수영장에 가는 날짜를 모두 써 보시오.

( )

(3) 두 사람이 함께 수영장에 가는 날은 모두 며칠입니까?

( )

예제 5-2 수민이와 영호는 매일 도서관에 가려고 합니다. 수민이는 13일부터 18일까지 가기로 하였고 영호는 15일부터 19일까지 가기로 하였습니다. 두 사람이 함께 도서관에 가는 날은 모두 며칠입니까?

( )

예제 5-3 성민이는 7월 18일부터 학원에 다니기로 하였고 민중이는 7월 21일까지만 학원에 다니기로 하였습니다. 두 사람이 함께 학원에 다니는 날은 모두 며칠입니까? (다만 성민이와 민중이는 매일 학원에 다닙니다.)

( )

응용 6 수 배열표에서 수의 순서 알아보기

동영상 강의

예제 6-1 수 배열표에서 색칠한 부분에 알맞은 수를 두 가지 방법으로 읽어 보시오.

11		13			16
	(색칠)		27	28	17
23		21	20	19	

생각 열기
수를 순서대로 쓰는 방향을 잘 살펴봅니다.

(1) 위 수 배열표의 빈칸을 채워 보시오.

(2) 색칠한 부분에 알맞은 수는 무엇입니까?

( )

(3) 색칠한 부분에 알맞은 수를 두 가지 방법으로 읽어 보시오.

( ), ( )

예제 6-2 수 배열표에서 색칠한 부분에 알맞은 수를 두 가지 방법으로 읽어 보시오.

4			16		24
3	7	11		(색칠)	
2	6				22
1		9	13		

( ), ( )

예제 6-3 오른쪽 수 배열표에서 ●와 ★에 알맞은 수 중에서 더 큰 수를 쓰시오.

	29		37
27			★
	●		
25		33	

( )

5 50까지의 수

STEP 2 응용 유형 익히기

응용 7 두 수의 크기 비교하기

동영상 강의

예제 7-1 승호는 사탕을 10개씩 묶음 2개와 낱개 14개를 가지고 있습니다. 애린이는 22개보다 10개 더 많이 가지고 있습니다. 누가 사탕을 더 많이 가지고 있는지 알아보시오.

생각 열기
두 사람이 가지고 있는 사탕의 수를 각각 구합니다.

(1) 승호가 가지고 있는 사탕은 몇 개입니까?

( )

(2) 애린이가 가지고 있는 사탕은 몇 개입니까?

( )

(3) 누가 사탕을 더 많이 가지고 있습니까?

( )

예제 7-2 복숭아와 딸기 중에서 어느 것이 더 많습니까?

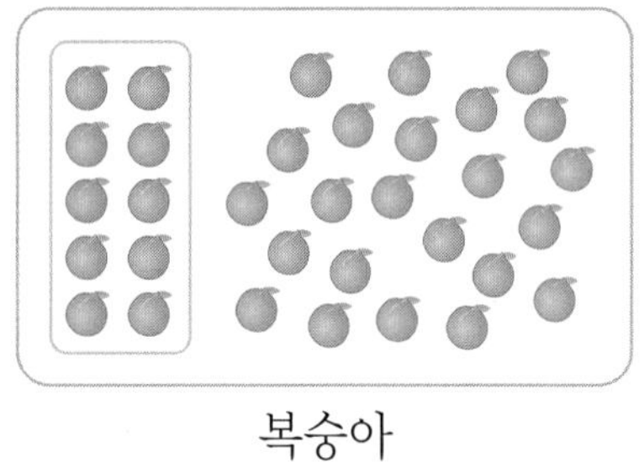
복숭아

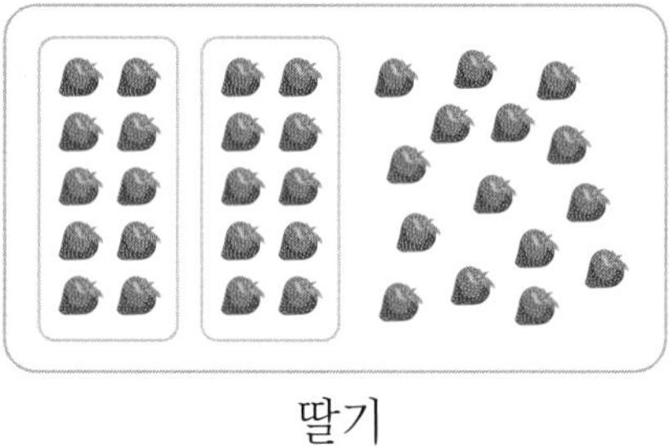
딸기

( )

예제 7-3 민수는 연필을 열여섯 자루보다 3자루 더 많이 가지고 있습니다. 재희는 열아홉 자루보다 2자루 더 많이 가지고 있습니다. 누가 연필을 더 많이 가지고 있습니까?

( )

응용 8

수 카드로 몇십몇 만들기

동영상 강의

예제 8-1 수 카드 1, 2, 4 중 2장을 뽑아 한 번씩만 사용하여 몇십몇을 만들려고 합니다. 만들 수 있는 수 중 15보다 크고 40보다 작은 수는 모두 몇 개인지 알아보시오.

생각 열기

■와 ▲로 만들 수 있는 몇십몇은 ■▲, ▲■ 2개입니다.

(1) 수 카드로 만들 수 있는 몇십몇을 모두 쓰시오.

(   )

(2) (1)에서 만든 수 중 15보다 크고 40보다 작은 수를 모두 쓰시오.

(   )

(3) 만들 수 있는 수 중 15보다 크고 40보다 작은 수는 모두 몇 개입니까?

(   )

예제 8-2 수 카드 4장 중 2장을 뽑아 한 번씩만 사용하여 몇십몇을 만들려고 합니다. 만들 수 있는 수 중 21보다 크고 34보다 작은 수는 모두 몇 개입니까?

1 2 3 4

(   )

예제 8-3 수 카드 3장 중 1장이나 2장을 뽑아 여러 번 사용하여 몇십몇을 만들려고 합니다. 만들 수 있는 수 중 13과 34 사이의 수는 모두 몇 개입니까?

3 4 1

(   )

STEP 3 응용 유형 뛰어넘기

50까지의 수 알아보기

1 같은 수끼리 이어 보시오.

쌍둥이

10개씩 묶음 2개와 낱개 3개	•	• 스물셋
		• 서른둘
10개씩 묶음 3개와 낱개 2개	•	• 이십오

50까지 수의 순서 알아보기

2 다음 수를 작은 수부터 순서대로 빈 곳에 써넣으시오.

쌍둥이

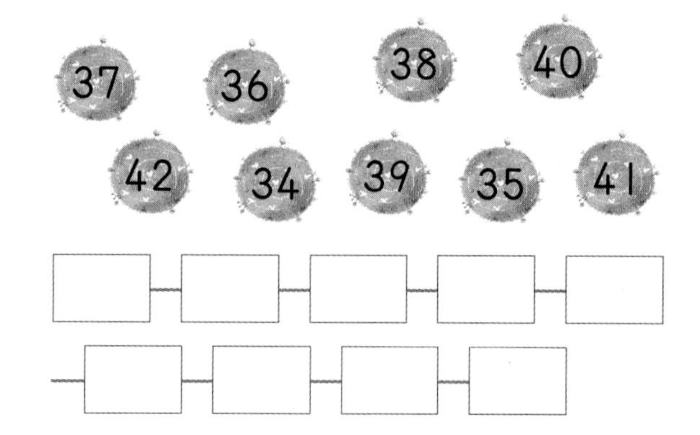

몇십 알아보기

3 그림과 같이 모형을 놓았습니다. 모형의 수가 40을 나타내려면 10개씩 묶음 몇 개를 더 놓아야 합니까?

쌍둥이

(　　　　　　　　)

19까지의 수를 모으고 가르기

4 모으기를 하면 17이 되는 두 수를 모두 이어 보시오.

쌍둥이 동영상

14 7 6 8 12 4

50까지 수의 순서 알아보기

5 동화책이 다음과 같이 찢어졌습니다. 찢어진 부분은 모두 몇 쪽입니까?

( )

50까지 수의 크기 비교하기

6 가장 큰 수에 ○표 하시오.

10개씩 묶음 3개와 낱개 7개인 수	40보다 1만큼 더 작은 수	35와 37 사이의 수
( )	( )	( )

5 50까지의 수

50까지 수의 순서 알아보기

창의·융합

7 미라의 신발장을 찾아 ◯표 하시오.

쌍둥이

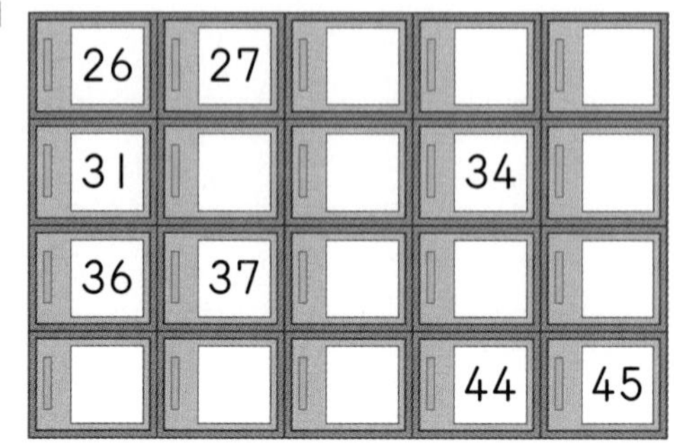

내 신발은 42번에 있는데….

미라

19까지의 수를 모으고 가르기

8 16을 여러 가지 방법으로 가르기를 하시오.

쌍둥이

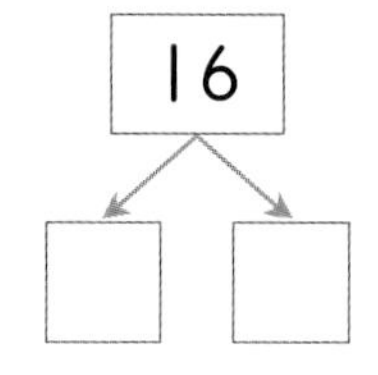

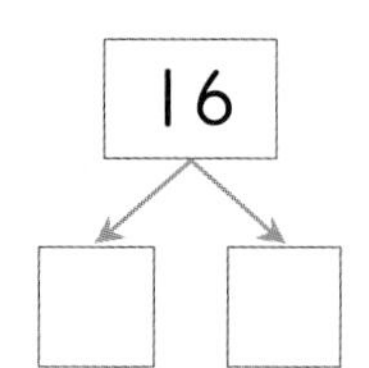

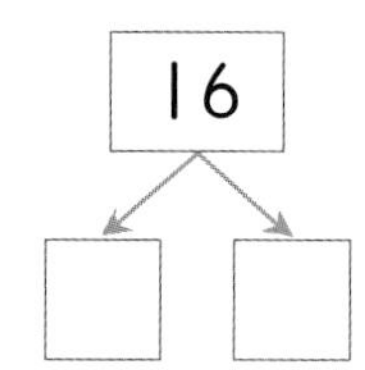

50까지 수의 크기 비교하기

9 24와 33 사이에 있는 수를 모두 찾아 기호를 쓰시오.

㉠ 28	㉡ 34	㉢ 30
㉣ 23	㉤ 19	㉥ 25

( )

몇십 알아보기 창의·융합

10 쌍둥이
주어진 블록으로 오른쪽과 같은 모양을 몇 개까지 만들 수 있습니까?

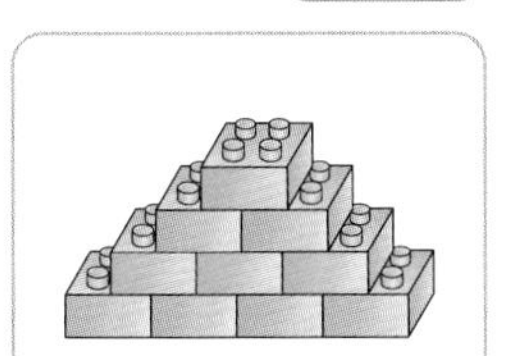

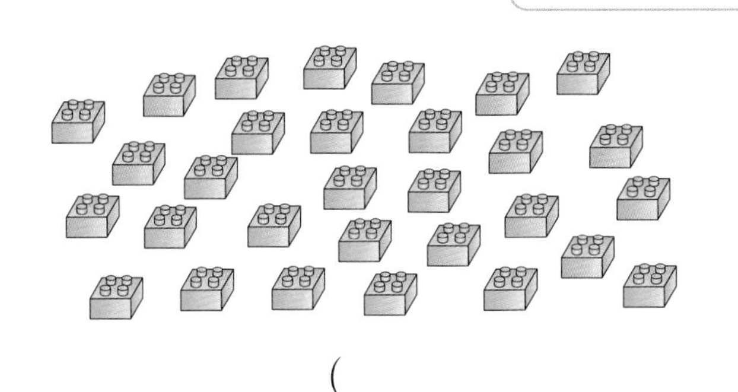

( )

몇십 알아보기 서술형

11 쌍둥이 동영상
포도 맛 사탕이 10개씩 묶음 2봉지, 사과 맛 사탕이 10개씩 묶음 3봉지가 있었습니다. 친구들에게 나누어 주고 나니 10개씩 묶음 1봉지가 남았습니다. 친구들에게 나누어 준 사탕은 몇 개인지 풀이 과정을 쓰고 답을 구하시오.

풀이

( )

50까지 수의 크기 비교하기

12 수 카드 3장 중 2장을 뽑아 한 번씩만 사용하여 몇십몇을 만들려고 합니다. 가장 큰 수를 만들 수 있는 사람은 누구입니까?

진호: 1 2 4

미라: 0 3 4

( )

3 STEP 응용 유형 뛰어넘기

19까지의 수를 모으고 가르기

13 가르기를 한 것입니다. ♥에 알맞은 수를 구하시오.

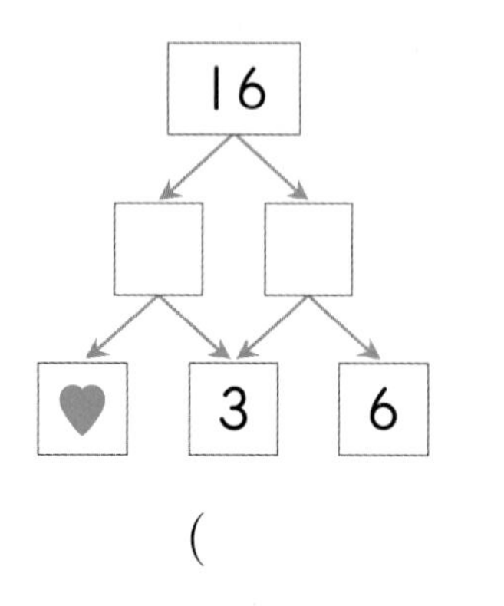

(   )

50까지 수의 크기 비교하기 서술형

14 다음을 모두 만족하는 수는 몇 개인지 풀이 과정을 쓰고 답을 구하시오.

쌍둥이
동영상

- 39보다 크고 44보다 작은 수
- 35와 42 사이의 수

(   )

풀이

50까지 수의 크기 비교하기 창의·융합

15 40부터 50까지의 수 중에서 해주가 설명하는 수보다 작은 수는 모두 몇 개입니까?

쌍둥이
동영상

10개씩 묶음 4개와 낱개 6개인 수예요.

해주

(   )

50까지 수의 순서 알아보기

16 쌍둥이 동영상 서술형

민정이네 반에서 키가 큰 순서로 서면 민정이는 앞에서부터 23째이고 수현이는 앞에서부터 30째입니다. 민정이와 수현이 사이에는 학생이 몇 명 서 있는지 풀이 과정을 쓰고 답을 구하시오.

풀이

(　　　　　　　　)

50까지 수의 크기 비교하기

17 쌍둥이 동영상

1부터 9까지의 수 중에서 □ 안에 들어갈 수 있는 수는 모두 몇 개입니까?

36은 □9보다 큽니다.

(　　　　　　　　)

50까지 수의 크기 비교하기

18 지훈이네 모둠 친구들이 가지고 있는 딱지 수입니다. 그중 딱지를 40개보다 많이 가진 사람은 2명입니다. 선희가 세 번째로 많이 가지고 있고 윤호가 가장 적게 가지고 있습니다. ■에 알맞은 수를 구하시오.

지훈	단미	선희	윤호	성진
48	41	■7	29	3■

(　　　　　　　　)

5
50까지의 수

5. 50까지의 수

1 그림을 보고 빈 곳에 알맞은 수를 써넣으시오.

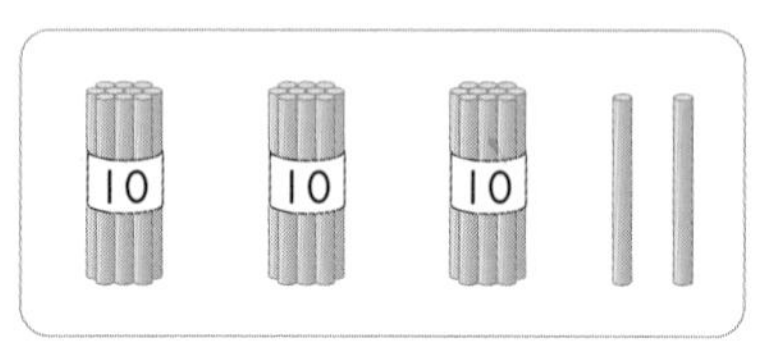

10개씩 묶음	낱개

⇨ ☐

2 수를 잘못 읽은 것을 찾아 기호를 쓰시오.

㉠ 27 — 스물일곱
㉡ 15 — 십오
㉢ 41 — 마흔일

(　　　　　　　　)

3 같은 수끼리 이어 보시오.

40 •	• 쉰
50 •	• 마흔
30 •	• 서른

4 더 큰 수에 ○표 하시오.

5 빈 곳에 알맞은 수를 써넣으시오.

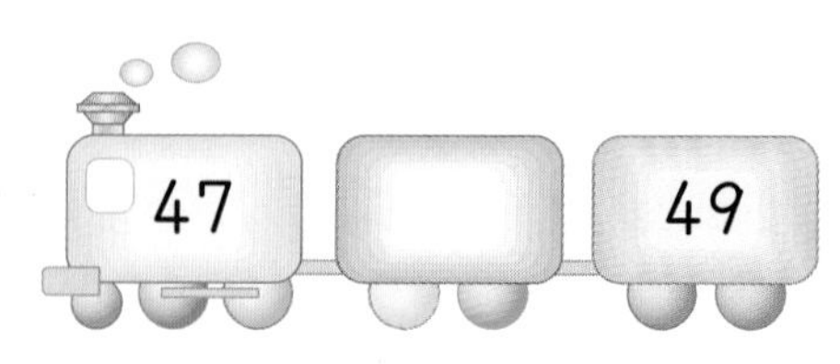

6 빈칸에 알맞은 수를 써넣으시오.

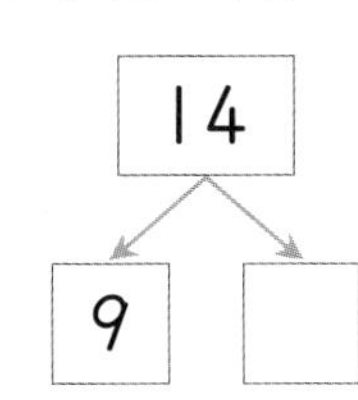

7 빈 곳에 알맞은 수를 써넣으시오.

21			24

8 사용된 블록의 수는 몇 개인지 세어 보시오.

(   )

9 10이 되도록 ○를 그리고 □ 안에 알맞은 수를 써넣으시오.

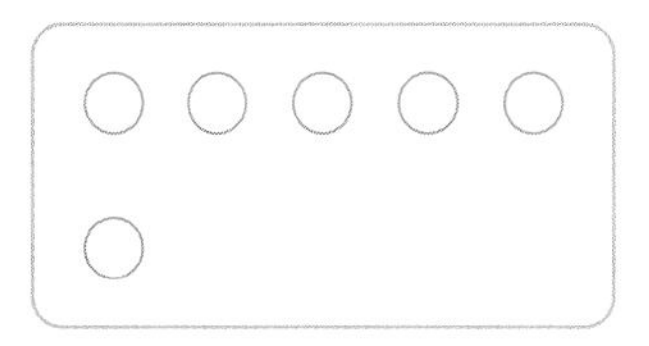

6과 □를 모으기를 하면 10이 됩니다.

10 그림을 보고 □ 안에 알맞은 수나 말을 써넣으시오.

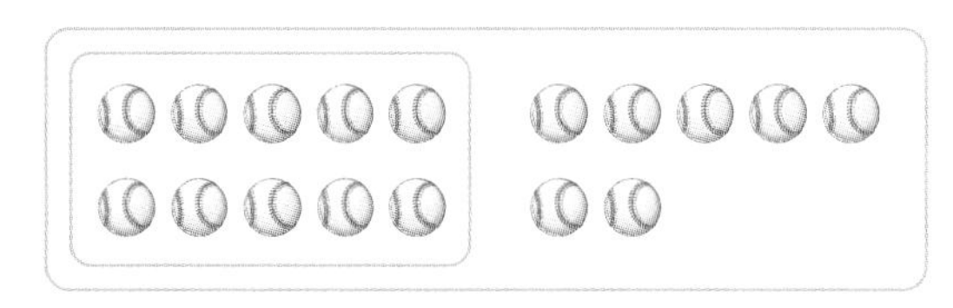

10개씩 묶음 □개와 낱개 □개는 □이고 □ 또는 □(이)라고 읽습니다.

11 모으기를 하면 14가 되는 두 수를 모두 찾아 연결하시오.

12 다음을 수로 쓰고, 두 가지 방법으로 읽어 보시오.

15보다 4 큰 수

쓰기 (   )

읽기 (   ), (   )

13 민호의 삼촌과 고모 중에서 누구의 나이가 더 많습니까?

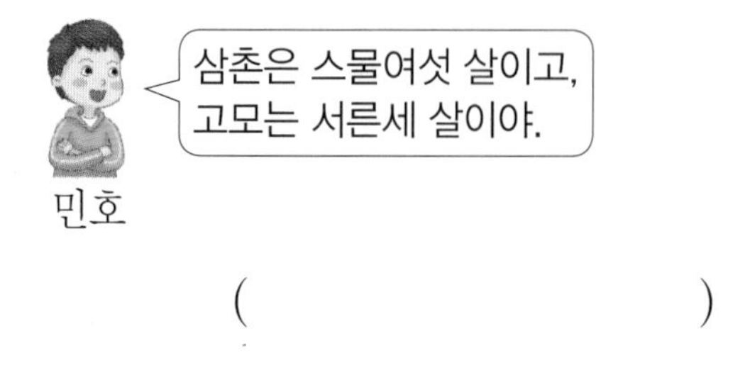

(   )

서술형

14 서영이는 귤 18개를 동생과 나누어 가지려고 합니다. 서영이가 12개를 가졌습니다. 동생은 몇 개를 가지게 되는지 풀이 과정을 쓰고 답을 구하시오.

풀이 ______________________

____

____

답 ______________________

창의·융합

15 지선이의 자리 번호를 쓰시오.

11			14
26		(색칠)	
	22	19	
	23	18	17

(   )

16 작은 수부터 차례로 쓰시오.

29 11 16 40 7

(　　　　　　　　　　)

서술형

17 30부터 40까지의 수 중에서 보기 의 수보다 큰 수를 모두 쓰려고 합니다. 풀이 과정을 쓰고 답을 구하시오.

보기
10개씩 묶음 3개와 낱개 5개인 수

풀이 ____________________

____

____

답 ____________________

18 어린이들이 놀이기구를 타려고 줄을 서 있습니다. 신영이는 앞에서부터 아홉째, 주환이는 앞에서부터 열다섯째에 서 있습니다. 신영이와 주환이 사이에 서 있는 어린이는 몇 명입니까?

(　　　　　　　　　　)

서술형

19 경현이는 종이로 접은 딱지를 10장씩 묶음 3개와 낱개 4장을 가지고 있습니다. 오늘 12장을 더 접었습니다. 경현이가 가지고 있는 딱지는 모두 몇 장인지 풀이 과정을 쓰고 답을 구하시오.

풀이 ____________________

____

____

답 ____________________

20 수 카드 4장이 있습니다. 이 중에서 2장을 뽑아 한 번씩만 사용하여 몇십이나 몇십몇을 만들려고 합니다. 만들 수 있는 수 중에서 둘째로 작은 수는 얼마입니까?

(　　　　　　　　　　)

5

50까지의 수

창의 사고력

학습 게임

정답은 52쪽

1 아람이와 현지는 표에 있는 글자로 두 글자인 낱말을 각각 3개씩 만들었습니다. 각 글자에 맞는 숫자를 차례로 써서 몇십몇을 만들었습니다. 가장 큰 몇십몇을 만든 사람은 누구입니까?

지	교	학	체	수	장	육	성
0	1	2	3	4	5	6	7

아람	학교	체육	수성
현지	수학	교장	교육

(　　　　　　　　)

2 피라미드로 유명한 고대 이집트에서는 다음과 같은 숫자를 사용하였습니다. 이집트 숫자로 나타낸 규칙을 찾아 ㉠에 알맞은 수를 아라비아 숫자로 쓰시오.

<table>
<tr><td>아라비아 숫자</td><td>1</td><td>2</td><td>3</td><td>4</td><td>5</td><td>6</td><td>7</td><td>8</td><td>9</td><td>10</td></tr>
<tr><td>이집트 숫자</td><td>|</td><td>||</td><td>|||</td><td>||||</td><td>|||
	</td><td>		
		</td><td>			
		</td><td>			
			</td><td>				
			</td><td>∩</td></tr>
</table>

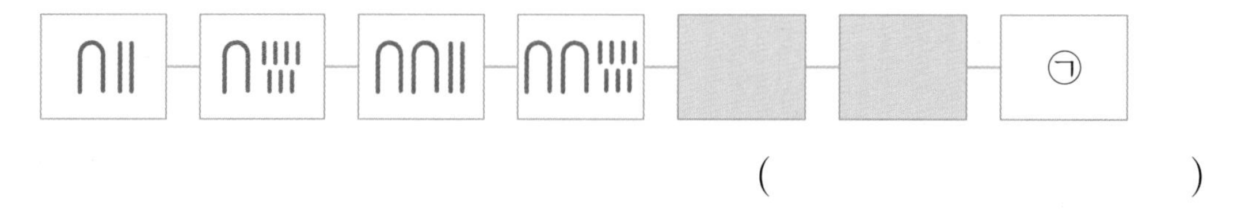

(　　　　　　　　)

옛날에는 숫자를 어떻게 나타냈을까

옛날 이집트에서는 파피루스라고 불리는 종이에 상형 문자로 수많은 기록을 남겼습니다.
이집트 상형문자는 사물의 모양을 본떠 만든 문자예요.
그렇다면 이집트에서는 과연 숫자를 나타낼 때 어떤 문자를 사용했을까요?

ǀ	ǀǀ	ǀǀǀ	ǀǀǀǀ	ǀǀǀ ǀǀ	ǀǀǀ ǀǀǀ	ǀǀǀǀ ǀǀǀ	ǀǀǀǀ ǀǀǀǀ	ǀǀǀ ǀǀǀ ǀǀǀ	∩
1	2	3	4	5	6	7	8	9	10

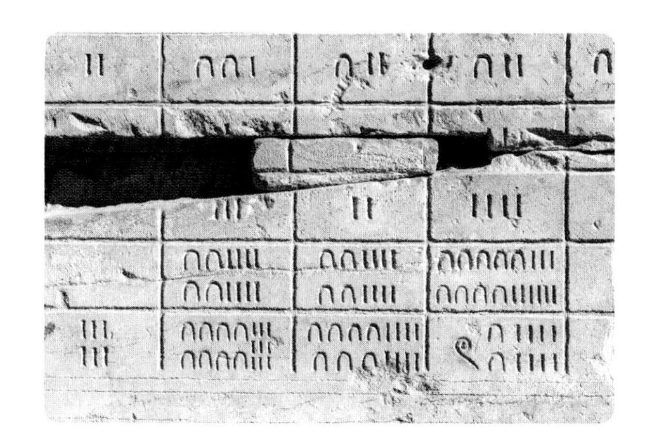

어때요, 생각보다 간단하죠?
이집트인들은 곧은 막대기 모양의 ǀ 으로 1을 나타내기로 약속을 하고, 2부터 9까지는 ǀ 모양을 반복해서 나타냈습니다. 그리고 9보다 1 큰 수인 10은 말굽 모양과 비슷한 ∩ 모양으로 나타냈지요.
그렇다면 10보다 1 큰 수는 어떻게 나타냈을까요?
바로 ∩ǀ와 같이 10을 나타내는 모양과 1을 나타내는 모양을 나란히 써서 나타냈답니다.

옛날에는 숫자를 어떻게 나타냈을까

이번에는 바빌로니아로 건너가 볼까요?
바빌로니아인들은 진흙판 위에 쐐기 모양을 닮은 '쐐기 문자'를 사용해서 많은 기록을 남겼습니다.

∨	∨∨	∨∨∨	∨∨∨ ∨	∨∨∨ ∨∨
1	2	3	4	5
∨∨∨ ∨∨∨	∨∨∨ ∨∨∨ ∨	∨∨∨ ∨∨∨ ∨∨	∨∨∨ ∨∨∨ ∨∨∨	<
6	7	8	9	10

바빌로니아인 역시 고대 이집트처럼 같은 모양을 반복해서 숫자를 나타낸 것이 보이나요?
두 문자 모두 원리는 쉽지만 큰 수를 나타내려면 같은 모양을 너무 많이 반복해야해서 불편하다는 단점이 있었답니다. 게다가 복잡한 계산을 할 때는 더욱 힘들었을 거예요.

이러한 문제들을 모두 해결해줄 숫자는? 바로 오늘날 우리가 사용하는 아라비아 숫자예요.

인도 숫자										
아라비아 숫자										
현대 숫자	1	2	3	4	5	6	7	8	9	10

같은 모양을 반복하지 않고도 아라비아 숫자를 써서 큰 수를 나타낼 수 있게 되었답니다.

꼭 알아야 할
사자성어

물고기에게 물은 정말 소중한 존재이지요.
수어지교란 물고기와 물의 관계처럼,
아주 친밀하여 떨어질 수 없는 사이
또는 깊은 우정을 일컫는 말이랍니다.

모든 응용을 다 푸는 해결의 법칙

응용 해결의 법칙

꼼꼼 풀이집

수학 1·1

천재교육

응용 해결의 법칙

1-1

꼼꼼 풀이집

1. 9까지의 수

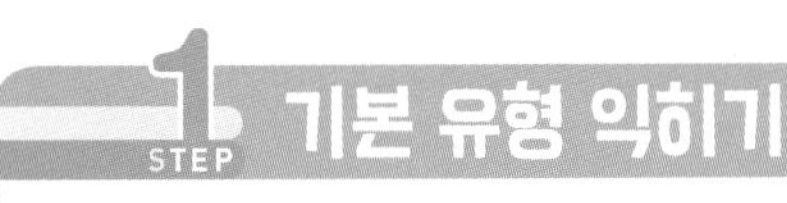

1 STEP 기본 유형 익히기 8~11쪽

1-1 2

1-2 예

7	☆☆☆☆☆ ☆☆☆☆

1-3 수지

1-4 예 나는 공책을 5권 샀습니다.

1-5

1-6 ㉣

2-1 3, 5, 8

2-2

여섯(육)	○○○○○○○○○
여섯째	○○○○○○○○○

2-3

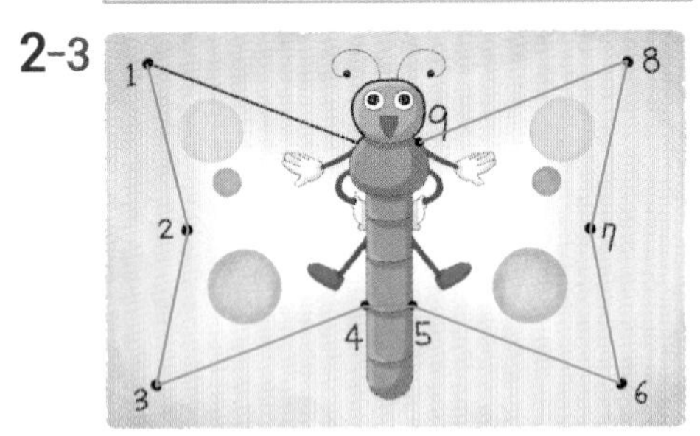

2-4 (1) 6, 4 (2) 8, 6, 5

2-5 ㉢

2-6 8명

3-1 ( ) ( ) (○)

3-2 (1) 4, 6 (2) 7, 9

3-3 6

3-4 예

4	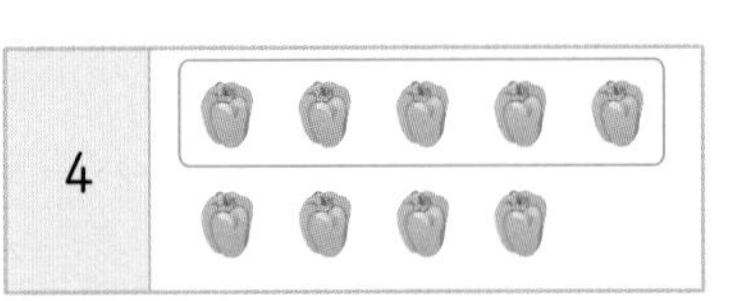

3-5 예 선영이가 들고 있는 카드의 수는 1입니다. 따라서 1보다 1만큼 더 작은 수는 0이므로 민지입니다.
; 민지

3-6 5

4-1 6에 ○표

4-2 4에 △표

4-3 5, 2

4-4 9에 ○표, 3에 △표

4-5 예 6보다 큰 수는 6 뒤의 수인 7, 8, 9입니다. 따라서 색칠해야 하는 수는 모두 3개입니다.
; 3개

4-6 유성

4-7 7, 5, 6, 8 ; 8, 5

1-1 생각 열기 하나씩 짚어 가며 하나, 둘, ...로 세어 봅니다.
테이프는 하나, 둘이므로 **2**입니다.

1-2 하나, 둘, 셋, 넷, 다섯, 여섯, 일곱까지 세면서 색칠합니다.

1-3 수지: 4번 ⇨ 사 번, 민호: 4층 ⇨ 사 층
따라서 숫자 4를 바르게 읽은 사람은 **수지**입니다.
주의 숫자 4를 '넷'과 '사'로 읽는 경우를 구별하도록 합니다.

1-4 예 내 번호는 5번입니다.
금붕어가 5마리 있습니다. 등
서술형 가이드 주어진 수를 사용하여 알맞은 이야기를 만들어야 합니다.

채점 기준		
	주어진 수를 사용하여 알맞은 이야기를 만듦.	상
	주어진 수를 사용하여 이야기를 만들었으나 자연스럽지 못함.	중
	주어진 수를 사용하여 알맞은 이야기를 만들지 못함.	하

1-5 풀은 하나, 둘, 셋, 넷, 다섯, 여섯, 일곱, 여덟, 아홉입니다. ⇨ 9(아홉, 구)
지우개는 하나, 둘, 셋, 넷, 다섯, 여섯, 일곱, 여덟입니다. ⇨ 8(여덟, 팔)
연필은 하나, 둘, 셋, 넷, 다섯, 여섯입니다.
⇨ 6(여섯, 육)

1-6 색종이의 수를 각각 세어 봅니다.
⇨ ㉠, ㉡, ㉢ 9장 ㉣ 7장
따라서 색종이의 수가 다른 하나는 ㉣입니다.

2-1 수를 순서대로 쓰면 1, 2, **3**, 4, **5**, 6, 7, **8**, 9 입니다.

2-2 생각 열기 여섯(육)은 수를 나타내고, 여섯째는 순서를 나타냅니다.
여섯(육)은 6개를 색칠하고 여섯째는 여섯째 1개만 색칠합니다.

2-3 1부터 9까지의 수를 순서대로 이어 봅니다.

2-4 (1) 8부터 거꾸로 세면 8, 7, **6**, 5, **4**입니다.
(2) 9부터 거꾸로 세면 9, **8**, 7, **6**, **5**입니다.

2-5 아래에서 첫째는 ㉦, 둘째는 ㉥, 셋째는 ㉤, 넷째는 ㉣, 다섯째는 ㉢입니다.
따라서 유라가 바지를 넣은 서랍의 기호는 ㉢입니다.
주의 첫째가 되는 기준에 따라 순서가 달라지므로 주의합니다.

2-6
경수
(앞) ○ ○ ○ ○ ○ ○ ○ ○ ○ (뒤)
8명 아홉째

아홉째 앞에는 첫째, 둘째, 셋째, 넷째, 다섯째, 여섯째, 일곱째, 여덟째가 있습니다.
따라서 경수 앞에는 **8명**이 서 있습니다.

3-1 3보다 1만큼 더 큰 수는 3 바로 뒤의 수인 4입니다.
따라서 고추 그림 4개에 ○표 합니다.

3-2 (1) 5보다 1만큼 더 작은 수는 5 바로 앞의 수인 **4**, 1만큼 더 큰 수는 5 바로 뒤의 수인 **6** 입니다.
(2) 8보다 1만큼 더 작은 수는 8 바로 앞의 수인 **7**, 1만큼 더 큰 수는 8 바로 뒤의 수인 **9** 입니다.
참고 어떤 수보다 1만큼 더 작은 수는 어떤 수 바로 앞의 수이고, 1만큼 더 큰 수는 어떤 수 바로 뒤의 수입니다.

3-3 해법 순서
① 가지의 수를 세어 봅니다.
② 가지의 수보다 1만큼 더 작은 수를 씁니다.
가지의 수는 7입니다.
7보다 1만큼 더 작은 수는 7 바로 앞의 수인 **6**입니다.

3-4 4보다 1만큼 더 큰 수는 5입니다.
따라서 피망을 5개 묶어 봅니다.
주의 피망을 주어진 수인 4만큼 묶지 않도록 주의합니다.

3-5 서술형 가이드 선영이의 카드의 수 1을 찾은 다음, 1보다 1만큼 더 작은 수인 0이 적힌 카드를 들고 있는 사람을 찾는 과정이 들어 있어야 합니다.

채점 기준		
	선영이의 카드의 수 1을 찾은 다음 답을 바르게 구함.	상
	선영이의 카드의 수 1보다 1만큼 더 작은 수를 구했지만 사람을 잘못 찾아 답이 틀림.	중
	선영이의 카드의 수 1보다 1만큼 더 작은 수를 몰라서 답을 구하지 못함.	하

3-6 해법 순서
① ♪의 수를 세어 봅니다.
② ♪의 수보다 1만큼 더 큰 수를 씁니다.
♪의 수는 4입니다.
4보다 1만큼 더 큰 수는 4 바로 뒤의 수인 **5** 입니다.

4-1

3	○	○	○			
6	○	○	○	○	○	○

6이 3보다 ○가 많으므로 6이 3보다 큽니다.
따라서 6에 ○표 합니다.

다른 풀이 3부터 수를 순서대로 쓰면 3, 4, 5, 6 이므로 6이 3보다 큽니다.
따라서 6에 ○표 합니다.

4-2

8	○	○	○	○	○	○	○	○
4	○	○	○	○				

4가 8보다 ○가 적으므로 4가 8보다 작습니다.
따라서 4에 △표 합니다.

다른 풀이 4부터 수를 순서대로 쓰면 4, 5, 6, 7, 8이므로 4가 8보다 작습니다.
따라서 4에 △표 합니다.

4-3 선풍기는 2대, 부채는 5개입니다.
⇨ 부채는 선풍기보다 많습니다.
⇨ **5**는 **2**보다 큽니다.

4-4 세 수를 작은 수부터 차례로 쓰면 3, 5, 9이므로 가장 큰 수는 9이고, 가장 작은 수는 3입니다.
따라서 9에 ○표, 3에 △표 합니다.

참고 수를 작은 수부터 차례로 썼을 때 맨 오른쪽에 있는 수가 가장 큰 수이고, 맨 왼쪽에 있는 수가 가장 작은 수입니다.

4-5 서술형 가이드 6보다 큰 수를 찾아 색칠해야 하는 수가 몇 개인지 구하는 과정이 들어 있어야 합니다.

채점 기준		
	6보다 큰 수를 찾아 색칠해야 하는 수가 몇 개인지 바르게 구함.	상
	6보다 큰 수를 일부만 찾아 답이 틀림.	중
	6보다 큰 수를 찾지 못해 답을 구하지 못함.	하

4-6 생각 열기 7과 9의 크기를 비교합니다.
9는 7보다 크므로 **유성**이가 초콜릿을 더 많이 먹었습니다.

4-7 해법 순서
① 해마, 오징어, 물고기, 조개의 수를 각각 세어 봅니다.
② 가장 큰 수와 가장 작은 수를 각각 찾습니다.

해마 **7**마리, 오징어 **5**마리, 물고기 **6**마리, 조개 **8**개가 있습니다.
7, 5, 6, 8을 작은 수부터 차례로 쓰면 5, 6, 7, 8이므로 가장 큰 수는 **8**이고, 가장 작은 수는 **5**입니다.

STEP 2 응용 유형 익히기 12~19쪽

1-1 (1) 4개, 6개, 3개, 7개 (2) 배
1-2 토끼
1-3 온두라스, 싱가포르
2-1 (1) 예 2
(2) 7 (3) 일곱, 칠
2-2 예

; 아홉, 구
2-3 여섯, 육
3-1 (1)
(2) 둘째
3-2 첫째 **3-3** 7등
4-1 가장 가벼운 학생 가장 무거운 학생
(2) 4명
4-2 3명 **4-3** 6층
5-1 (1) 4 (2) 5
5-2 6 **5-3** 2권, 1권
6-1 (1) 5개, 6개 (2) 민희
6-2 서형 **6-3** 농구공
7-1 (1) 0 2 4 5 7
(2) 2
7-2 8 **7-3** 8
8-1 (1) 3, 4, 5, 6 (2) 2개
8-2 2개 **8-3** 2개

1-1 (1) 바나나는 하나, 둘, 셋, 넷이므로 **4개**, 배는 하나, 둘, 셋, 넷, 다섯, 여섯이므로 **6개**, 오렌지는 하나, 둘, 셋이므로 **3개**, 사과는 하나, 둘, 셋, 넷, 다섯, 여섯, 일곱이므로 **7개**입니다.
(2) 수가 6인 과일은 **배**입니다.

1-2 해법 순서
① 새, 사슴, 다람쥐, 사자, 토끼의 수를 각각 세어 봅니다.
② 새, 사슴, 다람쥐, 사자, 토끼 중 수가 8인 동물을 찾습니다.
새는 하나, 둘, 셋, 넷, 다섯이므로 5마리, 사슴은 하나, 둘이므로 2마리, 다람쥐는 하나, 둘, 셋, 넷, 다섯, 여섯, 일곱이므로 7마리, 사자는 하나이므로 1마리, 토끼는 하나, 둘, 셋, 넷, 다섯, 여섯, 일곱, 여덟이므로 8마리입니다.
따라서 수가 8인 동물은 **토끼**입니다.

1-3 해법 순서
① 나라별 국기의 별의 수를 각각 세어 봅니다.
② 별의 수가 같은 두 나라를 찾습니다.
별의 수를 세어 보면 뉴질랜드는 하나, 둘, 셋, 넷이므로 4개, 시리아는 하나, 둘이므로 2개, 온두라스는 하나, 둘, 셋, 넷, 다섯이므로 5개, 베트남은 하나이므로 1개, 싱가포르는 하나, 둘, 셋, 넷, 다섯이므로 5개입니다.
따라서 별의 수가 같은 두 나라는 **온두라스, 싱가포르**입니다.
주의 별의 크기와 상관없이 별의 수만 비교하도록 주의합니다.

2-1 (1) 하나, 둘만큼 묶습니다.
(2)
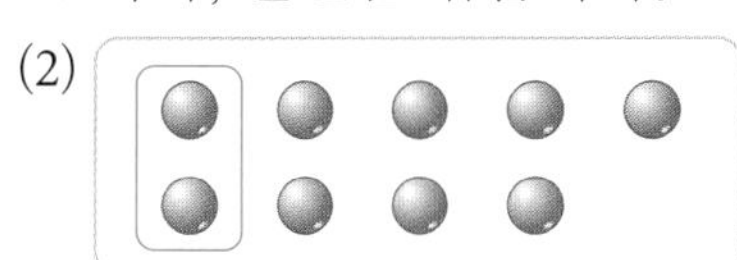
하나, 둘, 셋, 넷, 다섯, 여섯, 일곱이므로 7입니다.
(3) 7 ⇨ **일곱, 칠**

2-2 해법 순서
① 6칸을 색칠합니다.
② 색칠하지 않은 칸의 수를 세어 봅니다.
③ ②에서 센 수를 두 가지 방법으로 읽어 봅니다.
6칸을 색칠하고 색칠하지 않은 칸을 세어 보면 하나, 둘, 셋, 넷, 다섯, 여섯, 일곱, 여덟, 아홉이므로 9입니다.
9 ⇨ **아홉, 구**

2-3 해법 순서
① 이름에 있는 자음자의 수를 세어 봅니다.
② ①에서 센 수를 두 가지 방법으로 읽어 봅니다.

색	연	필

자음자는 ㅅ, ㄱ, ㅇ, ㄴ, ㅍ, ㄹ로 6개입니다.
6 ⇨ **여섯, 육**
참고
• 자음자: ㄱ, ㄴ, ㄷ, ㄹ, ㅁ, ㅂ, ㅅ, ㅇ, ㅈ, ㅊ, ㅋ, ㅌ, ㅍ, ㅎ(14자)
• 모음자: ㅏ, ㅑ, ㅓ, ㅕ, ㅗ, ㅛ, ㅜ, ㅠ, ㅡ, ㅣ (10자)

3-1 (1)
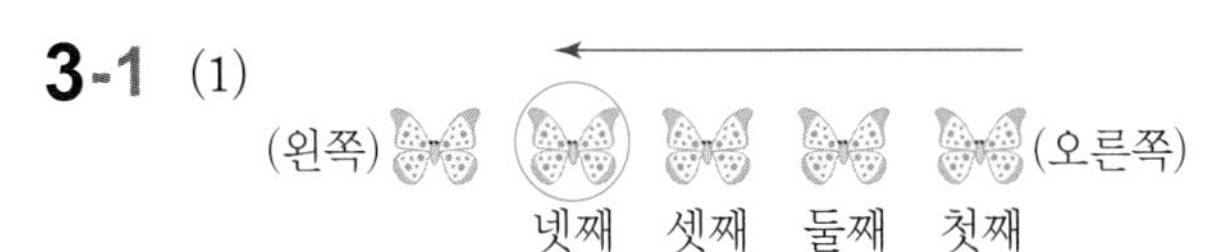

(2)
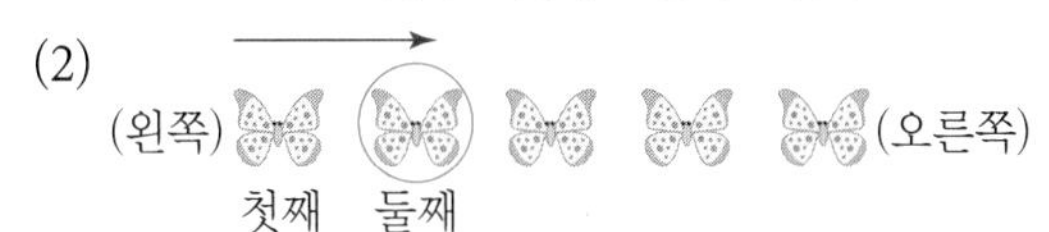

따라서 왼쪽에서 **둘째**에 있습니다.

3-2 해법 순서
① 왼쪽에서 다섯째에 있는 꽃을 알아봅니다.
② ①의 꽃은 오른쪽에서 몇째에 있는지 알아봅니다.

(왼쪽) 첫째 둘째 셋째 넷째 다섯째
↓ ↓ ↓ ↓ ↓
벚꽃 제비꽃 진달래 개나리 장미
↑
첫째(오른쪽)

왼쪽에서 다섯째에 있는 꽃은 장미입니다.
따라서 장미는 오른쪽에서 **첫째**에 있습니다.

3-3 해법 순서

① 맨 뒤에서 둘째로 달리는 학생은 누구인지 알아봅니다.
② 결승점에서부터의 등수를 알아봅니다.

맨 뒤에서 둘째로 달리는 학생은 유라입니다. 결승점에 들어오는 순서대로 1등, 2등, 3등, 4등, 5등, 6등, 7등이므로 유라는 **7등**입니다.

4-1 (1) 첫째 둘째 셋째
민우
가장 가벼운 학생
가장 무거운 학생

(2) 가장 가벼운 학생
민우
민우보다 몸무게가 무거운 학생: 4명

따라서 민우보다 몸무게가 무거운 학생은 **4명**입니다.

4-2 생각 열기 그림을 그려서 알아봅니다.

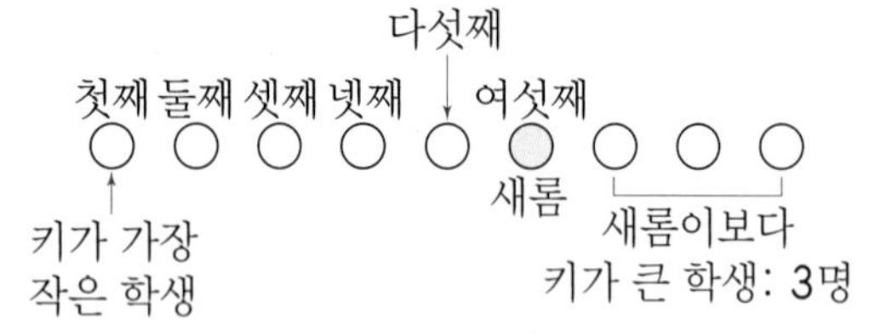

따라서 새롬이보다 키가 큰 학생은 **3명**입니다.

4-3 생각 열기 그림을 그려서 알아봅니다.

따라서 정윤이가 살고 있는 건물은 **6층**까지 있습니다.

5-1 (1) 3보다 1만큼 더 큰 수는 3 바로 뒤의 수인 4이므로 영진이가 딴 호박의 수는 **4**입니다.
(2) 4보다 1만큼 더 큰 수는 4 바로 뒤의 수인 5이므로 승준이가 딴 호박의 수는 **5**입니다.

5-2 해법 순서

① 아버지가 잡은 물고기의 수를 구합니다.
② 근희가 잡은 물고기의 수를 구합니다.

8보다 1만큼 더 작은 수는 8 바로 앞의 수인 7이므로 아버지가 잡은 물고기의 수는 7입니다.
7보다 1만큼 더 작은 수는 7 바로 앞의 수인 6이므로 근희가 잡은 물고기의 수는 **6**입니다.

5-3 해법 순서

① 민재가 읽은 동화책의 수를 구합니다.
② 경표가 읽은 동화책의 수를 구합니다.

진수가 민재보다 1권 더 많이 읽었으므로 민재는 진수보다 1권 더 적게 읽은 것입니다. 3보다 1만큼 더 작은 수는 2이므로 민재가 읽은 동화책은 **2권**입니다. 2보다 1만큼 더 작은 수는 1이므로 경표가 읽은 동화책은 **1권**입니다.

참고 경표, 민재, 진수가 읽은 동화책의 수를 비교하면 다음과 같습니다.

경표 (1권) ⇄ 민재 (2권) ⇄ 진수 (3권)
(→ 1만큼 더 큰 수, ← 1만큼 더 작은 수)

6-1 (1) 수아는 하나, 둘, 셋, 넷, 다섯이므로 **5개**를 걸었습니다.
민희는 하나, 둘, 셋, 넷, 다섯, 여섯이므로 **6개**를 걸었습니다.
(2) 5와 6 중에서 더 큰 수는 6이므로 **민희**가 이겼습니다.

참고 1부터 9까지의 수를 순서대로 쓰면 다음과 같습니다.

1 2 3 4 5 6 7 8 9 →
오른쪽으로 갈수록 큰 수입니다.

6-2 해법 순서

① 서형이와 예진이가 접은 종이배의 수를 각각 구합니다.
② 종이배를 더 많이 접은 사람을 알아봅니다.

종이배를 서형이는 8개, 예진이는 7개 접었습니다.
따라서 8과 7 중에서 더 큰 수는 8이므로 **서형**이가 더 많이 접었습니다.

6-3 해법 순서

① 야구공의 수를 구합니다.

② 축구공, 농구공, 야구공의 수 중 가장 작은 수를 찾습니다.

4보다 1만큼 더 작은 수는 3이므로 야구공은 3개 있습니다.

따라서 4, 2, 3 중에서 가장 작은 수는 2이므로 가장 적게 있는 공은 **농구공**입니다.

주의 야구공의 수를 1개라고 생각하여 가장 적게 있는 공을 야구공이라고 구하지 않도록 주의합니다.

7-1 (1) 가장 작은 수인 0부터 차례로 늘어놓습니다.

(2) (왼쪽) 0 2 4 5 7

첫째 둘째

따라서 왼쪽에서 둘째 카드에 쓰인 수는 **2**입니다.

7-2 해법 순서

① 수 카드를 큰 수부터 차례로 늘어놓습니다.

② ①에서 오른쪽에서 넷째 카드에 쓰인 수를 구합니다.

수 카드를 큰 수부터 차례로 늘어놓으면

9, 8, 6, 3, 1입니다.

⇨ 9 8 6 3 1 (오른쪽)

넷째 셋째 둘째 첫째

따라서 오른쪽에서 넷째 카드에 쓰인 수는 **8**입니다.

참고 수와 순서를 알아보면 다음과 같습니다.

수	1	2	3	4	5
순서	첫째	둘째	셋째	넷째	다섯째

수	6	7	8	9
순서	여섯째	일곱째	여덟째	아홉째

주의 기준에 따라 순서가 달라질 수 있으므로 주의합니다.

7-3 해법 순서

① 블록의 수를 작은 수부터 차례로 씁니다.

② ①에서 다섯째 수를 구합니다.

블록의 수를 작은 수부터 차례로 쓰면 2, 3, 5, 7, 8, 9입니다.

9
8 ← 다섯째
7 ← 넷째
5 ← 셋째
3 ← 둘째
2 ← 첫째(아래)

따라서 아래에서 다섯째 블록에 쓰인 수는 **8**입니다.

8-1 (1) ② 3 4 5 6 ⑦

사이에 있는 수

따라서 2와 7 사이에 있는 수는 **3, 4, 5, 6**입니다.

(2) 3, 4, 5, 6 중에서 4보다 큰 수는 5, 6이므로 모두 **2개**입니다.

8-2 해법 순서

① 4와 9 사이에 있는 수를 구합니다.

② ①의 수 중에서 7보다 작은 수는 모두 몇 개인지 구합니다.

4와 9 사이에 있는 수: ④ 5 6 7 8 ⑨

사이에 있는 수

5, 6, 7, 8 중에서 7보다 작은 수는 5, 6입니다.

따라서 조건을 만족하는 수는 모두 **2개**입니다.

주의 4와 9 사이에 있는 수에 4와 9는 들어가지 않습니다.

8-3 해법 순서

① 3보다 크고 8보다 작은 수를 구합니다.

② ①의 수 중에서 5보다 큰 수는 모두 몇 개인지 구합니다.

3보다 크고 8보다 작은 수: 4, 5, 6, 7

이 중에서 5보다 큰 수는 6, 7입니다.

따라서 조건을 만족하는 수는 모두 **2개**입니다.

주의 3보다 크고 8보다 작은 수에 3과 8은 들어가지 않습니다.

3 STEP 응용 유형 뛰어넘기 20~25쪽

1 아홉, 구 2 파인애플
3 오늘 4 3
5 여섯째
6 예 포도가 셋째에 있으므로 오른쪽부터 센 것입니다.
따라서 오른쪽부터 세어 보면 첫째(앵두), 둘째(배), 셋째(포도), 넷째(귤), 다섯째(사과), 여섯째(참외)이므로 참외는 여섯째에 있습니다.
; 여섯째
7 3 8 3개
9 5층 10 아버지
11 예 4보다 크고 8보다 작은 수는 5, 6, 7입니다.
이 중에서 수 카드에 있는 수는 6, 7로 모두 2개입니다. ; 2개
12 6개
13 5, 6, 7
14 예 작은 수부터 차례로 쓰면 0, 1, 3, 4, 5, 7, 8, 9입니다.
따라서 오른쪽에서부터 세어 보면 첫째(9), 둘째(8), 셋째(7), 넷째(5), 다섯째(4), 여섯째(3)이므로 여섯째에 있는 수는 3입니다.
; 3
15 뒤에서 달리는 학생
16 6개 17 현민, 2자루
18 9개

1 해법 순서
① 타일의 수를 세어 봅니다.
② ①에서 센 수를 두 가지 방법으로 읽어 봅니다.
타일은 하나, 둘, 셋, 넷, 다섯, 여섯, 일곱, 여덟, 아홉이므로 9입니다.
9 ⇨ **아홉, 구**

2 바나나는 하나, 둘, 셋, 넷, 다섯이므로 5개입니다.
5보다 1만큼 더 작은 수는 4이므로 바나나보다 하나 더 적은 것은 4개입니다.
따라서 4개인 것을 찾으면 **파인애플**입니다.

3 4보다 6이 더 크므로 지호가 문제집을 더 많이 푼 날은 **오늘**입니다.

4 해법 순서
① 글에 나오는 낱말 '나무'의 수를 세어 봅니다.
② ①에서 센 수만큼 나무 그림을 묶은 다음, 묶지 않은 나무 그림의 수를 세어 봅니다.

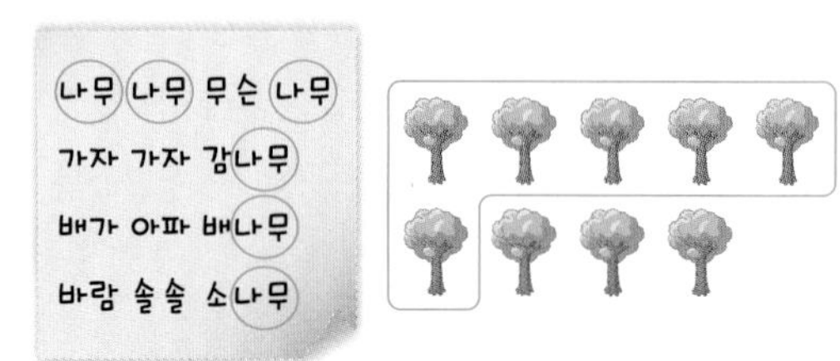

글에 나오는 낱말 '나무'의 수는 6입니다.
따라서 나무 그림을 6만큼 묶었을 때, 묶지 않은 나무 그림의 수는 **3**입니다.

5

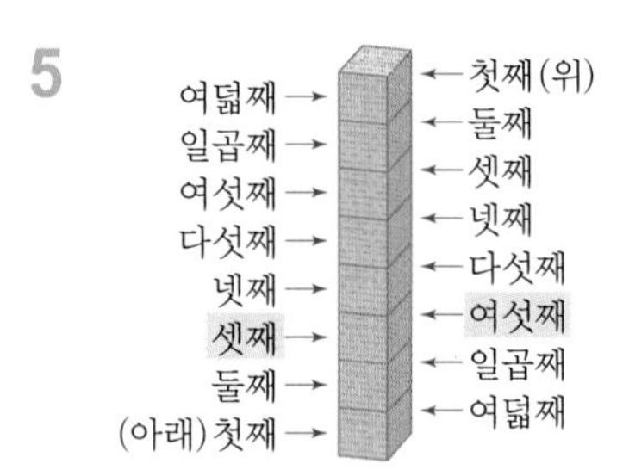

아래에서 셋째에 있는 쌓기나무는 위에서 **여섯째**에 있습니다.

6 서술형 가이드 순서의 기준을 알고 참외는 몇째에 있는지 구하는 과정이 들어 있어야 합니다.

채점 기준		
	순서의 기준을 알고 참외는 몇째에 있는지 바르게 구함.	상
	순서의 기준을 알았으나 참외의 순서를 구하지 못함.	중
	순서의 기준을 몰라 답을 구하지 못함.	하

참고 왼쪽부터 세면 포도는 다섯째에 있습니다.

7 사탕이 4개가 남도록 묶으려면 3개를 묶어야 합니다. 따라서 어떤 수는 **3**입니다.

8 6은 □보다 작으므로 □는 6보다 큽니다.
따라서 □ 안에 들어갈 수 있는 수는 0부터 9까지의 수 중에서 6보다 큰 수인 7, 8, 9로 모두 **3개**입니다.

9 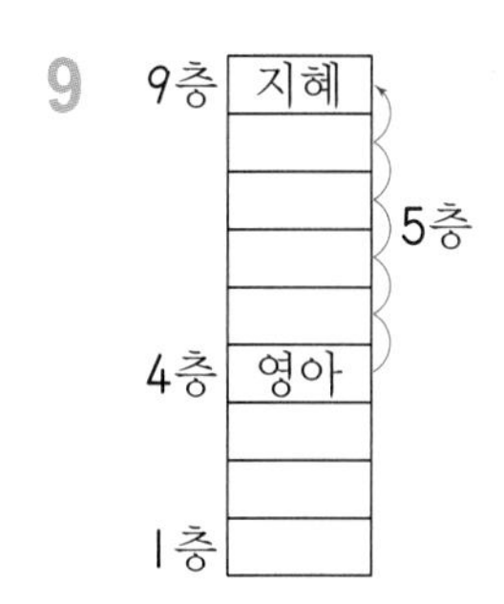

따라서 영아네 집에서 **5층**을 올라가면 지혜네 집입니다.

10 어머니: 010−####−9130
셋째 (뒤)

아버지: 010−####−7624
셋째 (뒤)

뒤에서 셋째에 있는 숫자가 어머니는 1, 아버지는 6입니다.
따라서 1과 6 중에서 6이 더 크므로 뒤에서 셋째에 있는 숫자가 더 큰 사람은 **아버지**입니다.

11 서술형 가이드 4보다 크고 8보다 작은 수를 구하여 수 카드에서 찾는 과정이 들어 있어야 합니다.

채점 기준		
	4보다 크고 8보다 작은 수를 구하여 답을 바르게 구함.	상
	4보다 크고 8보다 작은 수를 구했으나 수 카드에서 일부만 찾음.	중
	4보다 크고 8보다 작은 수를 구하지 못해 답을 구하지 못함.	하

12 희주가 투호에 넣은 화살은 5개보다 많고 7개보다 적습니다. 5보다 크고 7보다 작은 수는 6입니다.
따라서 희주가 넣은 화살은 **6개**입니다.

13 3과 9 사이에 있는 수: ③ 4 5 6 7 8 ⑨
사이에 있는 수

4, 5, 6, 7, 8 중에서 4보다 큰 수는 5, 6, 7, 8입니다.
5, 6, 7, 8 중에서 8보다 작은 수는 5, 6, 7입니다.
따라서 조건을 만족하는 수는 **5, 6, 7**입니다.

주의 3과 9 사이에 있는 수에 3과 9는 들어가지 않습니다.

14 서술형 가이드 작은 수부터 차례로 모두 쓴 후 오른쪽에서 여섯째에 있는 수를 구하는 과정이 들어 있어야 합니다.

채점 기준		
	작은 수부터 차례로 모두 쓴 후 오른쪽에서 여섯째에 있는 수를 바르게 구함.	상
	작은 수부터 차례로 모두 썼으나 오른쪽에서 여섯째에 있는 수를 구하지 못함.	중
	작은 수부터 차례로 쓰지 못해 답을 구하지 못함.	하

15 생각 열기 그림을 그려서 알아봅니다.

4등
(앞) ○ ○ ○ ○ ○ ○ ○ ○ (뒤)
3명 민성 4명

민성이의 앞에서 달리는 학생이 3명, 뒤에서 달리는 학생이 4명입니다.
따라서 3과 4 중에서 4가 더 크므로 민성이의 **뒤에서 달리는 학생**이 더 많습니다.

16 해법 순서
① 동수가 모은 콩 주머니의 수를 구합니다.
② 보라가 모은 콩 주머니의 수를 구합니다.
8보다 1만큼 더 작은 수는 7이므로 동수가 모은 콩 주머니는 7개입니다.
따라서 7보다 1만큼 더 작은 수는 6이므로 보라가 모은 콩 주머니는 **6개**입니다.

참고 ■보다 1만큼 더 큰 수가 ▲일 때 ■는 ▲보다 1만큼 더 작은 수입니다.

■ → 1만큼 더 큰 수 → ▲
■ ← 1만큼 더 작은 수 ← ▲

17 승기: ○ ○ ○ ○ ○ ◌ ◌
현민: ○ ○ ○ ○ ○ ○ ○ ○ ○

현민이가 승기에게 연필 **2자루**를 주면 두 사람이 가지고 있는 연필의 수는 7자루로 같아집니다.

18 빨간 구슬 1개는 파란 구슬 2개로 바꿀 수 있으므로 빨간 구슬 2개는 파란 구슬 4개로 바꿀 수 있습니다.
파란 구슬: ○○○○○○○○○ ⇨ 9개
처음에 있던 구슬 바꾼 구슬

따라서 파란 구슬은 모두 **9개**가 됩니다.

실력 평가 26~29쪽

1 5

2 예

6

3 육에 △표

4

여덟(팔)	
여덟째	

5 ③

6 예 바둑판에 검은 바둑돌 4개와 흰 바둑돌 3개가 놓여 있습니다.

7 3

8

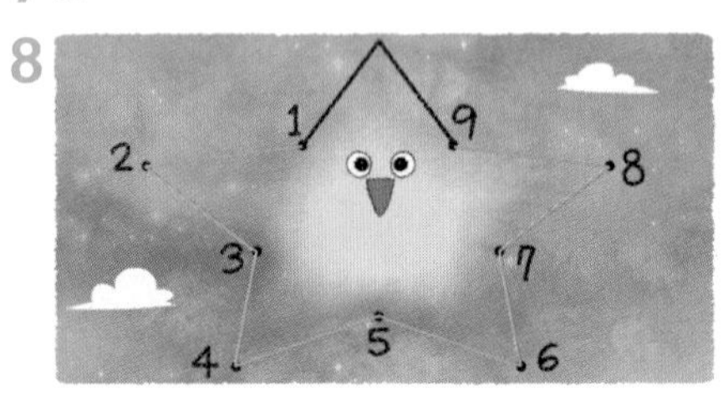

9 8, 6, 4, 2

10 7에 ○표, 5에 △표

11 (1) 3 (2) 7

12 다섯, 오

13 혁재

14 6층

15 예 2보다 크고 8보다 작은 수는 3, 4, 5, 6, 7입니다.
따라서 주어진 수 중에는 4, 5, 7이 있으므로 모두 3개입니다.
; 3개

16 별

17 6

18 3개

19 예 7보다 1만큼 더 큰 수는 8이므로 민기가 가지고 있는 연필은 8자루입니다.
따라서 8보다 1만큼 더 큰 수는 9이므로 경서가 가지고 있는 연필은 9자루입니다.
; 9자루

20 8명

1 생각 열기 하나씩 짚어 가며 하나, 둘, 셋, ...으로 세어 봅니다.
무당벌레는 하나, 둘, 셋, 넷, 다섯으로 5입니다.

2 물고기를 하나, 둘, 셋, 넷, 다섯, 여섯까지 세어 보면서 묶습니다.
참고 물고기를 6만큼 묶는 방법은 여러 가지이므로 개수만 맞게 묶으면 모두 정답입니다.

3 아홉, 구 ⇨ 9
육 ⇨ 6
따라서 수가 다른 하나는 육입니다.
참고 여섯, 육, 6은 수가 같습니다.

4 생각 열기 여덟(팔)은 개수를 나타내고 여덟째는 순서를 나타냅니다.
여덟(팔)은 8개를 색칠하고 여덟째는 여덟째 1개만 색칠합니다.
주의 왼쪽에서부터 세어 알맞게 색칠해야 합니다.

5 ① 7층 ⇨ 칠 층
② 7일 ⇨ 칠 일
③ 7살 ⇨ 일곱 살
④ 7호선 ⇨ 칠 호선
⑤ 7반 ⇨ 칠 반
따라서 숫자 7을 '일곱'으로 읽어야 하는 것은 ③입니다.
주의 숫자 7을 '일곱'과 '칠'로 읽는 경우를 구별하도록 합니다.

6 예 바둑판에 놓인 바둑돌은 모두 7개입니다. 등
서술형 가이드 그림을 보고 바둑돌의 수를 사용하여 알맞은 이야기를 만들어야 합니다.

채점 기준		
	바둑돌 수를 사용하여 알맞은 이야기를 만듦.	상
	바둑돌 수를 세었으나 알맞은 이야기를 만들지 못함.	중
	바둑돌 수를 세지 못해 알맞은 이야기를 만들지 못함.	하

7 해법 순서

① 개구리의 다리 수를 세어 봅니다.

② ①에서 센 수보다 1만큼 더 작은 수를 씁니다.

개구리의 다리 수는 4입니다.

4보다 1만큼 더 작은 수는 **3**입니다.

참고 어떤 수보다 1만큼 더 작은 수는 어떤 수 바로 앞의 수이고, 1만큼 더 큰 수는 어떤 수 바로 뒤의 수입니다.

8 1부터 9까지의 수를 순서대로 이어 봅니다.

⇨ 1, 2, 3, 4, 5, 6, 7, 8, 9

9 순서를 거꾸로 하여 수를 쓰면 9, **8**, 7, **6**, 5, **4**, 3, **2**, 1입니다.

10

7	○	○	○	○	○	○	○
5	○	○	○	○	○		

⇨ 7이 5보다 ○가 많으므로 7이 5보다 큽니다.

따라서 7에 ○표, 5에 △표 합니다.

다른 풀이 5부터 수를 순서대로 쓰면 5, 6, 7이므로 7이 5보다 큽니다.

따라서 7에 ○표, 5에 △표 합니다.

11 (1) 3 ⇄ 4 (1만큼 더 큰 수 / 1만큼 더 작은 수)

(2) 6 ⇄ 7 (1만큼 더 큰 수 / 1만큼 더 작은 수)

12 해법 순서

① 왼쪽에서 넷째에 있는 수를 찾습니다.

② ①의 수를 두 가지 방법으로 읽어 봅니다.

(왼쪽) 9 첫째, 6 둘째, 8 셋째, 5 넷째, 7

왼쪽에서부터 차례로 첫째(9), 둘째(6), 셋째(8), 넷째(5)입니다.

5 ⇨ **다섯, 오**

13 생각 열기 가장 큰 수를 찾습니다.

6, 3, 8을 작은 수부터 차례로 쓰면 3, 6, 8입니다.

따라서 가장 큰 수는 8이므로 **혁재**가 가장 많이 땄습니다.

14 생각 열기 그림을 그려서 알아봅니다.

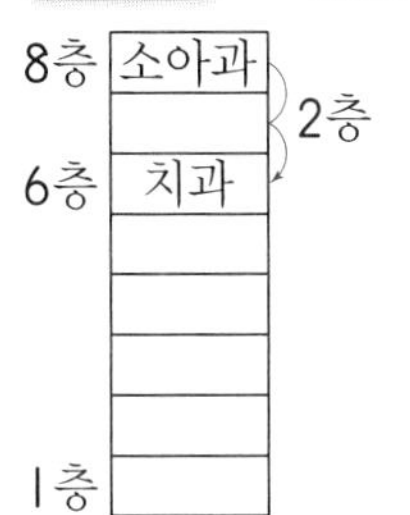

따라서 치과는 **6층**에 있습니다.

15 수를 순서대로 쓰면 다음과 같습니다.

②4 5 7⑧9

2와 8 사이에 있는 수

서술형 가이드 2보다 크고 8보다 작은 수를 찾아 모두 몇 개인지 구하는 과정이 들어 있어야 합니다.

채점 기준		
	2보다 크고 8보다 작은 수를 찾아 답을 바르게 구함.	상
	2보다 크고 8보다 작은 수를 찾았으나 답을 구하는 과정에서 실수함.	중
	2보다 크고 8보다 작은 수를 찾지 못해 답을 구하지 못함.	하

주의 2보다 크고 8보다 작은 수에 2와 8은 들어가지 않습니다.

16 해법 순서

① 나비, 벌, 잠자리, 메뚜기의 수를 각각 세어 봅니다.

② ①의 수 중에서 가장 큰 수를 찾습니다.

나비는 하나, 둘, 셋, 넷, 다섯이므로 5마리, 벌은 하나, 둘, 셋, 넷, 다섯, 여섯, 일곱, 여덟, 아홉이므로 9마리, 잠자리는 하나, 둘, 셋이므로 3마리, 메뚜기는 하나, 둘, 셋, 넷, 다섯, 여섯이므로 6마리입니다.

따라서 5, 9, 3, 6 중에서 가장 큰 수는 9이므로 **벌**이 가장 많습니다.

17 해법 순서

① 수 카드를 작은 수부터 차례로 늘어놓습니다.

② ①에서 왼쪽에서 셋째 카드에 쓰인 수를 구합니다.

수 카드를 작은 수부터 차례로 늘어놓으면

1, 2, 6, 7, 9입니다.

⇨ (왼쪽) 1 2 6 7 9

첫째 둘째 셋째

따라서 왼쪽에서 셋째 카드에 쓰인 수는 **6**입니다.

18 해법 순서

① 1과 6 사이에 있는 수를 구합니다.

② ①의 수 중에서 2보다 큰 수는 모두 몇 개인지 구합니다.

1과 6 사이에 있는 수: ① 2 3 4 5 ⑥

사이에 있는 수

2, 3, 4, 5 중에서 2보다 큰 수는 3, 4, 5입니다.

따라서 조건을 만족하는 수는 모두 **3개**입니다.

주의 1과 6 사이에 있는 수에 1과 6은 들어가지 않습니다.

19 서술형 가이드 민기가 가지고 있는 연필 수를 구하여 경서가 가지고 있는 연필 수를 구하는 과정이 들어 있어야 합니다.

채점 기준		
	민기가 가지고 있는 연필 수를 구하여 경서가 가지고 있는 연필 수를 바르게 구함.	상
	민기가 가지고 있는 연필 수를 구했으나 경서가 가지고 있는 연필 수를 구하지 못함.	중
	민기가 가지고 있는 연필 수를 구하지 못해 답을 구하지 못함.	하

20 생각 열기 그림을 그려서 알아봅니다.

(앞) 첫째 둘째 셋째 넷째 다섯째 여섯째

○ ○ ○ ○ ○ ○ ○ ○

셋째 둘째 첫째 (뒤)

원준

따라서 줄을 선 사람은 모두 **8명**입니다.

다른 풀이 원준이는 앞에서 여섯째이므로 원준이 앞에는 첫째, 둘째, 셋째, 넷째, 다섯째로 5명이 서 있고, 뒤에서 셋째이므로 원준이 뒤에는 첫째, 둘째로 2명이 서 있습니다.

따라서 원준이 1명까지 세어 보면 줄을 선 사람은 모두 **8명**입니다.

주의 원준이가 앞에서 여섯째, 뒤에서 셋째이므로 줄을 선 사람은 모두 9명이라고 생각하지 않도록 주의합니다.

창의 사고력 30쪽

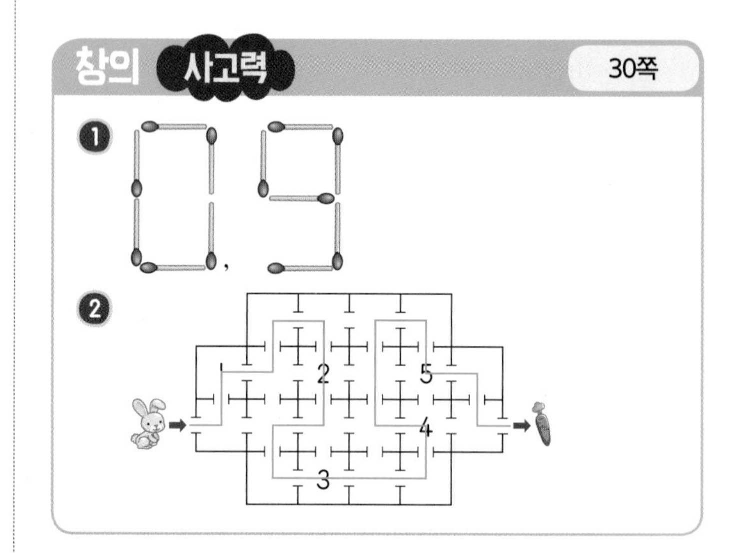

1

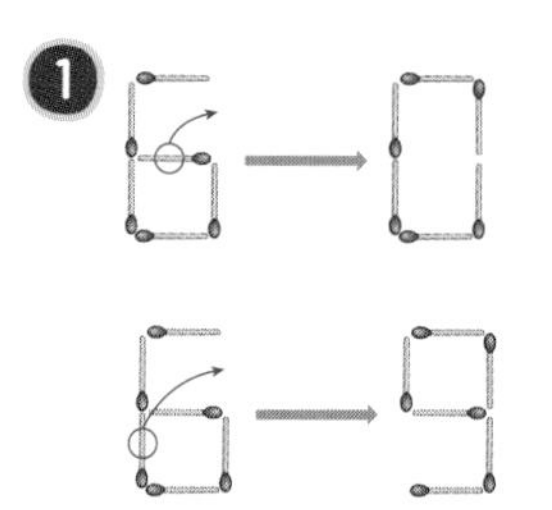

참고 각 수를 만드는 데 필요한 성냥개비의 수는 다음과 같습니다.

0	1	2	3	4
6개	2개	5개	5개	4개

5	6	7	8	9
5개	6개	4개	7개	6개

따라서 6을 만든 성냥개비의 수가 6개이므로 성냥개비의 수가 같은 0과 9를 만들 수 있습니다.

2 1, 2, 3, 4, 5의 순서대로 지나야 합니다. 한 번 지나간 칸은 다시 지나가지 않으면서 모든 칸을 지나도록 합니다.

2. 여러 가지 모양

34~37쪽

1-1 ( ) ( ) (○)

1-2 (1) ㉡, ㉤ (2) ㉣, ㉥

1-3 예 과자 상자, 사물함

1-4

1-5 ①, ②, ④

1-6 (1) 5개, 2개, 3개 (2) 에 ○표

1-7

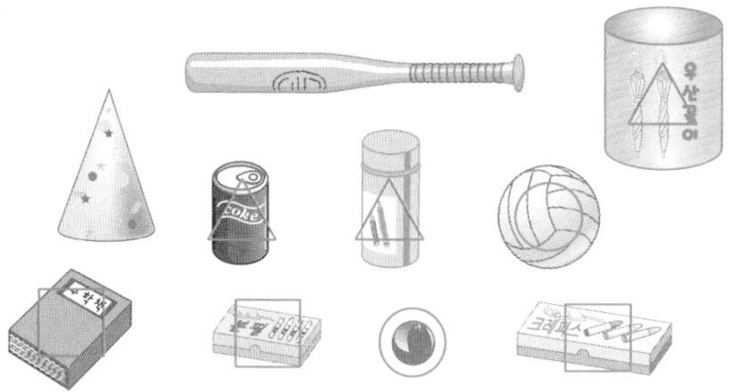

1-8 근희

2-1 에 ○표

2-2 에 ○표

2-3 ④

2-4 ㉢

2-5 예 모양은 평평한 부분이 있지만 모양은 평평한 부분이 없습니다.

3-1 (1) 2개 (2) 2개 (3) 1개

3-2 에 ○표

3-3 (○) ( ) ( )

3-4 에 △표

3-5 4개

3-6 (1) 1개, 8개, 3개 (2) 에 ○표

3-7 예 ㉠ 모양을 2개 사용했습니다.
㉡ 모양을 3개 사용했습니다.
따라서 모양을 더 적게 사용하여 만든 모양은 ㉠입니다.
; ㉠

1-1 분유 캔: 모양, 야구공: 모양,
티슈 상자: 모양

1-2 (1) 모양: ㉡ 음료수 캔, ㉤ 타이어
(2) 모양: ㉣ 볼링공, ㉥ 털실 뭉치

1-3 책, 티슈 상자 등 여러 가지가 있습니다.

서술형 가이드 모양의 물건을 2개 써야 합니다.

채점 기준		
	모양의 물건을 2개 씀.	상
	모양의 물건을 1개만 씀.	중
	모양의 물건을 쓰지 못함.	하

1-4 생각 열기 , , 모양 중 어떤 모양인지 알아봅니다.
방울, 배구공: 모양
쓰레기통, 보온병: 모양
벽돌, 서랍장: 모양

1-5 ① 모양
②, ④ 모양
③, ⑤ 모양
따라서 모양의 물건이 아닌 것은 ①, ②, ④입니다.

1-6 (1) 모양: 주사위, 물감 상자, 필통, 큐브, 지우개 ⇨ 5개
모양: 풀, 저금통 ⇨ 2개
모양: 축구공, 농구공, 비치볼 ⇨ 3개
(2) 모양이 5개로 가장 많습니다.

1-7 모양: 수학책, 분필 상자, 크레파스 상자
모양: 음료수 캔, 보온병, 우산꽂이
모양: 구슬, 배구공

주의 야구방망이와 고깔모자는 , , 모양 중 어떤 모양도 아닙니다.

1-8 해법 순서

① 영주가 모은 물건의 모양을 알아봅니다.
② 근희가 모은 물건의 모양을 알아봅니다.
③ 같은 모양의 물건만 모은 사람을 찾습니다.

영주는 모양과 모양의 물건을 모았고,
근희는 모양의 물건을 모았습니다.
따라서 같은 모양의 물건만 모은 사람은 **근희** 입니다.

2-1 평평한 부분과 둥근 부분이 보이므로 모양 입니다.

2-2 뾰족한 부분이 있는 모양은 모양입니다.

2-3 둥근 부분으로만 되어 있는 모양은 모양입니다.
모양의 물건은 ④ 배구공입니다.

2-4 ㉢ 모양은 굴러가지 않습니다.

참고 굴러가는 모양은 모양과 모양입니다.

2-5 예 모양은 세우면 쌓을 수 있지만 모양은 쌓을 수 없습니다. 등

서술형 가이드 모양과 모양의 다른 점을 설명해야 합니다.

채점 기준		
	모양과 모양의 다른 점을 바르게 설명함.	상
	모양과 모양의 다른 점을 설명했으나 미흡함.	중
	모양과 모양의 다른 점을 설명하지 못함.	하

3-1

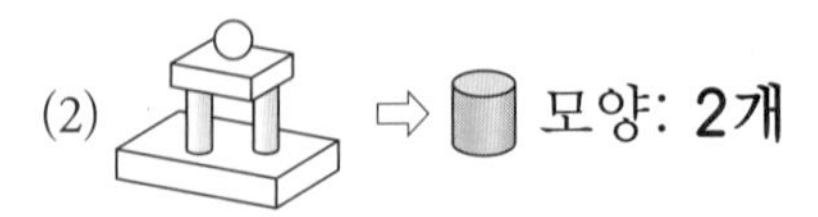

(1) ⇨ 모양: 2개
(2) ⇨ 모양: 2개
(3) ⇨ 모양: 1개

3-2 모양만 사용했습니다.

3-3 ㉠ ㉡ ㉢

㉠ 모양만 사용했습니다.
㉡ 모양만 사용했습니다.
㉢ , , 모양을 모두 사용했습니다.

3-4 생각 열기 모양을 만드는 데 사용한 모양을 알아봅니다.

, 모양을 사용했습니다.
따라서 사용하지 않은 모양은 모양입니다.

3-5 모양 1개, 모양 4개, 모양 **4개**로 만들었습니다.

3-6 (1) 모양별로 / 표시나 V 표시를 하면서 하나씩 세어 봅니다.
⇨ 모양은 **1개**, 모양은 **8개**, 모양은 **3개**입니다.
(2) 모양이 8개로 가장 많습니다.

3-7 서술형 가이드 모양의 수를 각각 세어 보고 더 적게 사용하여 만든 모양을 찾는 과정이 들어 있어야 합니다.

채점 기준		
	모양의 수를 각각 세어 보고 더 적게 사용하여 만든 모양을 바르게 찾음.	상
	모양의 수를 각각 세었으나 더 적게 사용하여 만든 모양을 찾지 못함.	중
	모양의 수를 각각 세지 못해 답을 구하지 못함.	하

참고 모양의 수를 비교하는 문제이므로 모양과 모양의 수는 세지 않아도 됩니다.

STEP 2 응용 유형 익히기 38~45쪽

1-1 (1) 에 ○표 (2) 3개

1-2 2개 **1-3** 3개

2-1 (1) , 에 ○표

(2) , 에 ○표

(3) 에 ○표

2-2 에 ○표

3-1 (1) 에 ○표

(2) 예 풀, 분필

3-2 예 주사위, 큐브

3-3 예 구슬, 야구공, 축구공

4-1 (1) 4개, 2개, 1개 (2) 에 ○표

4-2 에 △표

4-3 에 ○표

5-1 (1) 2개, 4개, 1개

(2) 4개, 8개, 2개

5-2 2개, 8개, 4개

5-3 4개, 2개, 2개

6-1 (1) , 에 ○표

(2) , 에 ○표

(3) 에 ○표

6-2 에 ○표

6-3 에 ○표, 7개

7-1 (1) (위에서부터) 3개, 1개, 1개 ; 3개, 1개, 1개 ; 4개, 1개, 1개

(2) ㉠

7-2 ㉠ **7-3** ㉡

8-1 (1)  에 ○표

(2) 에 ○표

8-2 에 ○표

8-3

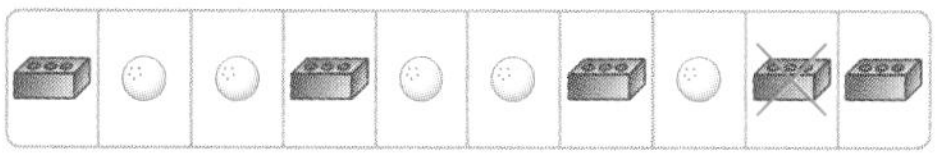

; 에 ○표

1-1 (1) 평평한 부분과 뾰족한 부분이 있으므로 모양의 일부분입니다.

(2) 모양의 물건은 티슈 상자, 전자레인지, 큐브로 모두 **3개**입니다.

참고

모양: 평평한 부분으로만 되어 있습니다.

모양: 평평한 부분과 둥근 부분이 있습니다.

모양: 둥근 부분으로만 되어 있습니다.

1-2 해법 순서

① , , 모양 중 어떤 모양의 일부분인지 알아봅니다.

② ①과 같은 모양의 물건이 모두 몇 개인지 구합니다.

둥근 부분만 있으므로 모양의 일부분입니다.

따라서 모양의 물건은 구슬, 멜론으로 모두 **2개**입니다.

1-3 해법 순서

① , , 모양 중 어떤 모양의 일부분인지 알아봅니다.

② ①과 같은 모양의 물건이 모두 몇 개인지 구합니다.

평평한 부분과 둥근 부분이 있으므로 모양의 일부분입니다.

따라서 모양의 물건은 초, 드럼통, 통조림으로 모두 **3개**입니다.

2-1 (1) 배구공, 수박: 모양

주사위, 책: 모양

(2) 과자 상자, 지우개: 모양

두루마리 휴지, 음료수 캔: 모양

(3) 두 사람이 모두 가지고 있는 모양은 모양입니다.

2-2 해법 순서

① 재희가 가지고 있는 모양을 알아봅니다.
② 윤주가 가지고 있는 모양을 알아봅니다.
③ 두 사람이 모두 가지고 있는 모양을 알아봅니다.

재희가 가지고 있는 모양: , 모양
윤주가 가지고 있는 모양: , 모양
따라서 두 사람이 모두 가지고 있는 모양은 모양입니다.

3-1 (1) 모양에 대한 설명입니다.
(2) 모양의 물건은 탬버린, 음료수 캔 등이 있습니다.

3-2 해법 순서

① , , 모양 중 어떤 모양인지 알아봅니다.
② ①과 같은 모양의 물건을 2개 씁니다.

모양에 대한 설명입니다.
모양의 물건은 상자, 수학책 등이 있습니다.

3-3 해법 순서

① , , 모양 중 어떤 모양인지 알아봅니다.
② ①과 같은 모양의 물건을 3개 씁니다.

모양에 대한 설명입니다.
모양의 물건은 수박, 농구공, 배구공 등이 있습니다.

4-1 (1) 모양별로 / 표시나 V 표시를 하면서 하나씩 세어 봅니다.
(2) 모양이 4개로 가장 많습니다.

4-2 해법 순서

① , , 모양의 수를 각각 세어 봅니다.
② 가장 적게 사용한 모양을 알아봅니다.

모양 1개, 모양 3개, 모양 4개로 만들었습니다.
따라서 모양이 1개로 가장 적습니다.

4-3 해법 순서

① , , 모양의 수를 각각 세어 봅니다.
② 2보다 1만큼 더 큰 수만큼 사용한 모양을 알아봅니다.

모양 2개, 모양 3개, 모양 4개로 만들었습니다.
따라서 2보다 1만큼 더 큰 수는 3이므로 3개인 모양을 찾으면 모양입니다.

5-1 (1) 주어진 모양을 1개 만들려면 모양 **2개**, 모양 **4개**, 모양 **1개**가 필요합니다.
(2) 주어진 모양을 2개 만들려면 모양 **4개**, 모양 **8개**, 모양 **2개**가 필요합니다.

5-2 해법 순서

① 주어진 모양을 1개 만드는 데 필요한 , , 모양의 수를 각각 세어 봅니다.
② 주어진 모양을 2개 만드는 데 필요한 , , 모양의 수를 각각 구합니다.

주어진 모양을 1개 만들려면 모양 1개, 모양 4개, 모양 2개가 필요합니다.
따라서 주어진 모양을 2개 만들려면 모양 **2개**, 모양 **8개**, 모양 **4개**가 필요합니다.

5-3 해법 순서

① 주어진 모양을 만드는 데 필요한 , , 모양의 수를 각각 세어 봅니다.
② 해주가 처음에 가지고 있던 , , 모양의 수를 각각 구합니다.

주어진 모양을 만들려면 모양 3개, 모양 2개, 모양 2개가 필요합니다.
따라서 모양만 1개 남았으므로 해주가 처음에 가지고 있던 모양은 **4개**, 모양은 **2개**, 모양은 **2개**입니다.

주의 주어진 모양을 만들고 모양만 1개 남았으므로 모양과 모양의 수는 변함이 없습니다.

6-1 (1) 모양 4개, 모양 1개로 만들었습니다.
(2) 모양 2개, 모양 2개로 만들었습니다.
(3) ㉠과 ㉡ 모양을 만드는 데 모두 사용한 모양은 모양입니다.

6-2 해법 순서
① ㉠ 모양을 만드는 데 사용한 모양을 알아봅니다.
② ㉡ 모양을 만드는 데 사용한 모양을 알아봅니다.
③ ㉠과 ㉡ 모양을 만드는 데 모두 사용한 모양을 알아봅니다.

㉠ 모양 2개, 모양 3개로 만들었습니다.
㉡ 모양 3개, 모양 2개로 만들었습니다.
따라서 ㉠과 ㉡ 모양을 만드는 데 모두 사용한 모양은 모양입니다.

6-3 해법 순서
① ㉠ 모양을 만드는 데 사용한 모양을 알아봅니다.
② ㉡ 모양을 만드는 데 사용한 모양을 알아봅니다.
③ ㉠과 ㉡ 모양을 만드는 데 모두 사용한 모양과 수를 구합니다.

㉠ 모양 3개, 모양 4개로 만들었습니다.
㉡ 모양 5개, 모양 3개로 만들었습니다.
따라서 ㉠과 ㉡ 모양을 만드는 데 모두 사용한 모양은 모양이고, **7개**입니다.

7-1 (1) 모양별로 / 표시나 ∨ 표시를 하면서 하나씩 세어 봅니다.
(2) **보기**와 , , 모양의 수가 같은 것은 ㉠입니다.

참고 ㉡은 모양이 1개 더 많습니다.

7-2 해법 순서
① **보기**, ㉠, ㉡에서 , , 모양의 수를 각각 세어 봅니다.
② **보기**와 , , 모양의 수가 같은 것을 찾습니다.

보기는 모양 2개, 모양 3개, 모양 2개입니다.
㉠은 모양 2개, 모양 3개, 모양 2개이고, ㉡은 모양 2개, 모양 2개, 모양 2개입니다.
따라서 **보기**와 , , 모양의 수가 같은 것은 ㉠입니다.

7-3 해법 순서
① **보기**, ㉠, ㉡에서 , , 모양의 수를 각각 세어 봅니다.
② **보기**와 , , 모양의 수가 같은 것을 찾습니다.

보기는 모양 1개, 모양 4개, 모양 3개입니다.
㉠은 모양 1개, 모양 4개, 모양 2개이고, ㉡은 모양 1개, 모양 4개, 모양 3개입니다.
따라서 **보기**와 , , 모양의 수가 같은 것은 ㉡입니다.

8-1 (1) 필통, 야구공이 되풀이되므로 야구공 다음에는 필통이 들어갑니다.
(2) 필통은 모양입니다.

8-2 해법 순서
① 물건이 놓인 순서를 찾습니다.
② 빈 곳에 들어갈 물건을 찾습니다.
③ 빈 곳에 들어갈 물건의 모양을 알아봅니다.

수박, 음료수 캔이 되풀이되므로 빈 곳에는 음료수 캔이 들어갑니다.
음료수 캔은 모양입니다.

8-3 해법 순서

① 물건이 놓인 순서를 찾습니다.
② 물건이 잘못 놓인 곳을 찾아 ×표 합니다.
③ ②의 자리에 들어갈 물건의 모양을 알아봅니다.

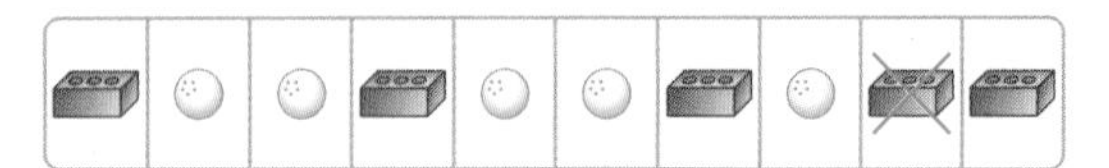

벽돌, 탁구공, 탁구공이 되풀이되므로 ×표 한 곳에는 탁구공이 들어가야 합니다.
탁구공은 ○ 모양입니다.

STEP 3 응용 유형 뛰어넘기 46~51쪽

1 ○에 ○표
2 ㉡, ㉣, ㉤ ; ㉠, ㉢, ㉥
3 예 평평한 부분과 둥근 부분이 있습니다.
4 □에 ○표
5
6 ▯에 ○표
7 1개
8 예 □ 모양 5개, ▯ 모양 3개, ○ 모양 3개로 만들었습니다.
따라서 사용한 모양의 수가 다른 하나는 □ 모양입니다. ; □ 모양
9 ㉡
10 ( ) (○) (○)
( ) ( ) ( )
11 예 슬기는 □ 모양 4개, ▯ 모양 2개, ○ 모양 2개를 사용했습니다.
동수는 □ 모양 3개, ▯ 모양 2개, ○ 모양 2개를 사용했습니다.
따라서 슬기는 동수보다 □ 모양을 1개 더 많이 사용했습니다.
; □ 모양, 1개
12 ▯에 ○표, 1개
13 주사위, 음료수 캔, 야구공
14 7개, 6개, 4개
15

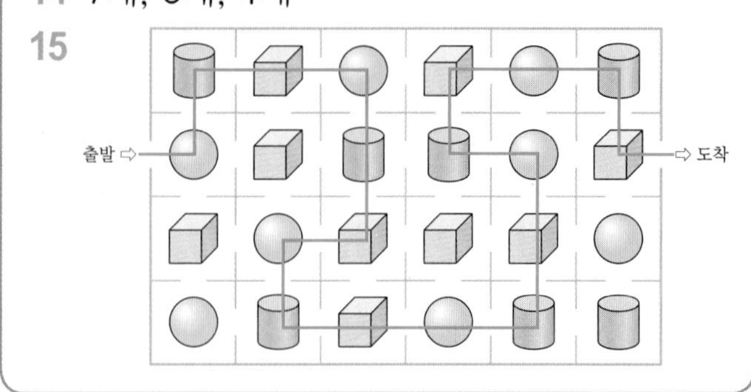

1 모든 부분이 둥근 것은 ○ 모양입니다.

2 뾰족한 부분이 있는 모양은 □ 모양입니다.
뾰족한 부분이 있는 모양의 물건은 ㉡ 선물 상자, ㉣ 공책, ㉤ 티슈 상자입니다.
뾰족한 부분이 없는 모양은 ▯ 모양, ○ 모양입니다.
뾰족한 부분이 없는 모양의 물건은 ㉠ 농구공, ㉢ 야구공, ㉥ 북입니다.

3 ▯ 모양의 일부분입니다.

서술형 가이드 □, ▯, ○ 모양 중 어떤 모양인지 알고 모양의 특징을 1가지 써야 합니다.

채점 기준		
	□, ▯, ○ 모양 중 어떤 모양인지 알고 모양의 특징을 1가지 바르게 씀.	상
	□, ▯, ○ 모양 중 어떤 모양인지 알았으나 모양의 특징을 쓰지 못함.	중
	□, ▯, ○ 모양 중 어떤 모양인지 몰라 모양의 특징을 쓰지 못함.	하

참고 ▯ 모양의 특징
① 평평한 부분과 둥근 부분이 있습니다.
② 세우면 잘 쌓을 수 있습니다.
③ 눕히면 잘 굴러갑니다.

4 □ 모양은 평평한 부분이 있고 쌓을 수 있으며 굴러가지 않습니다. 또 뾰족한 부분이 있고 둥근 부분은 없습니다.
따라서 윤서가 대답해야 하는 모양은 □ 모양입니다.

5 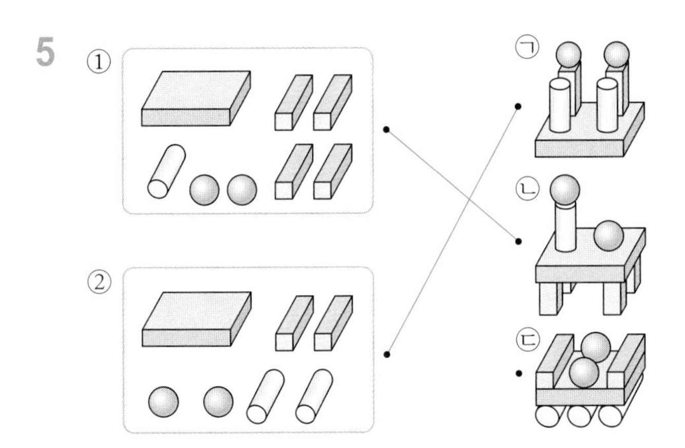

㉠ 모양 3개, 모양 2개, 모양 2개이므로 ②를 사용하여 만들 수 있습니다.
㉡ 모양 5개, 모양 1개, 모양 2개이므로 ①을 사용하여 만들 수 있습니다.
㉢ 모양 3개, 모양 3개, 모양 2개이므로 ① 또는 ②를 사용하여 만들 수 없습니다.

6 해법 순서
① , , 모양의 수를 각각 세어 봅니다.
② 수가 4개인 모양을 알아봅니다.
모양: 주사위, 세제 상자 ⇨ 2개
모양: 풀, 두루마리 휴지, 저금통, 탬버린 ⇨ 4개
모양: 축구공, 방울, 볼링공 ⇨ 3개
따라서 수가 4개인 모양은 모양입니다.

7 모양의 물건은 도넛 상자, 귤 상자, 벽돌로 3개이고, 모양의 물건은 건전지, 저금통으로 2개이므로 모양의 물건은 모양의 물건보다 **1개** 더 많습니다.

8 서술형 가이드 , , 모양의 수를 각각 세어 보고 사용한 모양의 수가 다른 하나를 찾는 과정이 들어 있어야 합니다.

채점 기준		
	, , 모양의 수를 각각 세어 보고 사용한 모양의 수가 다른 하나를 바르게 찾음.	상
	, , 모양의 수를 각각 세었으나 사용한 모양의 수가 다른 하나를 찾지 못함.	중
	, , 모양의 수를 각각 세지 못해 답을 구하지 못함.	하

9 해법 순서
① ㉠, ㉡, ㉢의 , , 모양의 수를 각각 세어 봅니다.
② 모양 3개, 모양 4개, 모양 2개로 만든 모양을 찾습니다.
㉠ 모양 3개, 모양 4개, 모양 1개
㉡ 모양 3개, 모양 4개, 모양 2개
㉢ 모양 3개, 모양 5개, 모양 2개
따라서 구하려는 답은 ㉡입니다.

10 모양 4개, 모양 5개, 모양 2개로 만들었습니다.
따라서 모양이 5개로 가장 많으므로 분필, 저금통에 ○표 합니다.

11 서술형 가이드 슬기와 동수가 사용한 , , 모양의 수를 각각 세어 보고 슬기는 동수보다 어떤 모양을 몇 개 더 많이 사용했는지 구하는 과정이 들어 있어야 합니다.

채점 기준		
	슬기와 동수가 사용한 , , 모양의 수를 각각 세어 보고 슬기는 동수보다 어떤 모양을 몇 개 더 많이 사용했는지 바르게 구함.	상
	슬기와 동수가 사용한 , , 모양의 수를 각각 세었으나 답을 구하지 못함.	중
	슬기와 동수가 사용한 , , 모양의 수를 각각 세지 못해 답을 구하지 못함.	하

12 해법 순서
① 주어진 모양을 만드는 데 사용한 , , 모양의 수를 각각 세어 봅니다.
② 미라에게 어떤 모양이 몇 개 더 필요한지 알아봅니다.
주어진 모양을 만들려면 모양 3개, 모양 4개, 모양 3개가 필요합니다.
따라서 모양 **1개**가 더 필요합니다.
참고 필요한 , , 모양 중 미라가 가지고 있는 모양보다 더 많은 것을 찾습니다.

13 해법 순서
① 모양을 늘어놓은 순서를 알아봅니다.
② ㉠, ㉡, ㉢에 알맞은 물건을 알아봅니다.
, , 모양 순서로 늘어놓았습니다.
따라서 ㉠에는 모양과 같은 모양의 물건인 **주사위**, ㉡에는 모양과 같은 모양의 물건인 **음료수 캔**, ㉢에는 모양과 같은 모양의 물건인 **야구공**을 놓습니다.

14 주어진 모양은 모양 4개, 모양 4개, 모양 3개를 사용했습니다.
모양 3개, 모양 2개, 모양 1개가 남았으므로 처음에 있던 모양은 4+3=**7**(**개**), 모양은 4+2=**6**(**개**), 모양은 3+1=**4**(**개**)입니다.

15 모양, 모양, 모양의 순서대로 출발에서 도착까지 선을 긋습니다. 이때, 한 번 지나간 칸은 다시 지나가지 않도록 주의합니다.

실력 평가 52~55쪽

1 ㉡, ㉣, ㉦
2 ㉢, ㉤
3 2개
4 ②
5
6 에 ○표
7 예 분필은 모양입니다.
8 ( )(○)( )( )(○)
9 승기
10 예 둥근 부분이 없는 모양은 모양입니다.
따라서 모양인 물건을 찾으면 서랍장, 벽돌로 모두 2개입니다. ; 2개
11 에 △표
12 2개, 2개, 3개
13 에 ○표
14 에 ○표
15 에 ○표
16 ( )(○)
17 ㉡
18 2개, 6개, 8개
19 예 초, 주사위가 되풀이되므로 빈 곳에는 초가 들어갑니다.
초는 모양입니다. ; 모양
20 에 ○표

1 모양: ㉡ 비누 상자, ㉣ 벽돌, ㉦ 사과 상자

2 모양: ㉢ 건전지, ㉤ 김밥

3 모양은 ㉠ 비치볼, ㉥ 농구공으로 모두 **2개**입니다.

4 ①, ③, ④, ⑤ 모양 ② 모양

5 쿠키 상자, 두루마리 휴지 ⇨ 모양
체중계, 선물 상자 ⇨ 모양
야구공, 축구공 ⇨ 모양

6 생각 열기 자음과 모음을 합하여 글자를 만들어 봅니다.
ㄱ+ㅗ+ㅇ ⇨ 공
공과 같은 모양은 모양입니다.

7 서술형 가이드 틀린 이유를 바르게 써야 합니다.

채점 기준		
	틀린 이유를 바르게 씀.	상
	틀린 이유를 썼으나 미흡함.	중
	틀린 이유를 쓰지 못함.	하

8 모양의 일부분입니다.
모양의 물건은 배구공, 방울입니다.

9 **승기**: 모양은 평평한 부분이 없으므로 쌓을 수 없습니다.

10 서술형 가이드 □, □, ○ 모양 중 둥근 부분이 없는 모양을 알고 같은 모양의 물건의 수를 구하는 과정이 들어 있어야 합니다.

채점 기준		
	□, □, ○ 모양 중 둥근 부분이 없는 모양을 알고 같은 모양의 물건의 수를 바르게 구함.	상
	□, □, ○ 모양 중 둥근 부분이 없는 모양을 알았으나 답을 구하지 못함.	중
	□, □, ○ 모양 중 둥근 부분이 없는 모양을 알지 못해 답을 구하지 못함.	하

11 □ 모양 2개, □ 모양 4개로 만들었습니다.
따라서 사용하지 않은 모양은 ○ 모양입니다.

12 생각 열기 모양별로 / 표시나 ∨ 표시를 하면서 하나씩 세어 봅니다.
□ 모양 **2개**, □ 모양 **2개**, ○ 모양 **3개**로 만들었습니다.

13 ○ 모양이 3개로 가장 많습니다.

14 해법 순서
① ㉠ 모양을 만드는 데 사용한 모양을 알아봅니다.
② ㉡ 모양을 만드는 데 사용한 모양을 알아봅니다.
③ ㉠과 ㉡ 모양을 만드는 데 모두 사용한 모양을 구합니다.

㉠ □ 모양 3개, □ 모양 3개로 만들었습니다.
㉡ □ 모양 6개, ○ 모양 4개로 만들었습니다.
따라서 ㉠과 ㉡ 모양을 만드는 데 모두 사용한 모양은 □ 모양입니다.

15 □ 모양 3개, □ 모양 4개, ○ 모양 2개로 만들었습니다.
따라서 4보다 1만큼 더 작은 수는 3이므로 3개만큼 사용한 모양을 찾으면 □ 모양입니다.

참고 4보다 1만큼 더 작은 수는 4 바로 앞의 수인 3입니다.

3 → 4 (1만큼 더 큰 수), 4 → 3 (1만큼 더 작은 수)

16 생각 열기 〈보기〉와 □, □, ○ 모양의 수가 같은 것을 찾습니다.
〈보기〉는 □ 모양 2개, □ 모양 3개, ○ 모양 2개입니다.
왼쪽 모양은 □ 모양 3개, □ 모양 3개, ○ 모양 2개이고, 오른쪽 모양은 □ 모양 2개, □ 모양 3개, ○ 모양 2개입니다.
따라서 〈보기〉와 □, □, ○ 모양의 수가 같은 것은 오른쪽 모양입니다.

참고 왼쪽 모양은 □ 모양이 1개 더 많습니다.

17 ㉠ □ 모양 3개, □ 모양 2개, ○ 모양 5개로 만들었습니다.
㉡ □ 모양 3개, □ 모양 2개, ○ 모양 4개로 만들었습니다.
따라서 구하려는 답은 ㉡입니다.

18 해법 순서
① 주어진 모양을 1개 만드는 데 필요한 □, □, ○ 모양의 수를 각각 세어 봅니다.
② 주어진 모양을 2개 만드는 데 필요한 □, □, ○ 모양의 수를 각각 구합니다.

주어진 모양을 1개 만들려면 □ 모양 1개, □ 모양 3개, ○ 모양 4개가 필요합니다.
따라서 주어진 모양을 2개 만들려면 □ 모양 **2개**, □ 모양 **6개**, ○ 모양 **8개**가 필요합니다.

19 서술형 가이드 빈 곳에 들어갈 물건을 찾아 □, □, ○ 모양 중 어떤 모양인지 구하는 과정이 들어 있어야 합니다.

채점 기준		
	빈 곳에 들어갈 물건을 찾아 □, □, ○ 모양 중 어떤 모양인지 바르게 씀.	상
	빈 곳에 들어갈 물건을 찾았으나 답을 구하지 못함.	중
	빈 곳에 들어갈 물건을 찾지 못해 답을 구하지 못함.	하

20 해법 순서

① 주어진 모양을 만드는 데 필요한 , , 모양의 수를 각각 알아봅니다.

② 준희가 처음에 가지고 있던 모양 중 가장 적은 모양을 알아봅니다.

주어진 모양을 만들려면 모양 4개, 모양 2개, 모양 1개가 필요합니다.

따라서 준희가 처음에 가지고 있던 모양은 모양 4개, 모양 3개, 모양 2개이므로 가장 적은 모양은 모양입니다.

참고 주어진 모양을 만들고 모양 1개, 모양 1개가 남았으므로 준희가 처음에 가지고 있던 모양의 수는 변함이 없고 모양과 모양은 각각 1개씩 더 많았습니다.

창의 사고력 56쪽

❶ 출발 → … → 도착

❷ ㅂ

❶ 모양 2개, 모양 4개, 모양 2개를 지나도록 길을 표시합니다.

❷ 조건 1 에 맞는 모양은 ㉡, ㉣, ㉥입니다.
이 중에서 조건 2 에 맞는 모양은 ㉣, ㉥입니다.
마지막으로 조건 3 에 맞는 모양은 ㉥입니다.
따라서 • 조건 • 에 맞게 ?에 들어갈 모양은 ㉥입니다.

3. 덧셈과 뺄셈

STEP 1 기본 유형 익히기 60~63쪽

참고 모으기와 가르기

모으기와 가르기를 할 때 예를 들어 0과 5를 모으기 하여 5가 되는 것이나 5를 0과 5로 가르기 하는 것은 부자연스럽고, 추상적인 사고를 요구하므로 이 단원에서는 다루지 않는 것이 바람직합니다. 다만 학생이 답으로 쓴 경우에는 정답으로 인정합니다.

1-1 3

1-2 (선 잇기)

1-3 (왼쪽에서부터) 3, 3, 1

1-4

1	4	1	9
7	2	6	3
3	5	4	1
8	7	4	6

1-5 1, 8

2-1 3, 2

2-2 ④

2-3 예 1, 6 ; 예 3, 4

2-4 예 6을 똑같은 두 수로 가르기 하면 3과 3으로 가르기 할 수 있습니다.
따라서 영재와 건우는 각각 3개씩 먹으면 됩니다. ; 3개, 3개

3-1 6, 6

3-2 (선 잇기)

3-3 7, 7

3-4 (   ) (   ) (○)

3-5 $2+6=8$; 8개

3-6 4명

4-1 5, 5

4-2 (1) 2, 2 (2) 4, 4

4-3 6

4-4 2

4-5 (1) + (2) −

4-6 ③

4-7 $9-3=6$; 6장

5-1 0

5-2 ④

5-3 5개

1-1 클립 2개와 1개를 모으기 하면 **3**개가 됩니다.

1-2 3과 3을 모으기 하면 6이 됩니다.
5와 1을 모으기 하면 6이 됩니다.
2와 4를 모으기 하면 6이 됩니다.

1-3 1과 4, 2와 **3**, **3**과 2, 4와 **1**을 모으기 하면 5가 됩니다.

1-4 생각 열기 →, ↓ 방향으로 모으기 하여 8이 되는 두 수를 묶어 봅니다.
1과 7, 2와 6, 3과 5, 4와 4를 모으기 하면 8이 됩니다.

1-5 1과 **8**을 모으기 하면 9가 됩니다.
참고 1과 8, 2와 7, 3과 6, 4와 5, 5와 4, 6과 3, 7과 2, 8과 1을 모으기 하면 9가 됩니다.

2-1 도넛 5개는 **3**개와 **2**개로 가르기 할 수 있습니다.

2-2 ① 3은 2와 1, 1과 2로 가르기 할 수 있습니다.
② 6은 4와 2, 5와 1 등으로 가르기 할 수 있습니다.
③ 7은 1과 6 등으로 가르기 할 수 있습니다.
④ 8은 4와 4 등으로 가르기 할 수 있습니다.

2-3 7은 1과 6, 2와 5, 3과 4, 4와 3, 5와 2, 6과 1로 가르기 할 수 있습니다.

2-4 서술형 가이드 6을 똑같은 두 수로 가르기 하여 영재와 건우가 각각 몇 개씩 먹으면 되는지 구하는 과정이 들어 있어야 합니다.

채점 기준		
	6을 똑같은 두 수로 가르기 하여 영재와 건우가 각각 몇 개씩 먹으면 되는지 바르게 구함.	상
	답은 바르게 구했으나 풀이 과정이 부족함.	중
	6을 똑같은 두 수로 가르지 못해 답을 구하지 못함.	하

3-1 남학생 4명과 여학생 2명을 더하면 학생은 모두 6명입니다.
⇨ 4+2=6
⇨ 4 더하기 2는 6과 같습니다.

3-2 • 빨간 고추 5개와 초록 고추 1개를 더하면 고추는 모두 6개가 됩니다.
⇨ 5+1=6
• 공깃돌 3개와 2개를 더하면 공깃돌은 모두 5개가 됩니다.
⇨ 3+2=5

3-3 생각 열기 모으기를 이용하여 덧셈을 합니다.
2와 5를 모으기 하면 **7**이 되므로 2+5=**7**입니다.

3-4 3+4=7, 7+1=8, 4+5=9
따라서 7, 8, 9 중에서 가장 큰 것은 9입니다.

3-5 아이스크림이 2개 있었고 6개를 더 사 오셨으므로 모두 **8개**가 되었습니다.
⇨ **2+6=8**
서술형 가이드 문제에 알맞은 덧셈식을 쓰고 답을 구해야 합니다.

채점 기준		
	식을 쓰고 답을 바르게 구함.	상
	식과 답 중 1가지만 바르게 씀.	중
	식과 답을 모두 쓰지 못함.	하

3-6 • 축구를 함께하는 친구:
박찬혁, 이준희, 장은서 ⇨ 3명
• 수영을 함께하는 친구: 김도윤 ⇨ 1명
따라서 축구를 함께하는 친구와 수영을 함께하는 친구는 모두 3+1=**4(명)**입니다.

4-1 배 6개 중에서 1개를 먹으면 5개가 남습니다.
⇨ 6−1=5
⇨ 6과 1의 차는 **5**입니다.
6 빼기 1은 5와 같습니다.

4-2 생각 열기 가르기를 이용하여 뺄셈을 합니다.
(1) 4는 2와 2로 가르기 할 수 있으므로
$4-2=2$입니다.
(2) 7은 3과 4로 가르기 할 수 있으므로
$7-3=4$입니다.

4-3 $8-2=6$

4-4 생각 열기 두 수의 차를 구할 때에는 큰 수에서 작은 수를 뺍니다.
5와 7 중에서 더 큰 수는 7이므로 7에서 5를 뺍니다.
⇨ $7-5=2$

4-5 (1) 3 □ 5=8
수가 커졌으므로 +를 써넣습니다.
(2) 9 □ 2=7
가장 왼쪽의 수보다 작아졌으므로 −를 써넣습니다.

4-6 ① $9-5=4$ ② $3-1=2$
③ $7-2=5$ ④ $6-4=2$
⑤ $8-6=2$
따라서 4, 2, 5 중에서 가장 큰 것은 5입니다.

4-7 색종이 9장 중에서 3장을 사용했으므로 남은 색종이는 **6장**입니다.
⇨ $9-3=6$
서술형 가이드 문제에 알맞은 뺄셈식을 쓰고 답을 구해야 합니다.

채점 기준		
	식을 쓰고 답을 바르게 구함.	상
	식과 답 중 1가지만 바르게 씀.	중
	식과 답을 모두 쓰지 못함.	하

5-1 피자 7조각 중에서 7조각을 먹으면 남는 것이 없습니다.
⇨ $7-7=0$

5-2 ④ $8-0=8$
참고
• 0이 있는 덧셈
0+(어떤 수)=(어떤 수)
(어떤 수)+0=(어떤 수)
• 0이 있는 뺄셈
(어떤 수)−0=(어떤 수)
(전체)−(전체)=0

5-3 해법 순서
① 상태와 연서가 펼친 손가락 수를 각각 세어 봅니다.
② 덧셈식을 이용하여 두 사람이 펼친 손가락 수를 구합니다.
상태가 펼친 손가락 수: 5개
연서가 펼친 손가락 수: 0개
⇨ $5+0=5$
따라서 두 사람이 펼친 손가락은 모두 **5개**입니다.

2 STEP 응용 유형 익히기 64~71쪽

1-1 (1) 5 (2) 6
1-2 1 **1-3** 4
2-1 (1) 5 (2) 6 (3) ㉡
2-2 ㉡
2-3 (주사위 3, 주사위 5)
3-1 (1) 2, 1 (2) 2개, 1개
3-2 2가지 **3-3** 지우개
4-1 (1) 8, 4, 7, 6 (2) ㉠, ㉢, ㉣, ㉡
4-2 ㉣, ㉠, ㉢, ㉡
4-3 0+5, 4+1, 6−1, 7−3, 9−4
5-1 (1) 4권 (2) 6권
5-2 9쪽 **5-3** 8개

6-1 (1) 5명 (2) 2명
6-2 3, 2
6-3 성하네 모둠, 1명
7-1 (1) 1 (2) 5 (3) 8
7-2 1
7-3 8, 3, 4
8-1 (1) 작은에 ○표, 작은에 ○표
(2) 1, 3, 4 (또는 3, 1, 4)
8-2 5, 4, 9 (또는 4, 5, 9)
8-3 9, 2, 7

1-1 (1) 2와 3을 모으기 하면 5가 됩니다.
⇨ ㉡=5
(2) 5와 1을 모으기 하면 6이 됩니다.
⇨ ㉠=6

1-2 해법 순서
① 8을 5와 □로 가르기 합니다.
② □를 2와 ㉠으로 가르기 합니다.

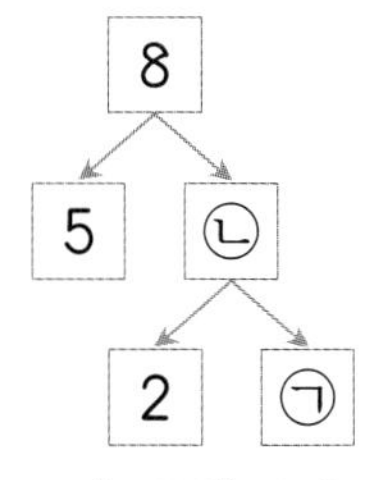

8은 5와 3으로 가르기 할 수 있습니다.
⇨ ㉡=3
3은 2와 1로 가르기 할 수 있습니다.
⇨ ㉠=1

1-3 해법 순서
① 4와 3을 모으기 합니다.
② ①에서 모으기 한 수와 2를 모으기 합니다.
③ ②에서 모으기 한 수를 5와 ㉠으로 가르기 합니다.

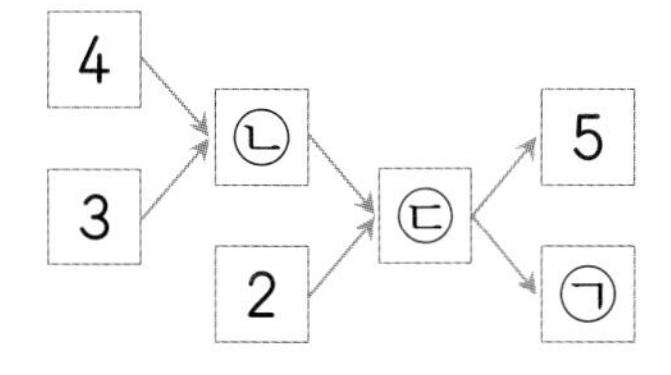

4와 3을 모으기 하면 7이 됩니다. ⇨ ㉡=7
7과 2를 모으기 하면 9가 됩니다. ⇨ ㉢=9
9는 5와 4로 가르기 할 수 있습니다. ⇨ ㉠=4

2-1 (1) 1과 4를 모으기 하면 5가 됩니다.
(2) 3과 3을 모으기 하면 6이 됩니다.
(3) 5, 6 중에서 더 큰 수는 6이므로 두 수를 모으기 한 수가 더 큰 것은 ㉡입니다.

2-2 해법 순서
① ㉠, ㉡의 두 수를 각각 모으기 합니다.
② ①에서 모으기 한 수 중 더 작은 수의 기호를 씁니다.
㉠ 5와 3을 모으기 하면 8이 됩니다.
㉡ 6과 1을 모으기 하면 7이 됩니다.
⇨ 8, 7 중에서 더 작은 수는 7입니다.
따라서 두 수를 모으기 한 수가 더 작은 것은 ㉡입니다.

2-3 해법 순서
① 혁재와 준표의 주사위의 두 눈을 각각 모으기 합니다.
② 은수의 빈 주사위에 알맞은 눈의 수를 알아봅니다.
③ 은수의 주사위의 눈을 알맞게 그려 넣습니다.
혁재: 2와 6을 모으기 하면 8이 됩니다.
준표: 4와 4를 모으기 하면 8이 됩니다.
⇨ 은수: 3과 5를 모으기 하면 8이 됩니다.
따라서 주사위의 눈을 5개 그립니다.

3-1 (1) 3은 1과 2, 2와 1로 가르기 할 수 있습니다.
(2) 2가 1보다 크므로 성재가 2개, 지우가 1개를 먹으면 됩니다.

3-2 해법 순서
① 민기와 은주가 초콜릿 5개를 나누어 먹는 방법을 알아봅니다.
② 민기가 은주보다 더 많이 먹는 경우를 알아봅니다.

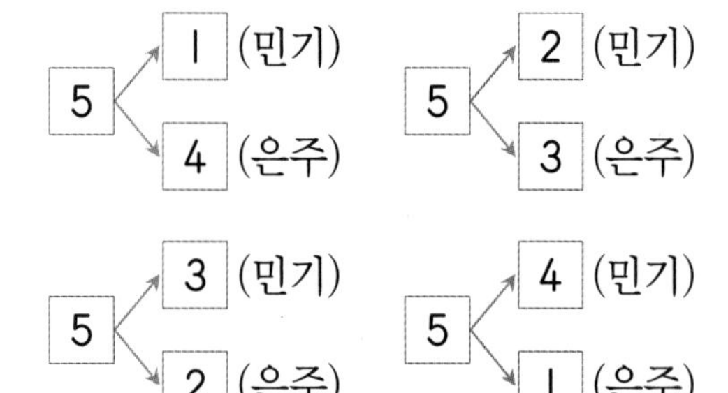

민기가 은주보다 더 많이 먹는 경우는 (민기 3개, 은주 2개), (민기 4개, 은주 1개)를 먹을 때입니다.
따라서 민기가 은주보다 더 많이 먹는 경우는 모두 **2가지**입니다.

3-3 해법 순서
① 7을 두 수로 가르기 합니다.
② 4를 두 수로 가르기 합니다.
③ 연필과 지우개 중 똑같이 둘로 가르기 할 수 있는 것을 알아봅니다.
7은 1과 6, 2와 5, 3과 4, 4와 3, 5와 2, 6과 1로 가르기 할 수 있습니다.
4는 1과 3, 2와 2, 3과 1로 가르기 할 수 있습니다.
따라서 똑같이 둘로 가르기 할 수 있는 것은 **지우개**입니다.

4-1 (1) ㉠ **1+7=8** ㉡ **6−2=4**
㉢ **4+3=7** ㉣ **9−3=6**
(2) 8, 4, 7, 6을 큰 수부터 차례로 쓰면 8, 7, 6, 4입니다. ⇨ **㉠, ㉢, ㉣, ㉡**

4-2 해법 순서
① ㉠, ㉡, ㉢, ㉣을 각각 계산합니다.
② 계산 결과가 작은 것부터 차례로 기호를 씁니다.
㉠ 2+5=7 ㉡ 6+3=9
㉢ 8−0=8 ㉣ 7−1=6
따라서 7, 9, 8, 6을 작은 수부터 차례로 쓰면 6, 7, 8, 9입니다. ⇨ **㉣, ㉠, ㉢, ㉡**

4-3 해법 순서
① 덧셈과 뺄셈을 각각 계산합니다.
② 계산 결과가 다른 하나를 찾습니다.
0+5=5, 4+1=5, 6−1=5,
7−3=4, 9−4=5
따라서 계산 결과가 다른 하나는 **7−3**입니다.

5-1 (1) (수영이가 가지고 있는 공책 수)
=(정현이가 가지고 있는 공책 수)+2
=2+2=**4(권)**
(2) (정현이가 가지고 있는 공책 수)
+(수영이가 가지고 있는 공책 수)
=2+4=**6(권)**

5-2 해법 순서
① 푼 국어 문제집의 쪽수를 구합니다.
② 푼 수학 문제집과 국어 문제집의 쪽수를 구합니다.
(푼 국어 문제집의 쪽수)
=4+1=5(쪽)
(푼 수학 문제집과 국어 문제집의 쪽수)
=4+5=**9(쪽)**
참고 '모두 ~입니까?'와 같이 전체의 수를 묻는 문제는 덧셈식으로 나타내어 구합니다.

5-3 해법 순서
① 가지고 있던 구슬 수를 구합니다.
② 오늘 산 구슬 수를 구합니다.
③ 성민이가 지금 가지고 있는 구슬 수를 구합니다.
(가지고 있던 구슬 수)=2+3=5(개)
(오늘 산 구슬 수)=1+2=3(개)
(성민이가 지금 가지고 있는 구슬 수)
=5+3=**8(개)**
다른 풀이 (빨간 구슬 수)=2+1=3(개)
(파란 구슬 수)=3+2=5(개)
(성민이가 지금 가지고 있는 구슬 수)
=3+5=**8(개)**

6-1 (1) (버스에 타고 있던 사람 수)
−(첫째 정류장에서 내린 사람 수)
$=9-4=$**5(명)**
(2) (첫째 정류장에서 내리고 남은 사람 수)
−(둘째 정류장에서 내린 사람 수)
$=5-3=$**2(명)**

6-2 해법 순서
① 신호등이 있는 횡단보도를 건넌 횟수를 구합니다.
② 신호등이 없는 횡단보도를 건넌 횟수에서 신호등이 있는 횡단보도를 건넌 횟수를 뺍니다.
(신호등이 있는 횡단보도를 건넌 횟수)
=(횡단보도를 건넌 전체 횟수)
−(신호등이 없는 횡단보도를 건넌 횟수)
$=8-5=3$(번)
⇨ (신호등이 없는 횡단보도를 건넌 횟수)
−(신호등이 있는 횡단보도를 건넌 횟수)
$=5-3=$**2**(번)

6-3 해법 순서
① 성하네 모둠의 여학생 수를 구합니다.
② 준서네 모둠의 여학생 수를 구합니다.
③ 누구네 모둠의 여학생이 몇 명 더 많은지 구합니다.
(성하네 모둠의 여학생 수)
$=6-2=4$(명)
(준서네 모둠의 여학생 수)
$=7-4=3$(명)
따라서 **성하네 모둠**의 여학생이 $4-3=$**1(명)** 더 많습니다.
주의 성하네 모둠과 준서네 모둠의 남학생 수를 비교하지 않도록 주의합니다.

7-1 (1) $2-1=1$, ★$=1$
(2) $4+1=5$, ●$=5$
(3) $5+3=8$, ▲$=8$

7-2 해법 순서
① ●를 구합니다.
② ♥를 구합니다.
③ ★을 구합니다.
$9-7=2$, ●$=2$
$2+2=4$, ♥$=4$
$4-3=1$, ★$=1$

7-3 해법 순서
① ★을 구합니다.
② ◆를 구합니다.
③ ♥를 구합니다.
$2+6=8$, ★$=8$
$8-5=3$, ◆$=3$
$3+1=4$, ♥$=4$
따라서 금고를 열려면 **8**, **3**, **4**를 차례로 누릅니다.

8-1 (1) 합이 가장 작은 덧셈식을 만들려면 가장 작은 수와 둘째로 작은 수를 더해야 합니다.
(2) 가장 작은 수인 1과 둘째로 작은 수인 3을 더해야 합니다.
⇨ **$1+3=4$ 또는 $3+1=4$**

8-2 해법 순서
① 합이 가장 큰 덧셈식을 만드는 방법을 알아봅니다.
② 합이 가장 큰 덧셈식을 만듭니다.
합이 가장 크려면 가장 큰 수와 둘째로 큰 수를 더해야 합니다.
따라서 가장 큰 수인 5와 둘째로 큰 수인 4를 더합니다.
⇨ **$5+4=9$ 또는 $4+5=9$**
참고
• 합이 가장 작은 덧셈식 만들기
⇨ (가장 작은 수)+(둘째로 작은 수)
• 합이 가장 큰 덧셈식 만들기
⇨ (가장 큰 수)+(둘째로 큰 수)

8-3 해법 순서

① 차가 가장 큰 뺄셈식을 만드는 방법을 알아봅니다.

② 차가 가장 큰 뺄셈식을 만듭니다.

차가 가장 크려면 가장 큰 수에서 가장 작은 수를 빼야 합니다.

따라서 가장 큰 수인 9에서 가장 작은 수인 2를 뺍니다. ⇨ $9-2=7$

참고

• 차가 가장 큰 뺄셈식 만들기

⇨ (가장 큰 수)−(가장 작은 수)

3 STEP 응용 유형 뛰어넘기 72~77쪽

1 7, 0

2 5, 3, 8 (또는 3, 5, 8) ; 8, 3, 5 (또는 8, 5, 3)

3 3, 2 ; ① 5 빼기 3은 2와 같습니다.
② 5와 3의 차는 2입니다.

4 5

5 예 6은 1과 5, 2와 4, 3과 3, 4와 2, 5와 1로 가르기 할 수 있습니다.
따라서 유진이와 미선이가 풍선 6개를 나누어 가지는 방법은 모두 5가지입니다.
; 5가지

6 7

7 예 풍선이 6개 있었는데 4개가 터졌습니다. 남은 풍선은 2개입니다.

8 4명

9 3, 4

10 예 색연필은 모두 $2+7=9$(자루)입니다.
9는 6보다 크므로 색연필이 사인펜보다 $9-6=3$(자루) 더 많습니다. ; 색연필, 3자루

11 8, 4, 2, 6

12 4장

13 지호, 1개

14 6, 2

15 3개

16 (위에서부터) 5, 2, 2

17 7개

1 생각 열기 왼쪽에서부터 차례로 계산합니다.

$9-2=7$, $7-7=0$

2 생각 열기 작은 두 수를 더하면 가장 큰 수가 됩니다.

덧셈식: $5+3=8$ 또는 $3+5=8$

뺄셈식: $8-3=5$ 또는 $8-5=3$

3 준하네 가족은 3명, 동수네 가족은 5명입니다.
따라서 두 가족 수의 차를 뺄셈식으로 나타내면 $5-3=2$입니다.

$5-3=2$ ⇨ **5 빼기 3은 2와 같습니다.** / **5와 3의 차는 2입니다.**

참고

뺄셈식을 읽는 방법은 2가지가 있습니다.

■−●=▲ ⇨ ■ 빼기 ●는 ▲와 같습니다. / ■와 ●의 차는 ▲입니다.

4 해법 순서

① ㉠에 알맞은 수를 구합니다.

② ㉡에 알맞은 수를 구합니다.

③ ㉠과 ㉡에 알맞은 수를 모으기 합니다.

4는 1과 3으로 가르기 할 수 있습니다.

⇨ ㉠=3

5와 2를 모으기 하면 7이 됩니다.

⇨ ㉡=2

따라서 3과 2를 모으기 하면 5가 됩니다.

5 서술형 가이드 6을 두 수로 가르기 하여 나누어 가지는 방법은 모두 몇 가지인지 구하는 과정이 들어 있어야 합니다.

채점 기준		
	6을 두 수로 가르기 하여 나누어 가지는 방법은 모두 몇 가지인지 바르게 구함.	상
	6을 두 수로 가르기 하였으나 가짓수가 부족함.	중
	6을 두 수로 가르지 못해 답을 구하지 못함.	하

6 어떤 수에서 2를 뺐더니 3이 되었으므로 어떤 수는 3보다 2만큼 더 큰 수입니다.

⇨ $3+2=\square$, $\square=5$

따라서 바르게 계산하면 $5+2=7$입니다.

7 생각 열기 수가 줄어드는 상황이나 수의 크기를 비교하는 상황에 알맞은 이야기를 만듭니다.

서술형 가이드 뺄셈식에 알맞은 이야기를 만들어야 합니다.

채점 기준		
	뺄셈식에 알맞은 이야기를 바르게 만듦.	상
	뺄셈식에 알맞은 이야기를 만들었으나 미흡함.	중
	뺄셈식에 알맞은 이야기를 만들지 못함.	하

8 해법 순서

① 가족을 위해 할 수 있는 일을 실천하고 있는 친구 수를 각각 세어 봅니다.

② 실천하고 있는 친구가 가장 많은 일과 가장 적은 일의 친구 수의 차를 구합니다.

신발 정리하기: 8명
옷 개기: 5명
식사 준비 돕기: 6명
분리배출: 4명

가장 많은 친구가 실천하고 있는 일은 신발 정리하기로 8명, 가장 적은 친구가 실천하고 있는 일은 분리배출로 4명입니다.

따라서 실천하고 있는 친구가 가장 많은 일과 가장 적은 일의 실천하고 있는 친구 수는 8－4＝**4(명)** 차이가 납니다.

9 해법 순서

① ㉠에 알맞은 수를 구합니다.

② 아래 그림에서 ㉢에 알맞은 수를 구합니다.

③ ㉡에 알맞은 수를 구합니다.

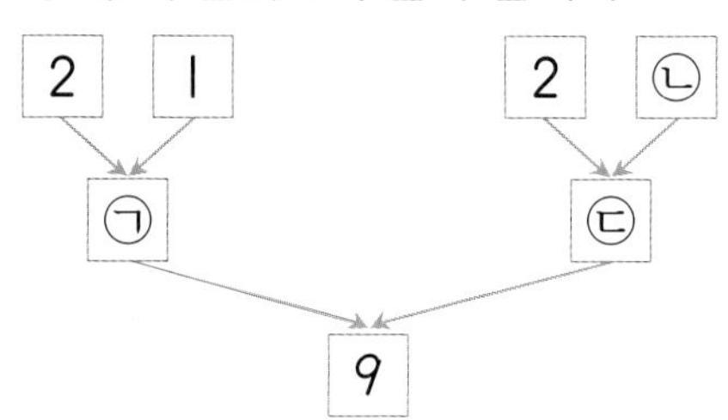

2와 1을 모으기 하면 3이 됩니다.

⇨ ㉠＝3

3과 6을 모으기 하면 9가 됩니다.

⇨ ㉢＝6

2와 4를 모으기 하면 6이 됩니다.

⇨ ㉡＝4

10 서술형 가이드 색연필 수를 구하여 색연필과 사인펜 중에서 어느 것이 몇 자루 더 많은지 구하는 과정이 들어 있어야 합니다.

채점 기준		
	색연필 수를 구하여 색연필과 사인펜 중에서 어느 것이 몇 자루 더 많은지 바르게 구함.	상
	색연필 수는 구했으나 답이 틀림.	중
	색연필 수를 구하지 못해 답을 구하지 못함.	하

11 ㉡을 ㉢과 ㉢으로 가를 수 있으므로

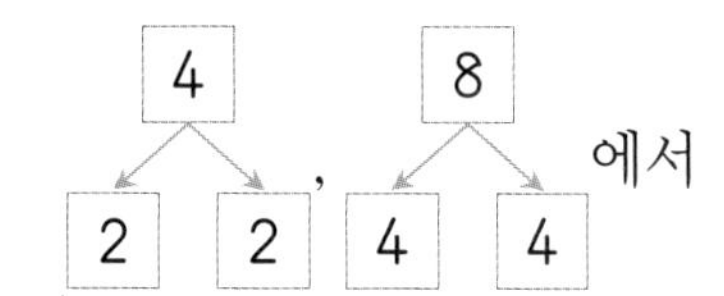

에서

㉡＝4, ㉢＝2 또는 ㉡＝8, ㉢＝4입니다.

㉡과 ㉢을 모으면 ㉣이 되어야 하므로

㉡＝**4**, ㉢＝**2**이고 이때 ㉣＝**6**입니다.

㉠은 2와 6으로 가를 수 있으므로 ㉠＝**8**입니다.

12 해법 순서

① 용주가 가지고 있는 딱지 수를 이용하여 석기가 가지고 있는 딱지 수를 구합니다.

② 석기가 가지고 있는 딱지 수를 이용하여 덕화가 가지고 있는 딱지 수를 구합니다.

(석기가 가지고 있는 딱지 수)
＝(용주가 가지고 있는 딱지 수)＋1
＝6＋1＝7(장)

(덕화가 가지고 있는 딱지 수)
＝(석기가 가지고 있는 딱지 수)－3
＝7－3＝**4(장)**

참고

• ■장보다 ▲장 더 많습니다.
 ⇨ 덧셈식 ■＋▲로 나타냅니다.

• ■장보다 ▲장 더 적습니다.
 ⇨ 뺄셈식 ■－▲로 나타냅니다.

13 (미연이가 가지고 있는 구슬 수)＝4＋3＝7(개)

(지호가 가지고 있는 구슬 수)＝6＋2＝8(개)

7보다 8이 더 크므로 **지호**가 구슬을 8－7＝**1(개)** 더 많이 가지고 있습니다.

14 생각 열기 두 수의 합이 8이 되는 경우를 표로 나타냅니다.

큰 수	8	7	6	5	4
작은 수	0	1	2	3	4

이 중에서 차가 4인 두 수는 6과 2입니다.
따라서 동원이가 좋아하는 두 선수의 등번호를 큰 수부터 차례로 쓰면 **6, 2**입니다.

15 6−[1]=5, 6−[2]=4, 6−[3]=3, 6−[4]=2, ...이므로 계산 결과가 2보다 큰 수가 되는 어떤 수는 1, 2, 3으로 모두 **3개**입니다.

16

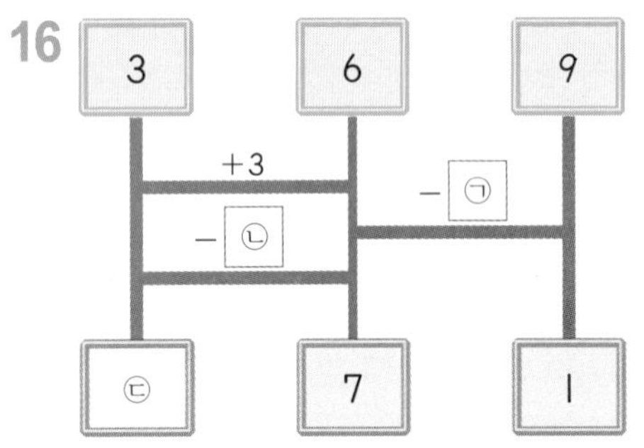

- 3+3=6, 6−㉠=1, ㉠=**5**
- 6+3=9, 9−㉡=7, ㉡=**2**
- 9−5=4, 4−2=㉢, ㉢=**2**

17 생각 열기 모으기를 나타내는 그림을 그려 봅니다.

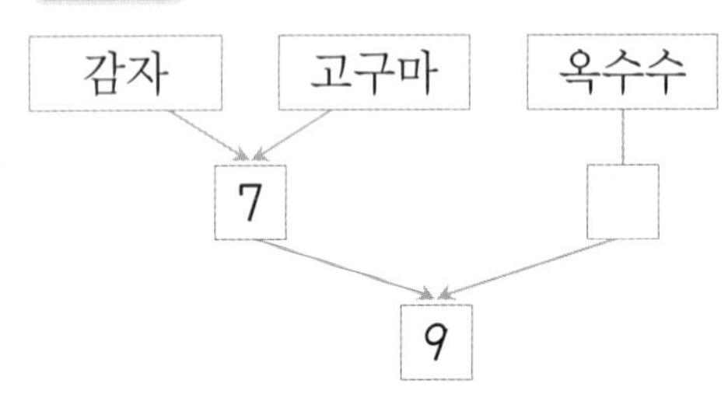

⇨ 7과 2를 모으기 하면 9가 되므로 옥수수는 2개입니다.

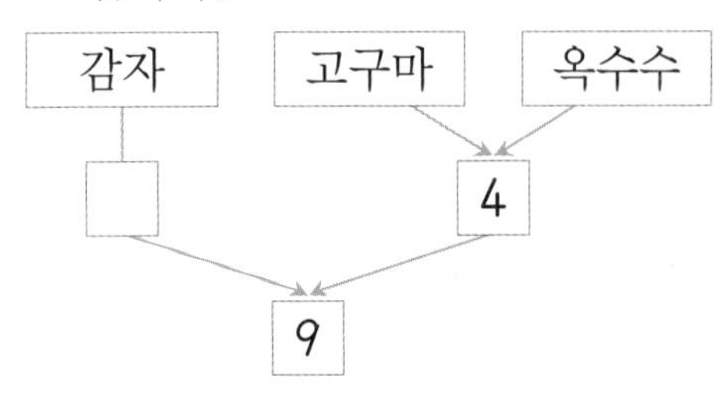

⇨ 5와 4를 모으기 하면 9가 되므로 감자는 5개입니다.

따라서 감자 5개와 옥수수 2개를 모으면 **7개**가 됩니다.

실력 평가 78~81쪽

1 (1) 1 (2) 4
2 3, 5 ; 예 2 더하기 3은 5와 같습니다.
3 3
4 (왼쪽에서부터) 3, 2, 1
5 (1) − (2) + **6** ④
7 4+5=9 ; 9개
8 (위에서부터) 9, 6, 1, 2
9 8, 8
10 2, 7, 9 (또는 7, 2, 9) ; 9, 2, 7 (또는 9, 7, 2)
11 ⑤ **12** 1
13 4, 3, 1
14 예 3과 4, 2와 5를 모으기 하면 7이 됩니다. 따라서 남는 카드의 수는 6입니다. ; 6
15 5권 **16** 4개
17 8, 3, 5 **18** 5개
19 예 (지성이가 먹고 남은 만두 수)
=8−1=7(개)
(민영이가 먹고 남은 만두 수)
=7−2=5(개)
따라서 남은 만두는 5개입니다. ; 5개
20 4명

1 생각 열기 (1)은 모으기, (2)는 가르기입니다.

(1) 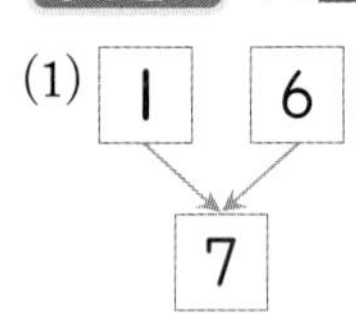

1과 6을 모으기 하면 7이 됩니다.

(2) 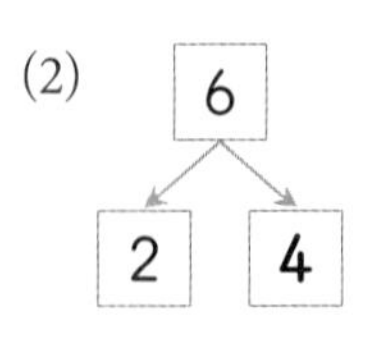

6은 2와 4로 가르기 할 수 있습니다.

2 (흰 바둑돌 수)+(검은 바둑돌 수)
=(전체 바둑돌 수)
⇨ 2+3=5
⇨ **2 더하기 3은 5와 같습니다.**
2와 3의 합은 5입니다.

3 생각 열기 화살표 방향을 따라 계산합니다.
$9-6=3$

4 4는 1과 3, 2와 2, 3과 1로 가르기 할 수 있습니다.

5 (1) 7□6=1
계산 결과가 가장 왼쪽의 수보다 작아졌으므로 −를 써넣습니다.
(2) 4□1=5
계산 결과가 커졌으므로 +를 써넣습니다.

6 ① 3과 5를 모으기 하면 8이 됩니다.
② 4와 4를 모으기 하면 8이 됩니다.
③ 6과 2를 모으기 하면 8이 됩니다.
④ 1과 8을 모으기 하면 9가 됩니다.
⑤ 7과 1을 모으기 하면 8이 됩니다.
따라서 두 수를 모으기 한 수가 다른 하나는 ④입니다.

7 (사과의 수)+(배의 수)$=4+5=9$(개)
서술형 가이드 문제에 알맞은 덧셈식을 쓰고 답을 구해야 합니다.

채점 기준		
	식을 쓰고 답을 바르게 구함.	상
	식과 답 중 1가지만 바르게 씀.	중
	식과 답을 모두 쓰지 못함.	하

8 생각 열기 화살표 방향을 따라 계산합니다.
$6+3=9$, $5+1=6$, $6-5=1$, $3-1=2$

9 생각 열기 화살표 방향을 따라 계산합니다.
$5+3=8$, $8-0=8$

10 생각 열기 작은 두 수를 더하면 가장 큰 수가 되고 가장 큰 수에서 한 수를 빼면 나머지 수가 됩니다.
덧셈식: $2+7=9$ 또는 $7+2=9$
뺄셈식: $9-2=7$ 또는 $9-7=2$

11 ① $0+8=8$ ② $2+4=6$
③ $7-4=3$ ④ $6-1=5$
⑤ $9-0=9$
따라서 8, 6, 3, 5, 9 중에서 가장 큰 수는 9이므로 계산 결과가 가장 큰 것은 ⑤입니다.

12 생각 열기 모으기와 가르기를 해 봅니다.

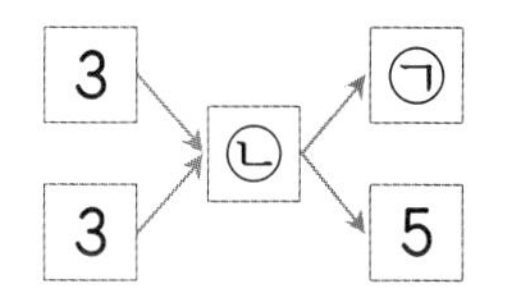

3과 3을 모으기 하면 6이 됩니다.
⇨ ㉡=6
6은 1과 5로 가르기 할 수 있습니다.
⇨ ㉠=1

13 해법 순서
① 원기둥 모양의 수를 세어 봅니다.
② 상자 모양의 수를 세어 봅니다.
③ ①와 ②의 차를 구합니다.

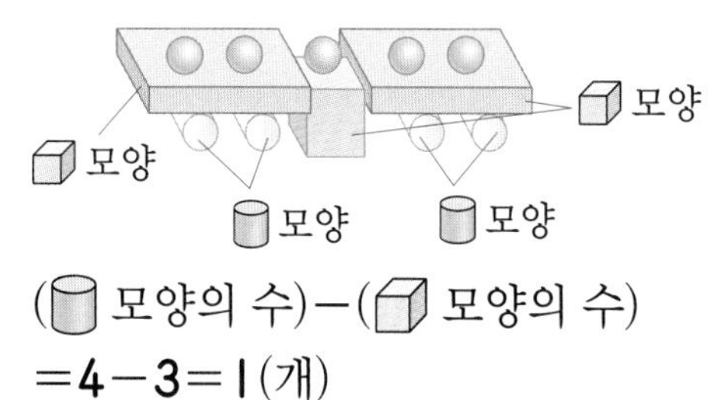

(원기둥 모양의 수)−(상자 모양의 수)
$=4-3=1$(개)

14 서술형 가이드 모으기 하여 7이 되는 카드를 2장씩 모두 묶은 후 남는 카드의 수를 구하는 과정이 들어 있어야 합니다.

채점 기준		
	모으기 하여 7이 되는 카드를 2장씩 모두 묶은 후 남는 카드의 수를 바르게 구함.	상
	모으기 하여 7이 되는 카드를 2장만 묶어 답을 구하지 못함.	중
	모으기 하여 7이 되는 카드를 몰라 답을 구하지 못함.	하

15 해법 순서
① 나영이가 읽은 동화책 수를 구합니다.
② 두 사람이 읽은 동화책 수를 구합니다.
(나영이가 읽은 동화책 수)$=1+3=4$(권)
(두 사람이 읽은 동화책 수)$=1+4=5$(권)

16

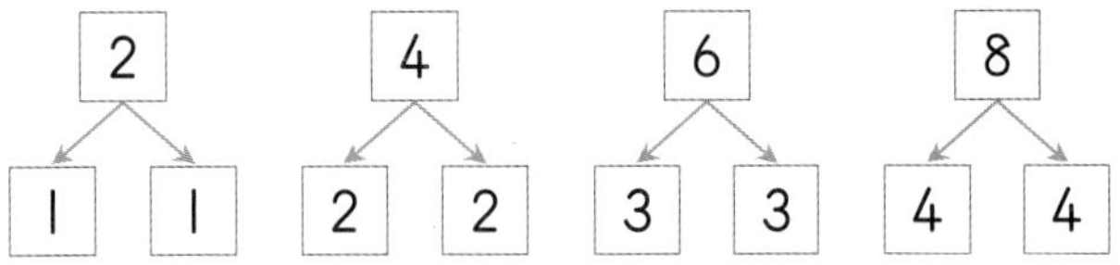

따라서 똑같은 두 수로 가르기 할 수 있는 수는 2, 4, 6, 8로 모두 **4개**입니다.

17 해법 순서

① 차가 가장 큰 뺄셈식을 만드는 방법을 알아봅니다.

② 차가 가장 큰 뺄셈식을 만듭니다.

차가 가장 크려면 가장 큰 수에서 가장 작은 수를 빼야 합니다.

따라서 가장 큰 수인 8에서 가장 작은 수인 3을 뺍니다.

⇨ **8−3=5**

18 해법 순서

① 9를 두 수로 가르기 합니다.

② ①에서 차가 1인 두 수를 찾습니다.

9는 1과 8, 2와 7, 3과 6, 4와 5, 5와 4, 6과 3, 7과 2, 8과 1로 가르기 할 수 있습니다.

이 중에서 차가 1인 두 수는 4와 5, 5와 4입니다.

오른손에 쥐고 있는 구슬 수가 왼손에 쥐고 있는 구슬 수보다 1개 더 많으므로 오른손에 쥐고 있는 구슬은 **5개**입니다.

19 서술형 가이드 지성이가 먹고 남은 만두 수를 구하여 민영이가 먹고 남은 만두 수를 구하는 과정이 들어 있어야 합니다.

채점 기준	지성이가 먹고 남은 만두 수를 구하여 민영이가 먹고 남은 만두 수를 바르게 구함.	상
	지성이가 먹고 남은 만두 수는 구했으나 민영이가 먹고 남은 만두 수를 구하지 못함.	중
	지성이가 먹고 남은 만두 수를 구하지 못해 답을 구하지 못함.	하

다른 풀이

(지성이와 민영이가 먹은 만두 수)=1+2=3(개)

(남은 만두 수)

=(전체 만두 수)−(지성이와 민영이가 먹은 만두 수)

=8−3=**5(개)**

20 해법 순서

① 처음 운동장에 있던 학생 수를 구합니다.

② 집으로 돌아간 학생 수를 구합니다.

③ 지금 운동장에 남아 있는 학생 수를 구합니다.

(처음 운동장에 있던 학생 수)

=3+4=7(명)

(집으로 돌아간 학생 수)

=1+2=3(명)

(지금 운동장에 남아 있는 학생 수)

=7−3=**4(명)**

다른 풀이

(남아 있는 여학생 수)=3−1=2(명)

(남아 있는 남학생 수)=4−2=2(명)

(지금 운동장에 남아 있는 학생 수)

=2+2=**4(명)**

창의 사고력 82쪽

1 예

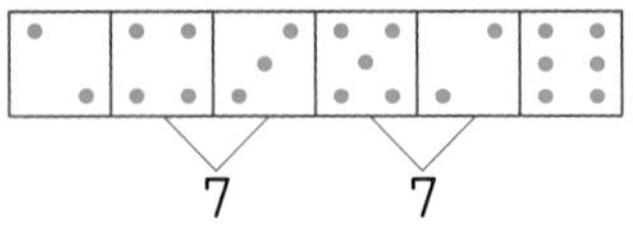

2

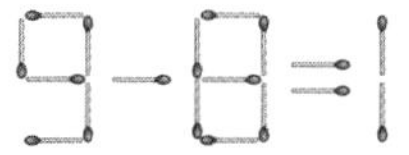

1 생각 열기 합이 7이 되는 경우를 생각해 봅니다.

주어진 도미노의 점의 수 중 2와 5, 3과 4를 더하면 7이 됩니다.

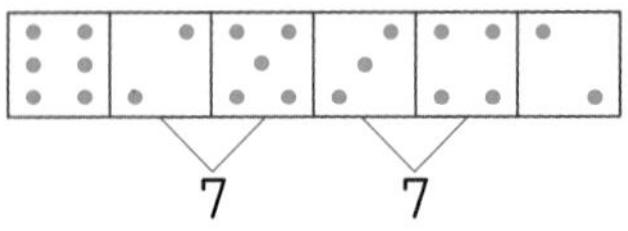
도 답입니다.

2

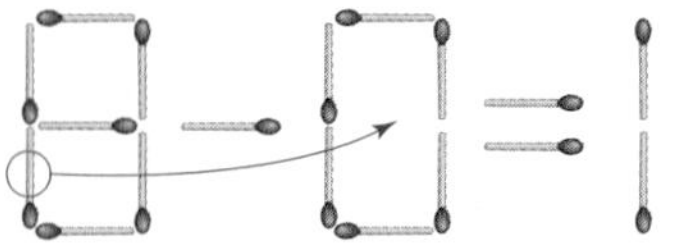

⇨

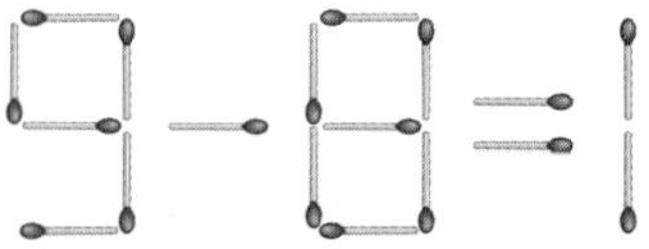

4. 비교하기

1 STEP 기본 유형 익히기 86~89쪽

1-1 (　　)
(　△　)

1-2 빗자루, 칫솔

1-3 (　○　)
(　　)

1-4 재우네

1-5 예

예

1-6 ㉢ ; 예 양쪽 끝이 맞추어져 있을 때에는 많이 구부러져 있을수록 더 길므로 ㉢이 가장 깁니다.

2-1 영미

2-2 (　　) (　　) (　○　)

2-3 냉장고, 정수기, 책상

3-1 무겁습니다에 ○표

3-2 (　　) (　△　) (　○　)

3-3 재혁

4-1 (　○　) (　　)

4-2 (　△　) (　○　) (　　)

4-3 ㉠

4-4 (1) 예 학교 운동장
(2) 예 교실

4-5 (　　)
(　△　)

4-6 예 칸 수를 세어 보면 ㉮는 5칸, ㉯는 7칸이므로 ㉯가 ㉮보다 더 넓습니다. ; ㉯

5-1 (　　) (　○　)

5-2 (　△　) (　　)

5-3 (　　) (　○　) (　　)

5-4 ㉢, ㉠, ㉡

5-5 예 그릇의 크기가 클수록 물을 더 많이 담을 수 있습니다. 따라서 페트병보다 물을 더 많이 담을 수 있는 것은 그릇의 크기가 더 큰 ㉡입니다. ; ㉡

5-6 승기

1-1 오른쪽 끝이 맞추어져 있으므로 왼쪽 끝이 덜 나온 것이 더 짧습니다.

참고 길이를 비교할 때 한쪽 끝이 맞추어져 있으면 반대쪽으로 더 나온 것이 더 길고 덜 나온 것이 더 짧습니다.

1-2 왼쪽 끝이 맞추어져 있으므로 오른쪽 끝이 더 나온 **빗자루**가 **칫솔**보다 더 깁니다.

1-3 생각 열기 파, 당근, 무의 한쪽 끝을 맞춘 후 길이를 비교합니다.

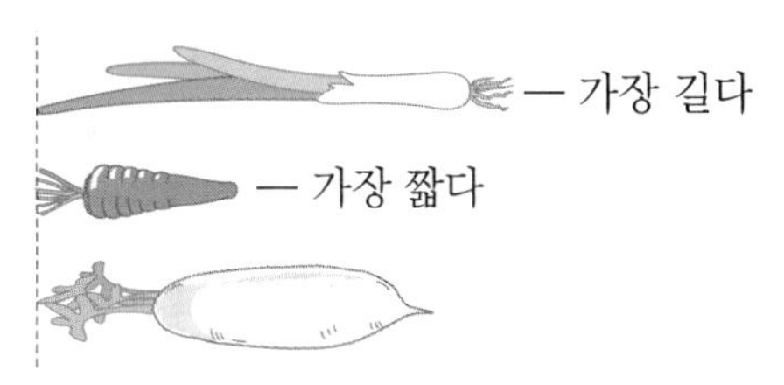

⇨ 무보다 더 긴 것은 **파**입니다.

1-4 왼쪽 끝이 맞추어져 있으므로 오른쪽 끝을 비교하면 **재우네** 모둠에서 만든 줄이 더 깁니다.

주의 승희네 모둠은 6명, 재우네 모둠은 5명으로 줄을 만들었습니다. 하지만 사람 수를 비교하는 것이 아니므로 승희네 모둠에서 만든 줄이 더 길다고 하면 안 됩니다.

1-5 1인용 줄넘기보다 단체 줄넘기의 줄이 더 길어야 합니다.

참고 사람이 많을수록 더 긴 줄넘기가 필요합니다.

1-6 서술형 가이드 양쪽 끝이 맞추어져 있으므로 길이를 비교하는 기준에 줄의 구부러진 정도에 대한 내용이 들어 있어야 합니다.

채점 기준		
	많이 구부러져 있을수록 더 길다는 것을 설명하고 가장 긴 줄을 바르게 찾음.	상
	가장 긴 줄이 어느 것인지 알고 있지만 설명이 부족함.	중
	길이를 비교하는 방법을 몰라서 이유를 설명하지 못함.	하

2-1 아래쪽 끝이 맞추어져 있으므로 위쪽 끝을 비교합니다. **영미**가 쌓은 탑이 위쪽으로 덜 나와 있으므로 높이가 더 낮습니다.

다른 풀이 블록 1개의 모양과 크기가 같으므로 탑의 층수를 비교해도 됩니다.
민수가 쌓은 탑: 5층, 영미가 쌓은 탑: 3층
⇨ 영미가 쌓은 탑의 높이가 더 낮습니다.

2-2 아래쪽 끝이 맞추어져 있으므로 위쪽 끝이 더 나올수록 높은 깃발입니다.

2-3

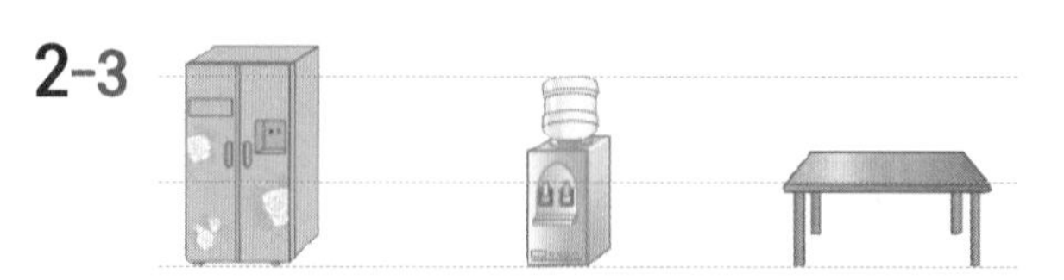

아래쪽 끝이 맞추어져 있으므로 위쪽 끝을 비교하면 가장 높은 것은 냉장고, 가장 낮은 것은 책상입니다.

3-1 생각 열기 직접 들었을 때 더 힘들수록 더 무거운 것입니다.
직접 들어 보면 수박이 귤보다 더 무겁습니다.

3-2 코끼리가 가장 무겁고, 다람쥐가 가장 가볍습니다.

3-3 생각 열기 시소를 타면 더 무거운 쪽이 아래로 내려갑니다.

해법 순서
① 두 사람씩 무게를 비교해 봅니다.
② 가장 무거운 사람을 찾습니다.

호영이는 은지보다 더 무겁고, 재혁이보다 더 가볍습니다. 따라서 **재혁**이가 가장 무겁고, 은지가 가장 가볍습니다.

4-1 생각 열기 겹쳐 보았을 때 남는 부분이 있는 것이 더 넓습니다.
두 물건을 겹쳐 보면 신문지가 남으므로 신문지는 손수건보다 더 넓습니다.

4-2 생각 열기 여러 가지의 넓이를 비교할 때에는 '가장 넓다', '가장 좁다' 등으로 나타냅니다.
서로 겹쳤을 때 스케치북이 가장 많이 남으므로 가장 넓고, 수첩은 남는 부분이 없으므로 가장 좁습니다.

4-3 서로 겹쳐 보면 ㉠이 가장 많이 남으므로 ㉠이 가장 넓습니다.

4-4 (1) 야구 경기장보다 더 좁은 곳은 농구장, 배구장 등이 있습니다.
(2) 내 방보다 더 넓은 곳은 교실, 운동장 등이 있습니다.

4-5 생각 열기 1—2—3—4의 순서대로 선을 이어 모양을 만들고 나서 넓이를 비교합니다.

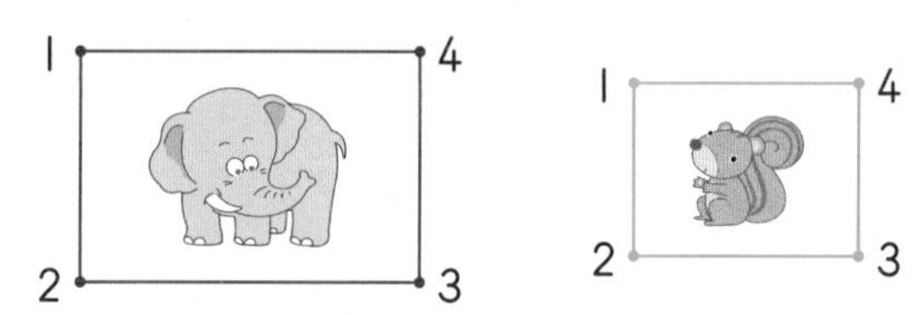

⇨ 만들어진 모양을 겹쳐 보면 다람쥐가 있는 쪽의 모양이 코끼리가 있는 쪽의 모양보다 더 좁습니다.

4-6 생각 열기 1칸의 크기가 모두 같으므로 칸 수가 많을수록 더 넓습니다.

서술형 가이드 칸 수가 많을수록 더 넓다는 것을 알고 ㉮와 ㉯의 칸 수를 세어 넓이를 비교하는 과정이 들어 있어야 합니다.

채점 기준		
	㉮와 ㉯의 칸 수를 세어 넓이를 비교하고 더 넓은 것을 바르게 구함.	상
	더 넓은 것은 찾았으나 설명이 부족함.	중
	넓이를 비교하는 방법을 알지 못해 설명하지 못함.	하

5-1 주전자가 컵보다 더 크므로 주전자에 담을 수 있는 양이 더 많습니다.

다른 풀이 컵에 물을 가득 채워 주전자에 부으면 주전자가 가득 차지 않습니다. 따라서 주전자가 담을 수 있는 양이 더 많습니다.

5-2 생각 열기 물의 높이는 같지만 그릇의 크기가 다릅니다.

물의 높이는 같지만 왼쪽 그릇이 더 작으므로 왼쪽 그릇에 물이 더 적게 담겨 있습니다.

5-3

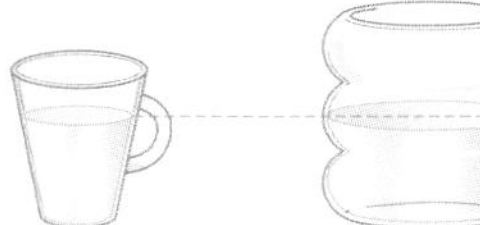

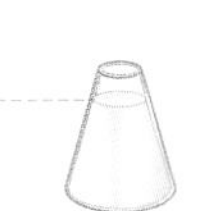

가장 많다 가장 적다

세 그릇에 담긴 물의 높이가 같고, 가운데 그릇이 가장 크므로 가운데 그릇에 물이 가장 많이 담겨 있습니다.

5-4 해법 순서

① ㉠과 ㉡의 물의 양을 비교합니다.

② ㉠과 ㉢의 물의 양을 비교합니다.

③ 물이 많이 담긴 것부터 차례로 기호를 씁니다.

㉠과 ㉡은 그릇의 모양과 크기가 같으므로 물의 높이를 비교합니다.

㉠의 물의 높이가 더 높으므로 ㉠에 물이 더 많이 담겨 있습니다.

㉠과 ㉢은 물의 높이가 같으므로 그릇의 크기를 비교합니다.

㉢의 그릇의 크기가 더 크므로 ㉢에 물이 더 많이 담겨 있습니다.

따라서 물이 가장 많이 담긴 것은 ㉢, 가장 적게 담긴 것은 ㉡입니다.

참고

- 모양과 크기가 같은 그릇에 담긴 물의 양을 비교할 때에는 물의 높이를 비교합니다.
- 그릇에 들어 있는 물의 높이가 같을 때에는 그릇의 크기를 비교합니다.

5-5 서술형 가이드 그릇의 크기를 비교하여 페트병보다 물을 더 많이 담을 수 있는 것을 찾아야 합니다.

채점 기준		
	그릇의 크기를 비교하여 답을 바르게 구함.	상
	페트병보다 물을 더 많이 담을 수 있는 그릇을 찾았으나 설명이 부족함.	중
	담을 수 있는 양을 비교하는 방법을 알지 못해 설명하지 못함.	하

5-6 생각 열기 두 사람이 각각 마신 물의 양을 알아봅니다.

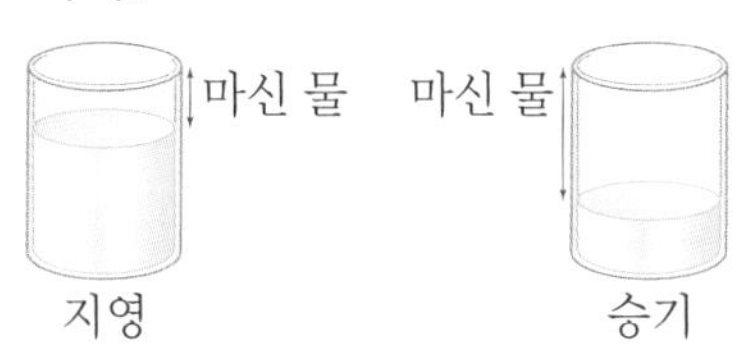

⇨ **승기**가 물을 더 많이 마셨습니다.

다른 풀이 남은 물이 적을수록 더 많이 마신 것이므로 승기가 더 많이 마셨습니다.

주의 남은 물의 양을 비교하여 지영이가 더 많이 마셨다고 생각하지 않도록 주의합니다.

STEP 2 응용 유형 익히기 90~97쪽

1-1 (1) 자 (2) 사인펜 (3) 사인펜

1-2 칫솔 **1-3** 젓가락

2-1 (1) 4층 (2) 아동복 ←5층, 남성복 ←4층, ←3층, 여성복 ←2층, ←1층 (3) 아동복

2-2 주연 **2-3** 연우, 도훈, 혜영

3-1 (1) 가 (2) 가

3-2 나 **3-3** 나, 다, 가

4-1 (1) 9칸, 7칸, 8칸 (2) ㉠, ㉢, ㉡

4-2 서현 **4-3** 진수

5-1 (1) 빨간 구슬 (2) 파란 구슬 (3) 빨간 구슬

5-2 초록 구슬 **5-3** ㉠, ㉡, ㉣, ㉢

6-1 (1) ㉢ (2) ㉡ (3) ㉢

6-2 ㉣ **6-3** ㉠

7-1 (1) ㉯ 컵 (2) 물통
7-2 주전자 7-3 ㉰ 컵
8-1 (1) 승민 (2) 지우 (3) 지우 (4) 지우
8-2 호랑이 8-3 예나

1-1 생각 열기 두 개씩 비교한 것에서 더 긴 것을 각각 찾은 후 가장 긴 것을 찾습니다.
(1) 맞대어 보았을 때 **자**가 연필보다 더 깁니다.
(2) 맞대어 보았을 때 **사인펜**이 자보다 더 깁니다.
(3) 자가 연필보다 더 길고, 사인펜이 자보다 더 길므로 **사인펜**이 가장 깁니다.

1-2 생각 열기 두 개씩 비교한 것에서 더 짧은 것을 각각 찾은 후 가장 짧은 것을 찾습니다.
가위가 거울보다 더 짧고, 칫솔이 가위보다 더 짧습니다.
⇨ **칫솔**이 가장 짧습니다.

1-3 생각 열기 두 개씩 비교한 것에서 더 긴 것을 각각 찾은 후 가장 긴 것을 찾습니다.
포크
숟가락
젓가락
⇨ 가장 긴 것은 **젓가락**입니다.

2-1 (1) 남성복은 여성복보다 두 층 더 높은 곳에 있으므로 2—3—4에서 **4층**입니다.
(2) 아동복은 5층이므로 가장 위층에 나타내고, 여성복은 2층이므로 아래에서 둘째 층에 나타내고, 남성복은 4층이므로 아동복 아래층에 나타냅니다.
(3) 5층이 가장 높으므로 가장 높은 층에 있는 것은 **아동복**입니다.

2-2 7층: 명희
5층: 미란
3층: 주연
⇨ 3층이 가장 낮으므로 가장 낮은 층에 살고 있는 사람은 **주연**입니다.

2-3 연우는 3층, 혜영이는 1층, 도훈이는 2층으로 쌓았으므로 가장 높게 쌓은 사람은 연우이고, 가장 낮게 쌓은 사람은 혜영입니다.
주의 쌓은 블록의 수를 모두 세어 비교하지 않도록 합니다.

3-1 생각 열기 구멍의 크기가 같으므로 가장 넓은 색종이를 찾아봅니다.
(1) 서로 겹쳐 보면 가가 가장 많이 남으므로 가장 넓은 색종이는 **가**입니다.
(2) 구멍의 크기가 같으므로 넓은 색종이일수록 남은 부분의 넓이가 더 넓습니다. 따라서 구멍을 뚫고 남은 부분의 넓이가 가장 넓은 것은 **가**입니다.

3-2 가, 나, 다 중 가장 넓은 색종이는 나입니다. 따라서 구멍을 뚫고 남은 부분의 넓이가 가장 넓은 것은 **나**입니다.

3-3 가, 나, 다 중 가장 넓은 색종이는 가, 가장 좁은 색종이는 나입니다. 따라서 구멍을 뚫고 남은 부분의 넓이가 좁은 색종이부터 차례로 쓰면 **나, 다, 가**입니다.

4-1 생각 열기 ㉠, ㉡, ㉢은 각각 몇 칸인지 칸 수를 세어 비교합니다.
(1) ㉠, ㉡, ㉢의 칸 수를 각각 세어 봅니다.
⇨ ㉠은 **9칸**, ㉡은 **7칸**, ㉢은 **8칸**입니다.
(2) 한 칸의 크기가 같으므로 칸 수가 많을수록 더 넓습니다. 따라서 넓은 것부터 차례로 쓰면 **㉠, ㉢, ㉡**입니다.

4-2 해법 순서
① 정아와 서현이는 ◺ 모양을 몇 개씩 차지했는지 세어 봅니다.
② ◺ 모양의 개수를 비교하여 누가 더 넓은 땅을 차지했는지 알아봅니다.
정아: ◺ 모양 5개 서현: ◺ 모양 7개
⇨ **서현**이가 더 넓은 땅을 차지했습니다.

4-3

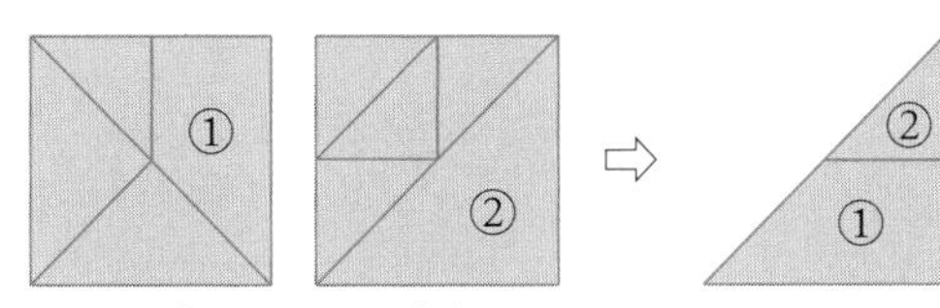

색종이를 잘랐을 때 생기는 가장 큰 조각은 각각 ①과 ②입니다.
② 위에 ①을 올려 두 조각을 겹쳐 보면 진수의 것이 남으므로 **진수**의 것이 소영이의 것보다 더 넓습니다.
주의 소영이와 진수가 자른 조각 중 각각 가장 넓은 조각끼리 비교해야 합니다.

5-1 생각 열기 저울에서는 더 무거운 쪽이 아래로 내려갑니다.
(1) 빨간 구슬이 아래로 내려갔으므로 **빨간 구슬**이 파란 구슬보다 더 무겁습니다.
(2) 파란 구슬이 아래로 내려갔으므로 **파란 구슬**이 노란 구슬보다 더 무겁습니다.
(3) 파란 구슬이 노란 구슬보다 더 무겁고 빨간 구슬이 파란 구슬보다 더 무거우므로 **빨간 구슬**이 가장 무겁습니다.

5-2 해법 순서
① 초록 구슬과 파란 구슬의 무게를 비교합니다.
② 초록 구슬과 분홍 구슬의 무게를 비교합니다.
③ 가장 무거운 구슬을 찾습니다.
초록 구슬은 파란 구슬과 분홍 구슬보다 더 무거우므로 가장 무거운 구슬은 **초록 구슬**입니다.

5-3 생각 열기 첫 번째 저울과 세 번째 저울을 통하여 ㉠, ㉡, ㉣의 무게를 먼저 비교합니다.
㉠은 ㉡보다 더 가볍고, ㉡은 ㉣보다 더 가볍습니다.
㉣은 ㉢보다 더 가벼우므로 가장 가벼운 구슬은 ㉠이고, 가장 무거운 구슬은 ㉢입니다.
따라서 가벼운 구슬부터 차례로 쓰면 ㉠, ㉡, ㉣, ㉢입니다.

6-1 (1) 그릇의 모양과 크기가 같으므로 물의 높이가 더 높은 ㉢에 물이 더 많이 들어 있습니다.
(2) 물의 높이가 같으므로 그릇의 크기가 가장 큰 ㉢에 물이 가장 많이 들어 있습니다.
(3) ㉢에 물이 가장 많이 들어 있습니다.

6-2 해법 순서
① ㉠과 ㉣의 물의 양을 비교합니다.
② ㉡, ㉢, ㉣의 물의 양을 비교합니다.
어항의 모양과 크기가 같은 ㉠과 ㉣을 비교하면 물의 높이가 더 높은 ㉣에 물이 더 많이 들어 있습니다.
물의 높이가 같은 ㉡, ㉢, ㉣을 비교하면 어항의 크기가 가장 큰 ㉣에 물이 가장 많이 들어 있습니다.
⇨ 물이 가장 많이 들어 있는 어항은 ㉣입니다.

6-3 해법 순서
① ㉡과 ㉣의 물의 양을 비교합니다.
② ㉠, ㉢, ㉣의 물의 양을 비교합니다.
그릇의 모양과 크기가 같은 ㉡과 ㉣을 비교하면 물의 높이가 더 높은 ㉣에 물이 더 많이 들어 있습니다.
물의 높이가 같은 ㉠, ㉢, ㉣을 비교하면 그릇의 크기가 가장 큰 ㉠에 물이 가장 많이 들어 있습니다.
⇨ 물이 가장 많이 들어 있는 그릇은 ㉠입니다.

7-1 생각 열기 ㉮ 컵과 ㉯ 컵에 각각 물을 가득 담으면 어느 컵에 담긴 물의 양이 더 많은지 알아봅니다.
(1) 컵의 크기가 더 큰 **㉯ 컵**이 담을 수 있는 물의 양이 더 많습니다.
(2) 물을 부은 횟수가 같으므로 컵의 크기가 더 큰 ㉯ 컵으로 부은 물의 양이 더 많습니다.
따라서 담을 수 있는 물의 양이 더 많은 것은 **물통**입니다.

7-2 물을 부은 횟수가 같으므로 컵의 크기가 더 작은 ㉯ 컵으로 부은 물의 양이 더 적습니다.
따라서 담을 수 있는 물의 양이 더 적은 것은 **주전자**입니다.

7-3 생각 열기 물병에 남은 물의 양을 비교합니다.
물병에 물이 더 많이 남은 쪽이 컵에 물을 더 적게 부었습니다. 따라서 ㉰ 컵에 물을 부은 물병에 물이 가장 많이 남았으므로 **㉰ 컵**에 물이 가장 적게 들어갑니다.

8-1 생각 열기 먼저 두 명씩 무게를 비교해 보고, 그 결과를 이용하여 가장 가벼운 사람을 찾아봅니다.
(1) 가장 왼쪽 시소 그림에서 승민이가 위로 올라가 있으므로 **승민**이가 경호보다 더 가볍습니다.
(2) 가운데 시소 그림에서 지우가 위로 올라가 있으므로 **지우**가 경호보다 더 가볍습니다.
(3) 가장 오른쪽 시소 그림에서 지우가 위로 올라가 있으므로 **지우**가 승민이보다 더 가볍습니다.
(4) (1), (2)에서 가장 무거운 사람은 경호이므로 경호를 빼고 생각합니다. 승민이와 지우의 무게를 비교하면 지우가 더 가벼우므로 **지우**가 가장 가볍습니다.

8-2 해법 순서
① 두 동물씩 무게를 비교해 봅니다.
② 가장 가벼운 동물을 찾습니다.
사자와 호랑이는 코끼리보다 더 가볍습니다. 호랑이는 사자보다 더 가벼우므로 **호랑이**가 가장 가볍습니다.

8-3 해법 순서
① 두 명씩 무게를 비교해 봅니다.
② 가장 가벼운 사람을 찾습니다.
정은이와 예나는 찬수보다 더 가볍습니다. 예나는 정은이보다 더 가벼우므로 **예나**가 가장 가볍습니다.

STEP 3 응용 유형 뛰어넘기 98~103쪽

1 (△)
(○)
(   )
2 ㉠
3 ③
4 (   ) (   )
(△) (○)
5 예 그릇에 들어 있는 물의 높이가 같으므로 그릇의 크기가 클수록 담긴 물의 양이 더 많습니다. 따라서 물이 많이 들어 있는 것부터 차례로 쓰면 ㉠, ㉢, ㉡입니다. ; ㉠, ㉢, ㉡
6 ㉢
7 은주
8 지석
9 ㉮
10 예 •보기•의 그릇보다 더 큰 그릇으로 옮겨 담아야 넘치지 않습니다. •보기•의 그릇보다 더 큰 것은 ㉠이므로 넘치지 않게 한 번에 모두 옮겨 담을 수 있는 그릇은 ㉠입니다. ; ㉠
11 우산
12 지혜, 민희, 병찬
13 ㉡, ㉢, ㉠
14 ㉠, ㉢
15 (선 잇기)
16 빨간 선
17 은미
18 예 공책 2권과 동화책 1권의 무게가 같으므로 공책 1권은 동화책 1권보다 더 가볍습니다. 수첩 1권은 공책 1권보다 더 가볍습니다. 따라서 가벼운 것부터 차례로 쓰면 수첩, 공책, 동화책입니다.
; 수첩, 공책, 동화책

1 생각 열기 선을 곧게 폈을 때 어느 것이 가장 긴 것인지 생각해 봅니다.
양쪽 끝이 맞추어져 있으므로 많이 구부러져 있을수록 더 깁니다.

2 건물들의 위쪽 끝이 맞추어져 있으므로 아래쪽으로 많이 내려갈수록 높은 건물입니다.
따라서 가장 높은 건물은 ㉠입니다.

3 생각 열기 그림 ①, ②, ③, ④의 넓이를 각각 액자의 넓이와 비교해 봅니다.
③은 액자보다 더 넓으므로 자르거나 접지 않고 액자 안에 넣을 수 없습니다.

4 생각 열기 참외의 수를 세어 봅니다.
참외의 수가 많을수록 더 무겁습니다.
따라서 참외 4개가 있는 접시가 가장 무겁고, 아무것도 없는 접시가 가장 가볍습니다.

5 생각 열기 물의 높이는 같고 그릇의 모양과 크기는 다릅니다.

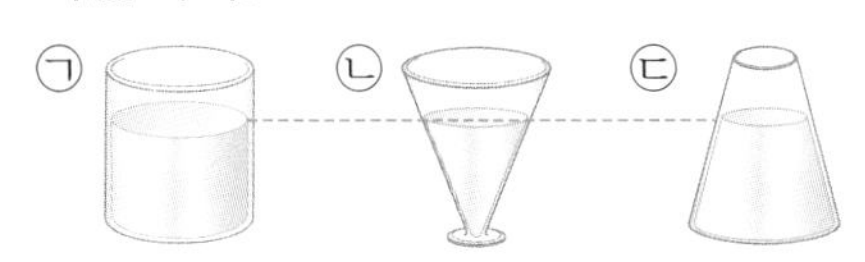

물의 높이가 같으므로 그릇의 크기를 비교합니다.
서술형 가이드 물의 높이가 같을 때 그릇의 크기를 비교하는 내용이 들어 있어야 합니다.

채점 기준		
	그릇의 크기를 비교하여 설명함.	상
	답은 맞으나 설명이 부족함.	중
	담긴 양을 비교하는 방법을 알지 못해 설명하지 못함.	하

참고 그릇의 모양과 크기가 같을 때에는 물의 높이가 높을수록 담긴 물의 양이 많고, 물의 높이가 같을 때에는 그릇의 크기가 클수록 담긴 물의 양이 많습니다.

6 넓이가 가장 넓은 것은 나이고 가장 좁은 것은 다이므로 나가 가장 아래에 놓이고 다가 가장 위에 놓여야 합니다.

7 생각 열기 올라간 계단 수를 비교해 봅니다.
같은 곳에서 출발했을 때 올라간 계단 수가 많을수록 더 높이 올라간 것입니다.
4, 2, 7 중 가장 큰 수는 7이므로 7칸의 계단을 올라간 **은주**가 가장 높이 올라갔습니다.

8 물을 많이 마실수록 남은 물의 양이 적습니다.
따라서 물을 더 많이 마신 사람은 **지석**입니다.

9 생각 열기 한 칸의 크기가 같으면 칸 수가 많을수록 더 넓으므로 논 ㉮와 ㉯가 각각 몇 칸인지 알아봅니다.
㉮는 9칸, ㉯는 8칸에 모를 심었으므로 칸 수가 더 많은 논 **㉮**에 모를 더 많이 심었습니다.
참고 논 ㉮와 ㉯의 넓이를 비교하는 문제입니다.

10 생각 열기 • 보기 •의 그릇보다 물을 더 많이 담을 수 있는 그릇을 찾아야 합니다.
• 보기 •의 그릇에 물을 가득 채워 ㉡과 ㉢에 옮겨 담으면 ㉡과 ㉢은 각각 물이 넘칩니다.
㉠은 • 보기 •의 그릇보다 더 크므로 물을 더 많이 담을 수 있습니다.
따라서 • 보기 •의 그릇에 물을 가득 채워 ㉠에 옮겨 담으면 ㉠에는 물이 가득 차지 않으므로 넘치지 않게 한번에 모두 옮겨 담을 수 있습니다.
서술형 가이드 실제로 물을 옮겨 담는 상황을 설명하거나, 그릇의 크기와 담을 수 있는 양을 비교해서 물이 넘치지 않는 것을 찾는 설명이 들어 있는지 확인합니다.

채점 기준		
	바른 답을 쓰고, 그릇의 크기와 담을 수 있는 양을 비교하는 설명을 함.	상
	답은 맞으나 설명이 부족함.	중
	답도 틀리고, 그릇의 크기와 담을 수 있는 양을 비교하는 설명을 쓰지 못함.	하

11 무거운 물건일수록 고무줄이 많이 늘어납니다.
따라서 가장 무거운 것은 **우산**입니다.

12 민희네 집은 지혜네 집보다 한 층 더 높으므로 6층입니다. 따라서 낮은 층에 살고 있는 사람부터 차례로 이름을 쓰면 **지혜, 민희, 병찬**입니다.

13 올려놓은 물건이 무거울수록 상자가 많이 찌그러집니다. 많이 찌그러진 순서는 ㉡, ㉢, ㉠이므로 무거운 물건을 올려놓은 상자부터 차례로 기호를 쓰면 ㉡, ㉢, ㉠입니다.

14 생각 열기 빈 공간에 놓을 수 있는 책상을 찾아봅니다.

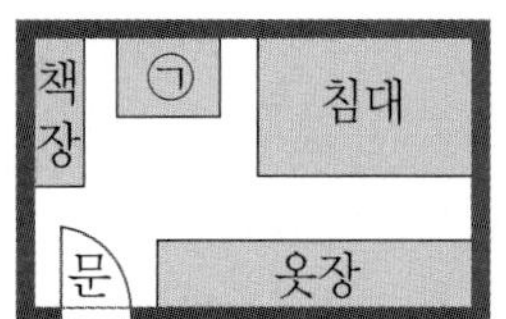

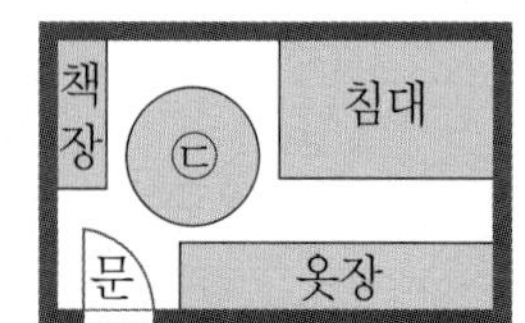

⇨ 빈 공간에 놓으려면 책상의 넓이가 방의 빈 공간보다 더 좁아야 하므로 ㉠, ㉢을 놓을 수 있습니다. ㉡, ㉣은 방의 빈 공간보다 더 넓으므로 놓을 수 없습니다.

15 높은 층부터 차례로 예술책, 위인전, 동화책, 교과서를 꽂아야 합니다.

16 생각 열기 한 칸의 크기가 모두 같으므로 칸 수가 적을수록 길이 더 짧습니다.

해법 순서

① 빨간 선을 따라 학교까지 가는 칸 수를 세어 봅니다.

② 파란 선을 따라 학교까지 가는 칸 수를 세어 봅니다.

③ 칸 수가 더 적은 길을 찾습니다.

빨간 선을 따라 학교까지 가는 길은 7칸, 파란 선을 따라 학교까지 가는 길은 9칸이므로 길이가 더 짧은 길은 빨간 선입니다.
따라서 **빨간 선**을 따라가는 길이 더 짧습니다.

17 생각 열기 같은 양의 물을 담았을 때 물을 담을 수 있는 공간이 많이 남아 있을수록 물을 더 많이 담을 수 있는 그릇입니다.
같은 양의 물을 담았을 때 은미의 그릇만 아직 안 찼으므로 담을 수 있는 공간이 남아 있는 것입니다. 따라서 **은미**의 그릇에 물을 가장 많이 담을 수 있습니다.

18 생각 열기 저울에서는 더 무거운 쪽이 아래로 내려갑니다.

해법 순서

① 공책 1권과 동화책 1권의 무게를 비교합니다.

② 수첩 1권과 공책 1권의 무게를 비교합니다.

③ 무게가 가벼운 것부터 차례로 씁니다.

서술형 가이드 저울의 특성을 이해하여 무게를 비교하는 내용이 들어 있어야 합니다.

채점 기준		
	무게를 비교하여 가벼운 것부터 차례로 씀.	상
	무게를 비교했으나 설명이 부족함.	중
	무게를 비교하는 방법을 알지 못해 설명하지 못함.	하

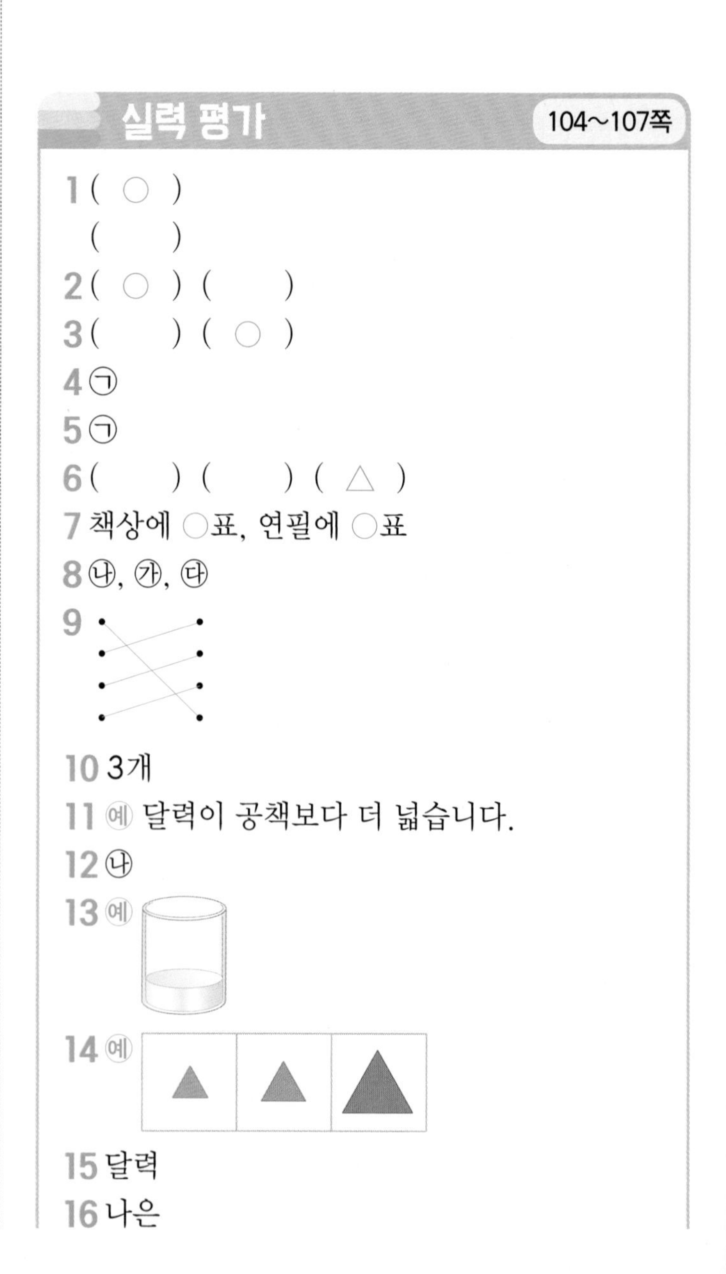

실력 평가 104~107쪽

1 (○)
( )

2 (○) ( )

3 ( ) (○)

4 ㉠

5 ㉠

6 ( ) ( ) (△)

7 책상에 ○표, 연필에 ○표

8 ㉯, ㉮, ㉰

9

10 3개

11 예 달력이 공책보다 더 넓습니다.

12 ㉯

13 예

14 예

15 달력

16 나은

17 예 연필 ; 예 연필의 길이가 짧아서 사용하기 불편하므로 길이가 긴 연필로 바꾸었습니다.
18 (△) (○) ( )
19 예 높은 건물부터 차례로 쓰면 아파트, 도서관, 학교이므로 가장 낮은 건물은 학교입니다. ; 학교
20 ㉯ 컵

1 왼쪽 끝이 맞추어져 있으므로 오른쪽 끝이 더 나온 것이 더 깁니다.

2 ⇨ 두 모양을 겹쳐 보면 왼쪽 모양이 남으므로 왼쪽 모양이 더 넓습니다.

3 생각 열기 그릇의 모양과 크기가 같을 때에는 물의 높이를 비교합니다.

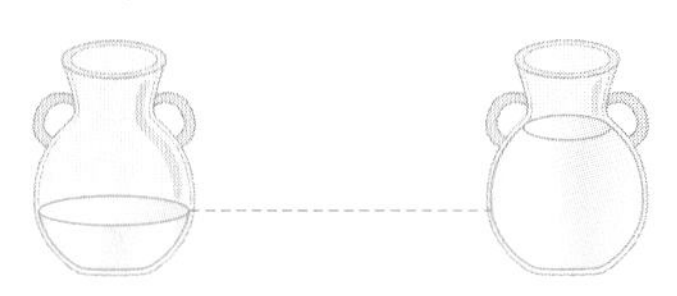

오른쪽 그릇에 담긴 물의 높이가 더 높으므로 물이 더 많이 들어 있습니다.

4 그릇의 크기를 비교하면 ㉠이 ㉡보다 더 크므로 ㉠에 물을 더 많이 담을 수 있습니다.

5 사람이 직접 들었을 때를 생각해 보면 자전거보다 더 가벼운 것은 ㉠입니다.

6 생각 열기 아래쪽 끝이 맞추어져 있으므로 위쪽 끝을 비교합니다.

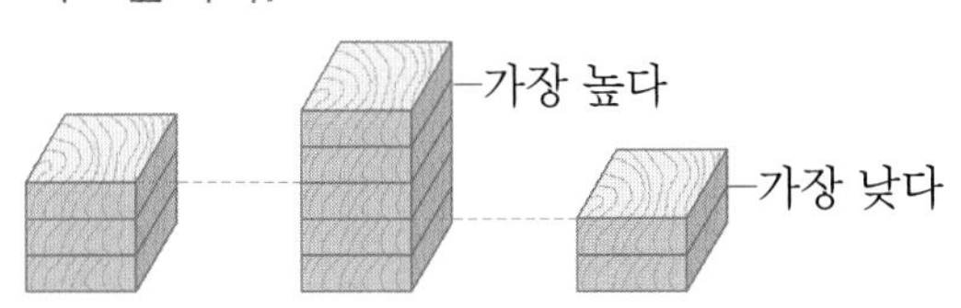

가장 오른쪽 모양이 가장 낮습니다.

다른 풀이 나무토막 1개의 크기가 같으므로 나무토막의 층수를 세어 봅니다. 왼쪽부터 차례로 3층, 5층, 2층이므로 가장 오른쪽 모양의 높이가 가장 낮습니다.

7 생각 열기 국어사전, 책상, 연필을 직접 들어 보았을 때를 생각해 봅니다.

국어사전은 책상보다 더 가볍고, 연필보다 더 무겁습니다.

8 아래쪽 끝이 맞추어져 있으므로 위쪽 끝을 비교합니다.

높은 것부터 차례로 쓰면 ㉯, ㉮, ㉰입니다.

9 높이, 무게, 길이, 넓이를 비교하는 말을 각각 찾아 이어 봅니다.

- 높이: '더 높다', '더 낮다' 등
- 무게: '더 무겁다', '더 가볍다' 등
- 길이: '더 길다', '더 짧다' 등
- 넓이: '더 넓다', '더 좁다' 등

10 왼쪽 끝이 맞추어져 있으므로 필통보다 오른쪽으로 적게 나온 것을 찾으면 연필, 지우개, 수정액으로 모두 3개입니다.

11 생각 열기 달력과 공책을 겹쳐 봅니다.

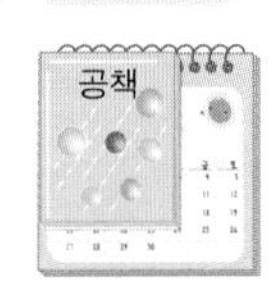

달력과 공책을 겹쳐 보면 달력이 남으므로 '달력이 공책보다 더 넓습니다.' 또는 '공책이 달력보다 더 좁습니다.' 등으로 답할 수 있습니다.

서술형 가이드 넓이를 비교하는 '더 넓다', '더 좁다'라는 말을 사용하여 바르게 표현해야 합니다.

채점 기준		
	넓이를 비교하는 말을 사용하여 바르게 표현함.	상
	두 물건의 넓이를 비교하는 설명이 부족함.	중
	넓이를 비교하는 방법을 알지 못해 설명하지 못함.	하

12 생각 열기 땅 위 모여 있던 곳에서부터의 길이가 가장 긴 길을 찾습니다.
개미 ㉮, ㉯, ㉰가 땅 위 모여 있던 곳에서부터 각자의 방까지 간 길의 길이를 실로 재어 실의 길이를 비교해 보면 ㉯의 실의 길이가 가장 깁니다.
따라서 가장 긴 길을 간 개미는 ㉯입니다.

13 생각 열기 컵의 모양과 크기가 같으므로 물의 양이 적을수록 물의 높이가 낮습니다.
㉯ 컵에 들어 있는 물이 더 적으므로 ㉮ 컵에 들어 있는 물의 높이보다 더 낮게 그립니다.

14 왼쪽과 겹쳤을 때에는 그리는 모양에 남는 부분이 있고, 오른쪽과 겹쳤을 때에는 그리는 모양에 남는 부분이 없게 그립니다.

15 넓이가 넓은 것부터 차례로 쓰면 달력, 공책, 수첩입니다.

16 생각 열기 시소는 더 무거운 쪽이 아래로 내려갑니다.
민재는 소라보다 더 무겁고, 나은이는 민재보다 더 무거우므로 **나은**이가 가장 무겁습니다.

17 '책상의 넓이가 좁아서 불편하므로 넓이가 넓은 책상으로 바꾸었습니다.' 또는 '의자의 높이가 낮아서 불편하므로 높이가 높은 의자로 바꾸었습니다.' 등으로 답할 수 있습니다.
서술형 가이드 연필의 길이, 책상의 넓이, 의자의 높이가 달라짐을 설명하는 내용이 들어 있어야 합니다.

채점 기준		
	연필, 책상, 의자 중 바꾼 물건을 선택하여 타당한 까닭을 설명함.	상
	바꾼 물건은 알지만 길이, 넓이, 높이를 비교하는 설명이 부족함.	중
	길이, 넓이, 높이를 비교하는 방법을 알지 못해 설명하지 못함.	하

18 생각 열기 휴지, 모래, 비스킷의 무게를 생각해 봅니다.
무거운 물건을 넣을수록 더 무거우므로 모래가 든 병이 가장 무겁고, 휴지가 든 병이 가장 가볍습니다.
참고 모양과 크기가 같은 병이라도 담은 물건의 무게에 따라 병의 무게는 달라집니다.

19 서술형 가이드 세 건물의 높이를 비교하는 내용이 들어 있어야 합니다.

채점 기준		
	세 건물의 높이를 비교하여 가장 낮은 건물을 바르게 찾음.	상
	가장 낮은 건물은 알지만 높이를 비교하는 설명이 부족함.	중
	높이를 비교하는 방법을 알지 못해 설명하지 못함.	하

20 크기가 같은 그릇에 물이 가득 차도록 부었으므로 물을 부은 횟수가 적은 쪽의 컵이 물이 더 많이 들어갑니다.
따라서 ㉯ **컵**이 물이 더 많이 들어갑니다.
주의 컵으로 물을 부은 횟수가 많다고 해서 그릇에 물이 더 많이 들어가는 것은 아닙니다.

1 생각 열기 병의 모양과 크기가 같으므로 물의 높이를 비교합니다.
물을 담은 병의 모양과 크기가 같으므로 물의 높이가 낮을수록 더 높은 음이 납니다.
따라서 물의 높이가 낮은 병부터 차례로 쓰면 ㉤, ㉡, ㉣, ㉠, ㉢입니다.

2 생각 열기 늘어난 용수철의 길이가 길수록 매단 추의 무게가 더 무겁습니다.
추가 무거울수록 늘어난 용수철의 길이가 더 깁니다. 따라서 늘어난 용수철의 길이가 가장 긴 것은 가장 무거운 추와 이어 보고, 늘어난 용수철의 길이가 가장 짧은 것은 가장 가벼운 추와 이어 봅니다.

5. 50까지의 수

기본 유형 익히기 112~115쪽

참고 모으기와 가르기

모으기와 가르기를 할 때 예를 들어 0과 10을 모으기를 하여 10이 되는 것이나 10을 0과 10으로 가르기를 하는 것은 부자연스럽고, 추상적인 사고를 요구하므로 이 단원에서는 다루지 않는 것이 바람직합니다. 다만 학생이 답으로 쓴 경우에는 정답으로 인정합니다.

1-1 

1-2 6

1-3 1, 5, 15

1-4 십칠, 열일곱

1-5 (1) 10 (2) 2

1-6 18

1-7 십에 ○표, 열에 ○표

2-1 예 ; 예 6, 10

2-2 (1) 13 (2) 9

2-3 예

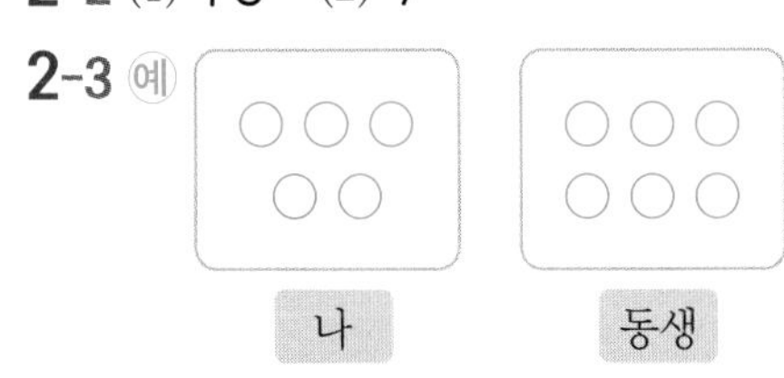

3-1 40 ; 사십, 마흔

3-2

3-3 예 10개씩 묶음 5개는 50입니다.

3-4 이십사, 스물넷

3-5 예

; 3, 8 ; 38

3-6 예 10개씩 묶음 3개와 낱개 9개에서 낱개 5개를 빼면 10개씩 묶음 3개와 낱개 4개입니다. 따라서 남은 동전은 34개입니다.
; 34개

4-1 46, 49

4-2

32	33	34	35	36	37
38	39	40	41	42	43
44	45	46	47	48	49

4-3

5	6	7	8	9
4	19	20	21	10
3	18	25	22	11
2	17	24	23	12
1	16	15	14	13

5-1 은아

5-2 (1) 31, 23 (2) 23, 31

5-3 (○) (   ) (   )

5-4 예 10개씩 묶음의 수를 비교하면 28은 2이고, 31은 3이므로 31이 28보다 큽니다. 따라서 정민이가 사탕을 더 많이 먹었습니다.
; 정민

5-5 46, 47, 48, 49, 50

1-1 10은 2보다 8 큰 수이므로 8개 더 그립니다.

1-2 10은 4와 **6**으로 가르기를 할 수 있습니다.

1-3 10개씩 묶음 1개가 10이므로 10개씩 묶음 1개와 낱개 5개는 **15**입니다.

1-4 10개씩 묶음 1개와 낱개 7개이므로 17이라 쓰고 **십칠** 또는 **열일곱**이라고 읽습니다.

1-5 (1) 7에서 10까지 뛰어 세면 3칸을 가게 되므로 7보다 3 큰 수는 **10**입니다.
(2) 10에서 8까지 거꾸로 세면 2칸을 가게 되므로 10은 8보다 **2** 큽니다.

1-6 

10마리씩 묶어 보면 10마리씩 묶음 1개와 낱개 8마리이므로 18마리입니다.

1-7 10일 ⇨ **십** 일, 10명 ⇨ **열** 명

2-1 16은 (1, 15), (2, 14), (3, 13), (4, 12), (5, 11), (6, 10), (7, 9), (8, 8)로 가르기를 할 수 있습니다. 16칸을 두 부분으로 묶고 각각의 칸 수를 세어 봅니다.

2-2 (1) 5에서 13까지 이어 세면 5, 6, 7, 8, 9, 10, 11, 12, 13으로 8개의 수를 세었으므로 5와 8을 모으기를 하면 13이 됩니다.
(2) 17에서 8까지 거꾸로 세면 17, 16, 15, 14, 13, 12, 11, 10, 9, 8로 9개의 수를 세었으므로 17은 8과 9로 가르기를 할 수 있습니다.

참고
(1) 위와 아래에 있는 두 수를 모으기를 하면 13이 됩니다.

1	2	3	4	5	6
12	11	10	9	8	7

(2) 17은 위와 아래에 있는 두 수로 가르기를 할 수 있습니다.

1	2	3	4	5	6	7	8
16	15	14	13	12	11	10	9

2-3 생각 열기 ○의 수가 모두 11개가 되어야 하고 동생의 ○의 수가 더 많도록 그려야 합니다.

나	1	2	3	4	5
동생	10	9	8	7	6

⇨ 동생이 나보다 사탕을 더 많이 갖도록 나누어 가질 수 있는 경우는 5가지입니다.

3-1 10개씩 묶음 4개이므로 **40**이라 쓰고 **사십** 또는 **마흔**이라고 읽습니다.

3-2 20(이십, 스물), 30(삼십, 서른)
참고 10개씩 묶음 ■개와 낱개 0개인 수
⇨ ■0

3-3 서술형 가이드 두 단어를 모두 사용한 내용이 들어 있어야 합니다.

채점 기준		
	두 단어를 모두 사용하여 문장을 완성함.	상
	한 단어만 사용하여 문장을 완성함.	중
	단어를 모두 사용하지 못함.	하

3-4 10개씩 묶음 2개와 낱개 4개이므로 24입니다.
⇨ 24는 **이십사** 또는 **스물넷**이라고 읽습니다.

3-5 10개씩 묶음 **3**개와 낱개 **8**개이므로 **38**개입니다.

3-6 서술형 가이드 남은 동전의 10개씩 묶음의 수와 낱개의 수에 대한 내용이 들어 있어야 합니다.

채점 기준		
	남은 동전의 10개씩 묶음의 수와 낱개의 수를 구하여 남은 동전의 개수를 구함.	상
	남은 동전은 몇 개인지 알지만 설명이 부족함.	중
	남은 동전의 10개씩 묶음의 수와 낱개의 수를 구하지 못함.	하

4-1 47보다 1 작은 수는 **46**이고 48보다 1 큰 수는 **49**입니다.

4-3 생각 열기 수가 쓰인 방향에 주의하여 1부터 수를 순서대로 씁니다.

5	6	7	8	9
4	19	20	21	10
3	18	25	22	11
2	17	24	23	12
1	16	15	14	13

5-1 44는 39보다 10개씩 묶음의 수가 크므로 바둑돌을 더 많이 가지고 있는 사람은 **은아**입니다.

5-2 (1) **31**은 **23**보다 **10**개씩 묶음의 수가 크므로 큽니다.
(2) **23**은 **31**보다 **10**개씩 묶음의 수가 작으므로 작습니다.

5-3 생각 열기 몇십몇의 크기를 비교할 때에는 10개씩 묶음의 수부터 비교합니다.
10개씩 묶음의 수를 비교하면 18이 가장 작습니다.
25와 22의 낱개의 수를 비교하면 25가 더 크므로 가장 큰 수는 25입니다.

5-4 두 수의 크기를 비교할 때에는 10개씩 묶음의 수부터 비교합니다.
서술형 가이드 10개씩 묶음의 수를 비교하는 내용이 들어 있어야 합니다.

채점 기준		
	10개씩 묶음의 수를 비교하여 답을 바르게 구함.	상
	사탕을 더 많이 먹은 사람은 알지만 설명이 부족함.	중
	두 수의 크기 비교를 설명하지 못함.	하

5-5 해법 순서
① 보기 의 수를 구합니다.
② 40부터 50까지의 수 중에서 ①에서 구한 수보다 큰 수를 구합니다.
10개씩 묶음 4개와 낱개 5개인 수는 45입니다.
40부터 50까지의 수 중에서 45보다 큰 수는 **46, 47, 48, 49, 50**입니다.
주의 40부터 50까지의 수에는 40과 50이 포함됩니다.

STEP 2 응용 유형 익히기 116~123쪽

1-1 (1) 10자루 (2) 6자루 (3) 16자루
1-2 19개
1-3 17장
2-1 (1) 5모둠 (2) 2모둠 (3) 20명
2-2 20권
2-3 30개
3-1 (1) 3모둠, 4명 (2) 민호
3-2 미선
3-3 9명
4-1 (1) 1봉지, 3개 (2) 2봉지, 4개 (3) 24개
4-2 21권
4-3 47개
5-1 (1) 25일, 26일, 27일, 28일, 29일
(2) 27일, 28일, 29일, 30일, 31일
(3) 3일
5-2 4일
5-3 4일
6-1 (1)

11	12	13	14	15	16
24	25	26	27	28	17
23	22	21	20	19	18

(2) 25 (3) 이십오, 스물다섯
6-2 십구, 열아홉 **6-3** 38
7-1 (1) 34개 (2) 32개 (3) 승호
7-2 딸기 **7-3** 재희
8-1 (1) 12, 14, 21, 24, 41, 42
(2) 21, 24 (3) 2개
8-2 4개 **8-3** 3개

1-1 (1) 한 통에 10자루씩 들어 있는 볼펜을 한 통 샀으므로 **10자루**입니다.
(2) 한 통에 3자루씩 들어 있는 형광펜을 2통 샀으므로 3+3=**6(자루)**입니다.
(3) 볼펜 10자루와 형광펜 6자루이므로 재석이가 산 볼펜과 형광펜은 모두 **16자루**입니다.

1-2 생각 열기 귤과 사과의 개수는 10개씩 묶음 1개와 낱개 몇 개인지 알아봅니다.
귤은 한 봉지에 10개씩 들어 있으므로 10개를 샀습니다.
사과는 한 봉지에 3개씩 들어 있으므로 3+3+3=9(개)를 샀습니다.
⇨ 귤 10개와 사과 9개이므로 민지가 산 귤과 사과는 모두 **19개**입니다.

1-3 생각 열기 전체 카드는 10장씩 묶음 1개와 낱개 몇 장인지 알아봅니다.
10장씩 묶음 1개와 낱개 2장에 낱개 5장을 더하면 10장씩 묶음 1개와 낱개 2+5=7(장)입니다.
⇨ 희찬이가 가진 카드는 **17장**이 됩니다.

2-1 (1) 50명은 10명씩 **5모둠**입니다.
(2) 5−3=**2(모둠)**이 더 탈 수 있습니다.
(3) 10명씩 2모둠이면 20명입니다.
⇨ **20명**이 더 탈 수 있습니다.

2-2 생각 열기 10권씩 묶음 몇 개를 더 읽어야 하는지 알아봅니다.
40권은 10권씩 묶음 4개입니다.
10권씩 묶음 2개를 읽었으므로 10권씩 묶음 4−2=2(개)를 더 읽어야 합니다.
⇨ **20권**을 더 읽어야 합니다.

2-3 생각 열기 10개씩 묶음 몇 상자인지 알아봅니다.
두 사람이 가져온 지우개는 모두 10개씩 묶음 1+2=3(상자)입니다.
⇨ 10개씩 묶음 3상자이므로 지우개는 모두 **30개**입니다.

3-1 (1) 34는 10개씩 묶음 3개와 낱개 4개이므로 10명씩 **3모둠**이고 **4명**이 남습니다.
(2) 34명이 10명씩 모둠을 지으면 3모둠이고 4명이 남으므로 바르게 말한 사람은 **민호**입니다.

3-2 생각 열기 22명과 29명은 10명씩 몇 모둠이고 몇 명이 남는지 알아봅니다.
- 미선이네 반: 22명이므로 10명씩 2모둠을 만들고 2명이 남습니다.
- 선준이네 반: 29명이므로 10명씩 2모둠을 만들고 9명이 남습니다.

⇨ 바르게 말한 사람은 **미선**입니다.

3-3 해법 순서
① 41은 10개씩 몇 묶음이고 낱개 몇 개인지 알아봅니다.
② ①의 낱개를 10개로 만들려면 낱개가 몇 개 더 있어야 하는지 구합니다.
41은 10개씩 묶음 4개와 낱개 1개입니다. 낱개 1개를 10개로 만들려면 적어도 9개가 더 있어야 합니다.
⇨ 어린이가 적어도 **9명** 더 있어야 합니다.

참고
10 ─ 1보다 9 큰 수
10 ─ 2보다 8 큰 수
10 ─ 3보다 7 큰 수
10 ─ 4보다 6 큰 수
10 ─ 5보다 5 큰 수

4-1 (1) 13개이므로 10개씩 묶음 **1봉지**와 낱개 **3개**입니다.
(2) 남은 호두과자는 10개씩 묶음 3−1=**2(봉지)**와 낱개 7−3=**4(개)**입니다.
(3) 남은 호두과자는 10개씩 묶음 2봉지와 낱개 4개이므로 **24개**입니다.

4-2 해법 순서
① 45권을 10권씩 묶음의 수와 낱개의 수로 나타냅니다.
② 낱개 14권을 10권씩 묶음의 수와 낱개의 수로 나타내어 언니에게 준 책이 몇 권인지 구합니다.
③ 새롬이에게 책이 10권씩 몇 묶음과 낱개 몇 권이 남는지 구합니다.
45권은 10권씩 묶음 4개와 낱개 5권입니다.
14권은 10권씩 묶음 1개와 낱개 4권이므로 언니에게 준 책은 10권씩 묶음 1+1=2(개)와 낱개 4권입니다.
⇨ 새롬이에게 남은 책은 10권씩 묶음 4−2=2(개)와 낱개 5−4=1(권)이므로 **21권**입니다.

4-3 해법 순서

① 혜경이가 가지고 있는 땅콩은 10개씩 묶음 몇 개와 낱개 몇 개인지 알아봅니다.
② 우진이가 가지고 있는 땅콩은 10개씩 묶음 몇 개와 낱개 몇 개인지 알아봅니다.
③ ①과 ②는 모두 10개씩 묶음 몇 개와 낱개 몇 개인지 구합니다.

- 혜경: (10개씩 묶음 1개) +(10개씩 묶음 1개, 낱개 1개)
  ⇨ 10개씩 묶음 1+1=2(개), 낱개 1개
- 우진: (10개씩 묶음 1개) +(10개씩 묶음 1개, 낱개 6개)
  ⇨ 10개씩 묶음 1+1=2(개), 낱개 6개

모두 10개씩 묶음 2+2=4(개)와 낱개 1+6=7(개)입니다.
따라서 혜경이와 우진이가 가지고 있는 땅콩은 모두 **47개**입니다.

5-1 (1) 25일부터 29일까지이므로 **25일, 26일, 27일, 28일, 29일**입니다.
(2) 27일부터 31일까지이므로 **27일, 28일, 29일, 30일, 31일**입니다.
(3) (1), (2)에 모두 있는 날짜는 27일, 28일, 29일이므로 모두 **3일**입니다.

5-2 생각 열기 ■부터 ▲까지의 수에는 ■와 ▲도 들어갑니다.

해법 순서
① 수민이가 도서관에 가는 날짜를 알아봅니다.
② 영호가 도서관에 가는 날짜를 알아봅니다.
③ ①, ②에 모두 있는 날짜는 모두 며칠인지 구합니다.

수민이가 도서관에 가는 날은 13일, 14일, 15일, 16일, 17일, 18일입니다.
영호가 도서관에 가는 날은 15일, 16일, 17일, 18일, 19일입니다.
⇨ 수민이와 영호가 함께 도서관에 가는 날은 15일, 16일, 17일, 18일로 모두 **4일**입니다.

5-3 해법 순서

① 성민이가 학원에 다니는 날짜를 알아봅니다.
② 민중이가 학원에 다니는 날짜를 알아봅니다.
③ ①, ②에 모두 있는 날짜는 모두 며칠인지 알아봅니다.

성민이와 민중이가 학원에 다니는 날짜를 알아보면
성민: 18일, 19일, 20일, 21일, 22일, ...
민중: 21일, 20일, 19일, 18일, 17일, ...
⇨ 성민이와 민중이가 함께 학원에 다니는 날은 18일, 19일, 20일, 21일로 모두 **4일**입니다.

참고 민중이는 7월 21일까지이므로 21일부터 거꾸로 세어 날짜를 알아봅니다.

6-1 생각 열기 수를 순서대로 쓰는 방향을 잘 살펴봅니다.

(1) 11부터 28까지 수를 쓰는 방향에 주의하며 순서대로 써넣습니다.

11	12	13	14	15	16
24	25	26	27	28	17
23	22	21	20	19	18

(2) 색칠한 부분에 알맞은 수는 **25**입니다.
(3) 25는 **이십오** 또는 **스물다섯**이라고 읽습니다.

6-2

4	8	12	16	20	24
3	7	11	15	19	23
2	6	10	14	18	22
1	5	9	13	17	21

1부터 24까지 수를 쓰는 방향에 주의하며 순서대로 써넣으면 색칠한 부분은 19입니다.
⇨ 19는 **십구** 또는 **열아홉**이라고 읽습니다.

참고 각 줄의 수를 아래에서부터 위로 쓰는 규칙입니다.

6-3

28	29	36	37
27	30	35	★
26	●	34	39
25	32	33	40

25부터 40까지 수를 쓰는 방향에 주의하며 순서대로 써넣으면 ●는 31이고 ★은 38입니다. 38은 31보다 낱개의 수가 크므로 **38**이 더 큰 수입니다.

7-1 (1) 낱개 14개는 10개씩 묶음 1개와 낱개 4개이므로 10개씩 묶음 2개를 더하면 10개씩 묶음 3개와 낱개 4개입니다. ⇨ **34개**

(2) 22개보다 10개 더 많으므로 10개씩 묶음의 수가 1 큰 수인 **32개**입니다.

(3) 34가 32보다 낱개의 수가 크므로 **승호**가 사탕을 더 많이 가지고 있습니다.

7-2 • 복숭아: 10개씩 묶음 1개에 10개씩 묶음 2개와 낱개 3개를 더하면 10개씩 묶음 3개와 낱개 3개입니다. ⇨ 33개

• 딸기: 10개씩 묶음 2개에 10개씩 묶음 1개와 낱개 5개를 더하면 10개씩 묶음 3개와 낱개 5개입니다. ⇨ 35개

⇨ 35가 33보다 낱개의 수가 크므로 **딸기**가 더 많습니다.

7-3 • 열여섯은 16이고, 16보다 3 큰 수는 19이므로 민수는 연필을 19자루 가지고 있습니다.

• 열아홉은 19이고, 19보다 2 큰 수는 21이므로 재희는 연필을 21자루 가지고 있습니다.

⇨ 21이 19보다 10개씩 묶음의 수가 크므로 **재희**가 연필을 더 많이 가지고 있습니다.

8-1 (1) 수 카드를 두 번 사용하지 않도록 주의하여 몇십몇을 만듭니다.

(2) 12, 14, 21, 24, 41, 42

15보다 크고 40보다 작은 수

(3) 21, 24로 모두 **2개**입니다.

8-2 생각 열기 수 카드 2장으로 몇십몇을 만들어 봅니다.

만들 수 있는 수는 12, 13, 14, 21, 23, 24, 31, 32, 34, 41, 42, 43입니다.

이 중 21보다 크고 34보다 작은 수는 23, 24, 31, 32로 모두 **4개**입니다.

주의 21보다 크고 34보다 작은 수에는 21과 34가 들어가지 않습니다.

8-3 생각 열기 수 카드 1장이나 2장으로 몇십몇을 만들어 봅니다.

해법 순서

① 수 카드 1장을 두 번씩 사용하여 몇십몇을 만듭니다.

② 수 카드 2장을 한 번씩만 사용하여 몇십몇을 만듭니다.

③ 만든 수 중에서 13과 34 사이의 수를 찾습니다.

만들 수 있는 수는 11, 13, 14, 31, 33, 34, 41, 43, 44입니다.

이 중 13과 34 사이의 수는 14, 31, 33으로 모두 **3개**입니다.

3 STEP 응용 유형 뛰어넘기 124~129쪽

1

2 34, 35, 36, 37, 38, 39, 40, 41, 42

3 2개

4

5 6쪽

6 ( ) (○) ( )

7

26	27			
31			34	
36	37			
	○		44	45

8 예 6, 10 ; 12, 4 ; 7, 9

9 ㉠, ㉢, ㉥

10 3개

11 예 10개씩 묶음 2봉지, 10개씩 묶음 3봉지이므로 사탕은 모두 10개씩 묶음 5봉지가 있습니다. 친구들에게 나누어 주고 나서 10개씩 묶음 1봉지가 남았으므로 친구들에게 나누어 준 사탕은 10개씩 묶음 4봉지입니다.
⇨ 40개 ; 40개

12 미라

13 4

14 예 39보다 크고 44보다 작은 수는 40, 41, 42, 43입니다. 35와 42 사이의 수는 35보다 크고 42보다 작은 수이므로 36, 37, 38, 39, 40, 41입니다. 따라서 모두 만족하는 수는 40, 41로 2개입니다.
; 2개

15 6개

16 예 23(민정) − 24 − 25 − 26 − 27 − 28 − 29 − 30(수현)
23과 30 사이의 수는 6개이므로 6명이 서 있습니다. ; 6명

17 2개

18 3

1 10개씩 묶음 2개와 낱개 3개
⇨ 23(이십삼, 스물셋)
10개씩 묶음 3개와 낱개 2개
⇨ 32(삼십이, 서른둘)

2 가장 작은 수는 34이고 가장 큰 수는 42입니다.
34부터 42까지의 수를 순서대로 씁니다.
34−35−36−37−38−39−40−41−42

3 생각 열기 낱개 10개는 10개씩 묶음 1개와 같습니다.
모형은 10개씩 묶음 1개와 낱개 10개이므로 모두 10개씩 묶음 2개와 같습니다.
40개는 10개씩 묶음 4개이므로 40개가 되려면 10개씩 묶음 4−2=**2(개)**를 더 놓아야 합니다.

4 주어진 수 중에서 (13, 4), (10, 7), (9, 8), (11, 6), (5, 12)는 두 수를 모으기를 하면 17이 되는 수입니다.
참고 위와 아래에 있는 두 수를 모으기를 하면 17이 됩니다.

1	2	3	4	5	6	7	8
16	15	14	13	12	11	10	9

5 16−17−18−19−20−21−22−23이므로 찢어진 부분은 17쪽부터 22쪽까지로 모두 **6쪽**입니다.

6 10개씩 묶음 3개와 낱개 7개인 수는 37, 40보다 1만큼 더 작은 수는 39, 35와 37 사이의 수는 36입니다. 37, 39, 36은 10개씩 묶음의 수가 3으로 같고 낱개의 수는 각각 7개, 9개, 6개입니다. 따라서 낱개의 수가 가장 큰 39가 가장 큰 수입니다.

7 26부터 45까지의 수를 순서대로 쓰고 42를 찾아 ○표 합니다.

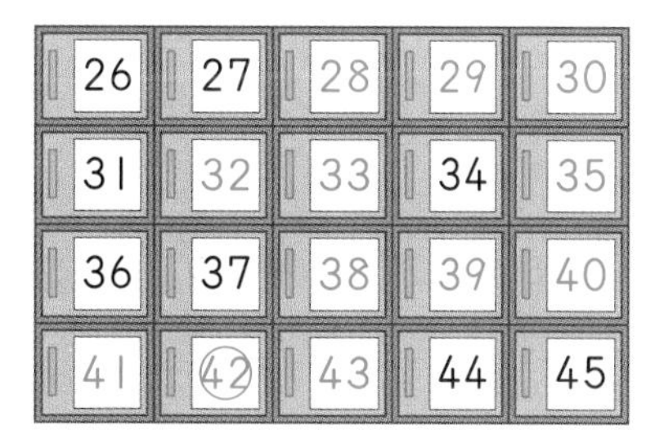

26	27	28	29	30
31	32	33	34	35
36	37	38	39	40
41	(42)	43	44	45

8 16을 가르기를 하는 방법은 여러 가지가 있습니다.
⇨ (1, 15), (2, 14), (3, 13), (4, 12), (5, 11), (6, 10), (7, 9), (8, 8)

9 24와 33 사이에 있는 수는 24보다 크고 33보다 작은 수입니다. ⇨ 28, 30, 25

10 생각 열기 오른쪽 모양 1개에 블록이 몇 개 사용되는지 알아봅니다.
오른쪽 모양 1개를 만드는 데 블록 10개를 사용해야 합니다. 주어진 블록은 30개이고 10개씩 묶음 3개이므로 오른쪽과 같은 모양을 **3개**까지 만들 수 있습니다.

11 서술형 가이드 10개씩 묶음 몇 봉지를 나누어 준 것인지에 대한 내용이 들어 있어야 합니다.

채점 기준		
	10개씩 묶음 몇 봉지를 나누어 준 것인지 세어 답을 바르게 구함.	상
	나누어 준 사탕의 수를 알지만 설명이 부족함.	중
	나누어 준 사탕의 수를 설명하지 못함.	하

12 진호가 만들 수 있는 몇십몇은 12, 14, 21, 24, 41, 42이고 이 중 가장 큰 수는 42입니다.
미라가 만들 수 있는 몇십몇은 30, 34, 40, 43이고 이 중 가장 큰 수는 43입니다.
43이 42보다 크므로 가장 큰 수를 만들 수 있는 사람은 **미라**입니다.

13 3과 6을 모으기를 하면 9이므로 오른쪽 □에 알맞은 수는 9입니다.
16은 9와 7로 가르기를 할 수 있으므로 왼쪽 □에 알맞은 수는 7입니다. 7은 4와 3으로 가르기를 할 수 있으므로 ♥=**4**입니다.

14 서술형 가이드 39보다 크고 44보다 작은 수, 35와 42 사이의 수에 대한 내용이 들어 있어야 합니다.

채점 기준		
	39보다 크고 44보다 작은 수를 구한 뒤 35와 42 사이의 수를 구해 답을 바르게 구함.	상
	39보다 크고 44보다 작은 수를 구했지만 35와 42 사이의 수를 잘못 구함.	중
	만족하는 수를 설명하지 못함.	하

15 생각 열기 해주가 설명하는 수를 먼저 구합니다.
10개씩 묶음 4개와 낱개 6개는 46입니다.
40부터 50까지의 수 중에서 46보다 작은 수는 40, 41, 42, 43, 44, 45로 모두 **6개**입니다.

16 서술형 가이드 23과 30 사이에 수가 몇 개 있는지에 대한 내용이 들어 있어야 합니다.

채점 기준		
	23부터 30까지의 수를 써 보고, 그 사이에 있는 수를 설명하여 답을 바르게 구함.	상
	23부터 30까지의 수를 써 보고, 그 사이에 있는 수에 대한 설명이 부족함.	중
	23과 30 사이의 수를 바르게 세지 못해 설명하지 못함.	하

17 해법 순서
① □ 안에 3을 넣어 봅니다.
② 조건에 알맞은 수를 찾습니다.
③ 조건에 알맞은 수의 개수를 구합니다.

36과 □9는 10개씩 묶음의 수가 각각 3과 □입니다. □가 3이면 □9는 39로 36보다 크므로 조건에 맞지 않습니다.
따라서 □ 안에 들어갈 수 있는 수는 3보다 작은 1, 2로 모두 **2개**입니다.

다른 풀이
- □=1일 때 36은 19보다 큽니다. (○)
- □=2일 때 36은 29보다 큽니다. (○)
- □=3일 때 36은 39보다 작습니다. (×)

⇨ □ 안에 들어갈 수 있는 수는 3보다 작은 1, 2로 모두 **2개**입니다.

18 ■가 4 또는 4보다 크면 딱지를 40개보다 많이 가지고 있는 사람은 지훈, 단미, 선희로 3명이 되므로 조건에 맞지 않습니다.
■가 1또는 2이면 선희가 딱지를 가장 적게 가진 사람이 되므로 조건에 맞지 않습니다.
따라서 ■에 알맞은 수는 **3**입니다.

실력 평가 130~133쪽

1 3, 2 ; 32　　**2** ㉢
3 (선 잇기)　　**4** 37에 ○표
5 48　　**6** 5
7 22, 23　　**8** 18개

9 , 4

10 1, 7, 17, 십칠, 열일곱

11 

12 19 ; 십구, 열아홉

13 고모

14 예 18은 12와 6으로 가르기를 할 수 있으므로 동생은 6개를 가지게 됩니다. ; 6개

15 20

16 7, 11, 16, 29, 40

17 예 10개씩 묶음 3개와 낱개 5개인 수는 35입니다. 30부터 40까지의 수 중에서 35보다 큰 수는 36, 37, 38, 39, 40입니다.
; 36, 37, 38, 39, 40

18 5명

19 예 12장은 10장씩 묶음 1개와 낱개 2장입니다. 처음 가지고 있던 딱지의 수와 더 접은 딱지의 수를 더하면 10장씩 묶음 3+1=4(개), 낱개 4+2=6(장)이므로 모두 46장입니다. ; 46장

20 13

1 10개씩 묶음 **3**개와 낱개 **2**개이므로 **32**입니다.

2 ㉢ 41은 사십일 또는 마흔하나라고 읽습니다.

3 40 — 사십, 마흔
50 — 오십, 쉰
30 — 삼십, 서른

4 10개씩 묶음의 수가 같으므로 낱개의 수를 비교해 보면 37이 33보다 큽니다.

5 47과 49 사이에 있는 수는 **48**입니다.
참고 47과 49 사이에 있는 수는 47보다 1 크고 49보다 1 작은 수입니다.

6 생각 열기 14를 9와 몇으로 가르기 할 수 있는지 알아봅니다.
14에서 9까지의 수를 거꾸로 세면 14, 13, 12, 11, 10, 9로 5개의 수를 세었으므로 14는 9와 **5**로 가르기를 할 수 있습니다.

7 21부터 24까지의 수를 순서대로 씁니다.
21—**22**—**23**—24

8 블록을 10개씩 묶어서 세어 보면 10개씩 묶음 1개와 낱개 8개이므로 **18개**입니다.

9 10이 되도록 ○를 4개 그립니다.
⇨ 6과 **4**를 모으기를 하면 10이 됩니다.

10 야구공은 10개씩 묶음 1개와 낱개 **7**개이므로 **17**개입니다.
17은 **십칠** 또는 **열일곱**이라고 읽습니다.

11 5와 9, 11과 3, 8과 6은 모으기를 하면 14가 되는 두 수입니다.
참고 위와 아래에 있는 두 수를 모으기를 하면 14입니다.

1	2	3	4	5	6	7
13	12	11	10	9	8	7

12 생각 열기 15에서 4개의 수를 이어서 세어 봅니다.
15 — 16 — 17 — 18 — 19
1 큰 수 1 큰 수 1 큰 수 1 큰 수
15보다 4 큰 수는 **19**이고, **십구** 또는 **열아홉**이라고 읽습니다.

13 삼촌은 26살이고 고모는 33살입니다.
10개씩 묶음의 수를 비교하면 33이 26보다 큽니다.
따라서 **고모**가 삼촌보다 나이가 더 많습니다.

14 서술형 가이드 18은 12와 몇으로 가르기를 할 수 있는지에 대한 내용이 들어 있어야 합니다.

채점 기준		
	18은 12와 6으로 가르기를 할 수 있음을 이용하여 설명함.	상
	동생이 가지게 되는 귤의 수를 알지만 설명이 부족함.	중
	18을 12와 몇으로 가르기를 하지 못함.	하

15 생각 열기 11부터 수가 순서대로 커지는 방향을 찾아봅니다.

11	12	13	14
26	21	20	15
25	22	19	16
24	23	18	17

11부터 26까지 수를 쓰는 방향의 규칙에 맞게 순서대로 쓰면 색칠한 부분의 수는 20이므로 지선이의 자리 번호는 **20**입니다.

16 10개씩 묶음의 수가 작은 수부터 차례로 씁니다. 10개씩 묶음의 수가 같으면 낱개의 수가 작은 수부터 씁니다.

17 서술형 가이드 •보기•에 알맞은 수를 구하여 설명하는 내용이 들어 있어야 합니다.

채점 기준		
	•보기•의 수를 구하여 설명함.	상
	•보기•의 수는 알지만 설명이 부족함.	중
	•보기•의 수를 바르게 구하지 못해 설명하지 못함.	하

18 신영이와 주환이 사이에 있는 어린이의 수를 세어 봅니다.

9(신영) 10 11 12 13 14 (5명) 15(주환) ⇨ **5명**

19 처음 가지고 있던 딱지인 10장씩 묶음 3개와 낱개 4장을 더 접은 딱지인 10장씩 묶음 1개와 낱개 2장과 더합니다.

서술형 가이드 10장씩 묶음의 수와 낱개의 수를 구하는 내용이 들어 있어야 합니다.

채점 기준		
	10장씩 묶음의 수와 낱개의 수를 구하여 답을 바르게 구함.	상
	경현이가 가진 딱지의 수를 알지만 설명이 부족함.	중
	10장씩 묶음의 수와 낱개의 수를 구하지 못함.	하

20 해법 순서

① 수 카드를 한 번씩만 사용하여 몇십이나 몇십몇을 만듭니다.

② 만든 수 중 둘째로 작은 수를 구합니다.

0, 1, 3, 4를 한 번씩만 사용하여 만들 수 있는 몇십이나 몇십몇은 10, 13, 14, 30, 31, 34, 40, 41, 43입니다.

따라서 만들 수 있는 수 중에서 둘째로 작은 수는 **13**입니다.

주의 0은 10개씩 묶음의 수가 될 수 없으므로 수의 맨 앞자리에 올 수 없습니다.

창의 사고력 134쪽

❶ 아람 ❷ 42

❶ 해법 순서

① 두 사람이 만든 수를 알아봅니다.

② ①에서 만든 6개의 수의 크기를 비교합니다.

③ 가장 큰 수를 만든 사람을 찾아봅니다.

• 아람이가 만든 수:
학교(21), 체육(36), 수성(47)

• 현지가 만든 수:
수학(42), 교장(15), 교육(16)

21, 36, 47, 42, 15, 16 중 가장 큰 수는 47이므로 만든 사람은 **아람**입니다.

❷ 해법 순서

① 이집트 숫자를 아라비아 숫자로 나타냅니다.

② 수의 규칙을 찾습니다.

③ ㉠에 알맞은 수를 구합니다.

주어진 이집트 숫자를 아라비아 숫자로 나타내면 12, 17, 22, 27입니다.

12, 17, 22, 27은 5씩 커지는 규칙이므로 12, 17, 22, 27, 32, 37, 42로 ㉠에 알맞은 수는 **42**입니다.

주의 ∩||을 102로 나타내지 않습니다.

단계별 수학 전문서

[개념·유형·응용]

수학의 해법이 풀리다!

해결의 법칙 시리즈

단계별 맞춤 학습

개념, 유형, 응용의 단계별 교재로
교과서 차시에 맞춘 쉬운 개념부터
응용·심화까지 수학 완전 정복

혼자서도 OK!

이미지로 구성된 핵심 개념과 셀프 체크,
모바일 코칭 시스템과 동영상 강의로
자기주도 학습 및 홈 스쿨링에 최적화

300여 명의 검증

수학의 메카 천재교육 집필진과
300여 명의 교사·학부모의
검증을 거쳐 탄생한 친절한 교재

흔들리지 않는 탄탄한 수학의 완성! (초등 1~6학년 / 학기별)

참 잘했어요

수학의 모든 응용 문제를 풀 정도로
실력이 성장한 것을 축하하며
이 상장을 드립니다.

이름 ________________________

날짜 ________ 년 ____ 월 ____ 일